U0160561

机械工程基础

（第3版）

车建明　李　清　主编
王玉果　范胜波　副主编

天津大学出版社
TIANJIN UNIVERSITY PRESS

内容提要

本书根据教育部高等学校机械基础课程教学指导委员会关于《普通高等学校工程材料及机械制造基础系列课程教学基本要求》的精神,结合国内工程教育的改革与实践新成果,在《机械工程基础》第2版的基础上修订而成。在内容上增加了成本、可持续发展、埋弧自动焊、表面工程技术、工业机器人、柔性制造单元、计算机集成制造系统和精益生产等内容,同时强调了操作安全。

全书共11章,包括工程材料与制造技术简述,液态成形,塑性成形,焊接与热切割,钢的热处理及表面工程,车削加工,钳工,铣削加工,刨削及磨削加工,先进制造和特种加工。通过学习本书,学生将获得常用工程材料及零件加工工艺的知识,初步掌握从选择材料、制造毛坯、加工出合格零件直到装配成产品的综合技能。

由于机械类、非机械类专业很多,教学要求不同,为使本教材有较大的通用性,并考虑到其他院校的情况,本书内容既包含传统工艺技术知识,又涉及新工艺、新技术的内容,深浅适度,可作为高等院校各专业工程教育或工程实践教学的通用教材。

图书在版编目(CIP)数据

机械工程基础/车建明,李清主编;王玉果,范胜波副主编. --3 版. --天津:天津大学出版社,2022.6(2024.3重印)
ISBN 978-7-5618-7191-1

Ⅰ.①机…　Ⅱ.①车…　②李…　③王…　④范…　Ⅲ.
①机械工程 – 高等学校 – 教材　Ⅳ.①TH

中国版本图书馆 CIP 数据核字(2022)第 084875 号

出版发行	天津大学出版社	
地　　址	天津市卫津路 92 号天津大学内(邮编:300072)	
电　　话	发行部:022-27403647	
网　　址	www.tjupress.com.cn	
印　　刷	天津泰宇印务有限公司	
经　　销	全国各地新华书店	
开　　本	185mm×260mm	
印　　张	16	
字　　数	400 千	
版　　次	2022 年 6 月第 3 版　2017 年 8 月第 2 版	
	2013 年 8 月第 1 版	
印　　次	2024 年 3 月第 2 次	
定　　价	45.00 元	

第 3 版前言

机械工程教育是培养现代工程师的重要组成部分。随着我国科技水平的提高与国民经济的快速发展,现代工程呈现科学性、社会性、实践性、创新性、复杂性等特征。现代工程师的基本素质,不仅体现于"会不会做",而且体现于"该不该做"(取决于个人的道德品质和价值取向),"可不可做"(取决于社会、环境、文化等外部约束)和"值不值做"(取决于经济与社会效益)。这就要求高等院校培养的学生,不仅要有扎实的专业知识和技能,而且要有高尚的道德品质,一定的人文、经济、法律、环境以及可持续发展等相应的素养;既要懂技术,又要懂管理;既要关注产品质量和生产效率,又要关注工程安全与劳动保护;既要关注经济效益,又要关注环境,承担相应社会责任。机械工程教育改革与发展的方向就是致力于培养这样的人,为此,要始终坚持以学生为中心,锁定培养目标,面向工程实际,强化能力锻炼,使学生的学习、实践、创新相互促进,知识、能力、素质协调发展。

"机械工程基础"是一门面向全体大学生开设的综合性技术基础课。它以建立大工程观点为基本出发点,以提高学生的工程实践能力、工程设计能力、创新意识与创新能力,培养学生的综合素质为根本宗旨,面向机械类或非机械类专业的学生,传授机械工程的基本知识和技能。本教材既涵盖常用工程材料及各种机械制造技术的特点、应用范围和相关设备的操作技能,也包括先进材料及先进制造技术的原理、工艺方法、应用场景的适应性及其发展趋势;与实践教学相结合,既培养学生分析和解决复杂工程问题的能力,也使其养成团结协作的工作作风、严谨的科学态度和良好的工程素质,能够在工程实践中遵守工程职业道德和职业规范。

工程安全教育是机械工程教育中不可忽视的一项内容。引发事故的主要原因如下:①不了解使用机器设备存在的危险或不按安全规范操作(违章作业);②缺乏自我防护能力和处理意外情况的能力。机械工程基础力求使学生树立"安全第一"的理念,知悉一般会出现的安全隐患、事故发生的主要原因及个人的安全防护要点,提高安全意识和安全技能,正确理解"安全与生产的统一、安全与质量的同步、安全与速度的互促、安全与效益的兼顾"关系。

本次修订仍然遵照教育部高等学校机械基础课程教学指导委员会关于《普通高等学校工程材料及机械制造基础系列课程教学基本要求》的精神,并结合中国工程教育专业认证标准的相关要求进行了相关调整与补充,力求内容精练,有的放矢,重点突出,图文并茂,易学、易懂、易掌握,在体系和内容上体现了系统、基础、全面、实用的特点。通过课堂教学、实习和实习报告总结等教学环节,使学生在掌握材料、制造和管理基本理论的同时,树立大工程意识,学会研究与分析机械加工过程中的各种现象及其规律,提高对工业生产的整体认识,在知识、能力和素质等方面都得到全面的训练和提升。修订具体内容如下。

①制造综述一节,在保留原有内容的基础上,增加了制造与成本管理、制造与可持续发展的知识模块,旨在强调工程实践中应能够基于工程相关背景知识,合理分析、评价相关制约(或影响)因素。

②针对各实习工种,强调了实习安全知识。教育学生遵章守纪,正确穿戴劳动防护用品,正确使用设备、工具、电器,禁止违章作业,切实做到"三不伤害",即不伤害自己、不伤害他人、不被他人伤害。

③在相应制造方法与技术章节,增加了陶瓷的注浆成形和塑料的注射成形、埋弧自动焊、表面工程技术、工业机器人、柔性制造单元、计算机集成制造系统和精益生产等教学内容,构建起常规制造技术与先进制造技术有机关联的工业生产框架,包括工艺设备、工艺方法与工艺管理,以体现现代机械工程的大场景,适应现代工程师培养的需要。

参加本书编写的有车建明(第1章和第2~11章的安全知识部分)、王玉果(第2~3章)、李清(第4、5、6、7、9章)、范胜波(第8、10、11章)。

由于编者水平所限,书中难免存在缺点和错误,敬请广大读者批评指正。

编者

2022年3月

第 2 版前言

机械工程基础是一门培养大学生工程素质的技术基础课,它为机械类或非机械类专业的学生提供机械制造工程的技能知识。

为了配合机械基础系列课程的教学改革,适应新形势下工程教育的要求,进一步加强实践教学,提高实践教学质量,本书确立了以提高学生的工程实践能力、工程设计能力、创新意识与创新能力和培养学生的综合素质为根本宗旨,在编写过程中不仅注重传授知识,同时更加关注能力的培养。通过课堂教学、实习和实习报告总结等教学环节,使学生在掌握材料、制造和管理基本理论的同时,树立大工程意识,学习科学研究的基本方法,培养分析和解决实际问题的能力,养成团结协作的工作作风和严谨的科学态度,在知识、能力和素质等方面都得到全面的训练和提高。

此次编写突出了少而精的原则,力求内容精练,有的放矢,重点突出,图文并重,易学、易懂、易掌握。第 2～11 章末设"学习指南",每章末设"复习思考题",对相关知识进行了介绍和概括。本次修订主要增加了附录"机械工程训练实习报告",便于学生复习、总结和提高。此外,本次修订贯彻了国家有关的最新标准,并更换了部分插图。

参加本书编写的有车建明(第 1、5、6、7 章)、李清(第 4、8、9 章)、王玉果(第 2、3 章及附录)及范胜波(第 10、11 章)。

由于编者水平所限,书中错误和不妥之处诚请广大读者指正。

编者

2017 年 4 月

第1版前言

机械工程基础是一门培养大学生工程素质的技术基础课,它为机械类或非机械类专业的学生提供机械制造工程的技能知识。

为了配合机械基础系列课程的教学改革,适应新形势下工程教育的要求,进一步加强实践教学,提高实践教学质量,本书确立了以提高学生的工程实践能力、工程设计能力、创新意识与创新能力和培养学生的综合素质为根本宗旨,在编写过程中不仅注重传授知识,同时更加关注能力的培养。通过课堂教学、实习和实验等教学环节,使学生在掌握材料、制造和管理基本理论的同时,树立大工程意识,学习科学研究的基本方法,培养分析和解决实际问题的能力,养成团结协作的工作作风和严谨的科学态度,在知识、能力和素质等方面都得到较全面的训练和提高。

此次编写突出了少而精的原则,力求内容精炼,有的放矢,重点突出,图文并重,易学、易懂、易掌握。第2~11章末设"学习指南",每章末设"复习思考题",对相关知识进行了介绍和概括,便于学生复习、总结和提高。

参加本书编写的有车建明(第1、5、6、7章)、李清(第4、8、9章)、王玉果(第2、3章)及范胜波(第10、11章)。

本书由陈金水教授主审,在编写过程中还得到梁真真老师的帮助,在此一并表示感谢。

由于编者水平所限,书中错误和不妥之处诚请广大读者指正。

编者
2013 年 6 月

目　　录

第1章 工程材料与制造技术简述

1.1 材料概述

材料是人类用于制造物品、器件、构件、机器或其他产品的物质。材料的品种、数量和质量是人类文明和社会进步程度的标志。通常把当时使用的材料作为划分历史时代的依据,如"石器时代""青铜器时代""铁器时代"等。

早在公元前6000—前5000年的新石器时代,中华民族的先人就能用黏土烧制成陶器,到东汉时期又出现了瓷器并流传到海外。4 000年前的夏朝,我们的祖先已经能够炼铜,到殷商时期,我国的青铜冶炼和铸造技术已达到很高水平。河南安阳晚商遗址出土的司母戊鼎(图1-1)重达875 kg,且饰纹优美、制造精良,是我国青铜器的杰作。从湖北江陵楚墓中发掘出的两把越王勾践的宝剑(图1-2)长55.6 cm,至今还锋利异常,且丝毫不见锈斑,这表明我们的祖先已经掌握了金属冶炼与表面处理的先进技术,且取得了很大的成就。

图1-1 后母戊鼎

图1-2 越王勾践的宝剑

19世纪后半叶,欧洲社会生产力和科学技术的进步,推动了钢铁工业的长足发展,使钢铁生产规模得到扩大,产品质量得到提高。从20世纪50年代到2006年,全世界的钢产量由2.1亿吨增加到12.39亿吨。而我国2006年钢产量达到4.19亿吨,超过20世纪50年代全球钢产量近一倍,跃居全球钢产量的首位。

在钢铁发展的同时,非铁金属也得到发展。人类自1866年发明电解铝以来,铝已成为用量仅次于钢铁的金属。1910年纯钛的制取,满足了航空工业发展的需求。

科学技术的进步,推动了材料工业的发展,使新材料不断涌现。石油化学工业的发展,促进了合成材料的兴起和应用;20世纪80年代特种陶瓷材料又有很大进步,工程材料随之扩展为包括金属材料、有机高分子材料(聚合物)、无机非金属材料和复合材料四大系列的全材料范围。

1

1.2 工程材料的分类及应用

工程材料是指在机械、船舶、化工、建筑、车辆、仪表、航空航天等工程领域中用于制造工程构件和机械零件的材料。按照材料的组成、结合键的特点,可将工程材料分为四大类,如图1-3所示。

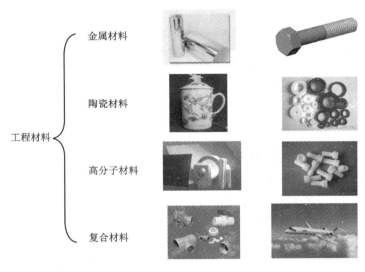

图 1-3　工程材料的分类

金属材料是以金属键结合为主的材料,具有良好的导电性、导热性、延展性和金属光泽,是目前用量最大、应用最广泛的工程材料。金属分为黑色金属和有色金属两类,铁及铁合金称为黑色金属(即钢铁),在机械产品中的用量已占整个金属用量的60%以上。黑色金属之外的所有金属及其合金称为有色金属。有色金属的种类很多,根据其特性的不同,又可分为轻金属、重金属、贵金属、稀有金属等。

陶瓷材料是以共价键和离子键结合为主的材料,其性能特点是熔点高、硬度高、耐腐蚀、脆性大。陶瓷材料分为传统陶瓷、特种陶瓷和金属陶瓷三类。传统陶瓷又称普通陶瓷,是以天然材料(如黏土、石英、长石等)为原料的陶瓷,主要用作建筑材料。特种陶瓷又称精细陶瓷,是以人工合成材料为原料的陶瓷,常用作工程上的耐热、耐蚀、耐磨零件。金属陶瓷是金属与各种化合物粉末的烧结体,主要用作工具、模具。

高分子材料是以分子键和共价键结合为主的材料。高分子材料作为结构材料具有塑性、耐蚀性、电绝缘性以及减振性好和密度小等特点。工程上使用的高分子材料主要包括塑料、橡胶及合成纤维等,广泛应用在机械、电气、纺织、汽车、飞机、轮船等制造工业和化学、交通运输、航空航天等工业中。

复合材料是把两种或两种以上不同性质或不同结构的材料以微观或宏观的形式组合在一起而形成的材料,通过这种组合达到进一步提高材料性能的目的。复合材料包括金属基复合材料、陶瓷基复合材料和高分子复合材料。如现代航空发动机燃烧室温度最高的材料就是通

2

过粉末冶金法制备的氧化物粒子弥散强化的镍基合金复合材料。很多高级游艇、赛艇及体育器械都是由碳纤维复合材料制成的,它们具有质量轻、弹性好、强度高等优点。

1.3 材料的性能

1.3.1 材料的使用性能

材料的使用性能包括物理性能(密度、熔点、导电性、导热性、热膨胀性、磁性等)、化学性能(耐腐蚀性、化学稳定性、氧化性、还原性等)和力学性能。本节主要讨论金属材料的力学性能。

金属材料的力学性能是指材料在外力作用下表现出的特征,又称机械性能。材料的力学性能是选材和机械零件设计的重要依据,它包括材料的强度、硬度、塑性、冲击韧性及疲劳强度等。

①强度。强度是材料在外力作用下抵抗变形和破坏的能力。按外力作用方式的不同,强度可分为抗拉、抗压、抗弯、抗扭强度等,单位均为 MPa。最常用的是抗拉强度(符号为 σ_b,用它来表示材料抵抗断裂的能力,生产中一般以 σ_b 作为最基本的强度指标)和屈服强度 σ_s。

②硬度。硬度是材料抵抗其他物体压入其表面的能力。硬度是衡量材料软硬程度的指标,同时也是设计机械零件必须考虑的技术条件和选择加工工艺的参考。一般说来,硬度较高的材料耐磨性较好,强度也较高。生产中常用的硬度测量方法有布氏硬度法(所测得的硬度值用符号 HBS 或 HBW 表示)和洛氏硬度法(硬度值可以用 HRA、HRB 和 HRC 表示,其中常用的是 HRC)。

③塑性。塑性是材料在外力作用下产生永久变形而不致破坏的能力。常用的塑性指标是伸长率 $\delta(\%)$ 和断面收缩率 $\psi(\%)$。δ 和 ψ 越高,材料的塑性越好。

④冲击韧度。冲击韧度是材料抵抗冲击载荷的能力,用符号 α_k(J/cm^2) 表示。其值主要取决于材料的塑性、硬度和工作温度。α_k 值较大的材料称为塑性材料;反之,称为脆性材料。脆性材料断裂时无明显的塑性变形,破坏性极大,生产中必须避免这种情况发生。

⑤疲劳强度。疲劳强度是指材料在多次交变载荷作用下不会引起断裂的最大应力。生产中承受交变载荷的大多数零件,常常出现材料在远低于屈服点时就断裂的现象,这种现象叫疲劳破坏。疲劳破坏是齿轮、连杆、弹簧等零件的主要失效形式。

1.3.2 材料的工艺性能

材料的工艺性能是物理、化学和力学性能的综合,是指材料加工时成形的难易程度,它直接影响材料和加工方法的选择以及能否实现优质、高产、低消耗、低成本加工。材料的工艺性能主要指铸造性能、压力加工性能、焊接性能、切削加工性能和热处理性能等。

1.3.3 材料的经济性

生产实际中人们有时很难选择到既能满足所需性能而又价格低廉的材料,这是因为材料的性能和价格往往是相互矛盾的。解决此类矛盾的有效方法是,当零件的性能要求确定后,选择改变材料性能的加工工艺(如热处理、表面涂层等),并按经济性原则选用最适当的材料。当设计一个产品时,必须考虑产品的形状、制造产品的材料、制造工艺和使用场合。确定制造方法时,还要考虑零件的技术要求以及制造的经济性和劳动力安排等。

很显然,在满足使用性能的前提下,选用成本较低的材料,是保证产品具有市场竞争能力和使企业获得良好效益的重要举措。

1.4 机械零件常用的金属材料

1.4.1 碳钢(非合金钢)

目前工业上使用的钢铁材料中,碳钢占有很重要的地位。碳钢由于冶炼方便、加工容易、价格低廉且在许多场合性能可以满足使用要求,故在工业中应用非常广泛。

碳钢是指碳的质量分数小于 2.11% 的铁碳合金。实际生产中使用的碳钢含有少量的锰、硅、硫、磷等元素,这些元素是从矿石、燃料和冶炼等渠道进入钢中的。杂质对钢的力学性能有重要的影响。常用的碳钢牌号如表 1-1 所示。

表 1-1　常用的碳钢牌号

分　类	编号方法		常用牌号	用　途
	举　例	说　明		
碳素结构钢	Q235—AF	屈服点为 235 MPa、质量为 A 级的沸腾钢	Q195、Q215A、Q235B、Q255A、Q255B、Q275 等	一般以型材供应的工程结构件,制造不太重要的机械零件及焊接件(见 GB/T 700—2006)
优质碳素结构钢	45	表示平均含碳质量分数为万分之 45 的优质碳素结构钢	08F、10、20、35、40、50、60、65	用于制造曲轴、传动轴、齿轮、连杆等重要零件(见 GB/T 699—2015)
碳素工具钢	T8、T8A	表示平均含碳质量分数为千分之 8 的碳素工具钢,A 表示高级优质	T7、T8Mn、T9、T10、T11、T12、T13	制造需较高硬度和耐磨性又能承受一定冲击的工具,如手锤、冲头等

1. 普通碳素结构钢(普通质量非合金钢)

普通碳素结构钢含磷、硫量较多,属于低碳钢和含碳较少的中碳钢,大多数不经热处理而直接使用。它主要用于一般结构件和不重要的机器零件。其中,Q235 表示此钢材屈服强度为 235 MPa(钢材厚度或直径小于或等于 16 mm 的试样性能)。

2. 优质碳素结构钢(优质非合金钢)

优质碳素结构钢含硫、磷量较少,主要用来制造重要的机器零件,大多数要经过热处理。其牌号用两位数字表示钢材平均含碳量的万分之几,例如 20 表示 20 钢,平均含碳量为 0.20%。各种钢材的用途如下:

①08 钢的含碳量低,塑性好,主要用于制造强度要求不高而需经受较大变形的冲压件和焊接件;

②10～25 钢的强度低,塑性好,具有好的焊接性,常用于制造冲压件和焊接件,经常用渗碳处理得到表面耐磨而中心韧性好的零件;

③35～50 钢经调质处理后,具有良好的综合力学性能,广泛用于制造齿轮、轴类及套筒等零件;

④60 以上的钢(最高含碳量为 0.7%)经热处理后具有高的弹性,主要用于制造弹簧。

3. 碳素工具钢(特殊质量非合金钢)

碳素工具钢属优质钢。若在钢号后加有"A"字,则为高级优质钢。碳素工具钢的牌号以"T"字开头,后面数字为含碳量的千分之几。如 T8A 表示平均含碳量为 0.8% 的高级优质碳素工具钢。淬火后,碳素工具钢的强度、硬度较高。为了便于加工,常以退火状态供应,使用时再进行热处理。

碳素工具钢随含碳量的增加,其硬度和耐磨性增加,而塑性、韧性逐渐降低,故 T7、T8 钢常用于制造韧性要求较高、硬度中等的零件,如冲头、錾子等;T9、T10、T11 钢用于制造韧性中等、硬度较高的零件,如钻头、丝锥等;T12、T13 钢用于制造硬度高、耐磨性好、韧性较低的零件,如量具、锉刀等。

1.4.2 合金钢

冶炼时在钢中有目的地加入某些合金元素,可以提高和改善钢的力学性能、热处理性能或其他特殊性能(如耐磨性、耐热性、耐蚀性等)。为了达到合金化目的而加入的一定量的元素称为合金元素,加入合金元素的钢材称为合金钢。

合金钢的种类较多,按用途可分为以下几种。

1. 合金结构钢

合金结构钢包括普通低合金钢、渗碳钢、调质钢、弹簧钢等。

普通低合金钢是在普通碳钢的基础上加入少量合金元素使其强化,得到既具有较高强度,又有较好塑性和焊接性的材料,常用于制作井架、输油管道、高压容器、船舶、桥梁等。常用的钢号有 16Mn、16MnCu、15MnTi、Q345C 等。

渗碳钢一般含碳量很低(0.15%～0.20%),经过表面渗碳后可得到表面耐磨而心部具有较高强度和韧性的零件。加入合金元素是为了提高心部的强度和韧性。常用的钢号有 20CrMnTi、20Mn2TiB 等。

调质钢的含碳量为 0.3%～0.6%,经调质处理后可得到既有高强度又有较好韧性的优良综合力学性能的零件。常用的钢号有 40Cr、40CrMnSi、40MnVB 等。

弹簧钢的含碳量为 0.45%～0.70%,经热处理后可获得很高的弹性。常用的钢号有 60Mn、60SiMn2 等。

2. 合金工具钢

合金工具钢常用于制造刀具、量具和模具。其牌号与合金结构钢相似,以含碳量表示不同。合金工具钢前面只用一位数字表示含碳量的千分数,当含碳量大于 1% 时,则不予标出。

如 9CrSi 中的平均含碳量为 0.9%；Cr12 中的平均含碳量为 2.0% ~ 2.3%。常用的钢号有制造刀具、刃具的 9CrSi、CrWMn 等，制造模具的 Cr12、5CrNiMo、3Cr2W8 等。

3. 特殊性能钢

特殊性能钢具有耐蚀、耐热、耐磨、抗磁、导磁等特殊性能，其牌号表达方式与合金工具钢相同。常用的钢号有不锈钢 1Cr13、1Cr18Ni9，耐热钢 15CrMo、4Cr9Si2，耐磨钢 Mn13，导磁钢 D3200 等。

合金钢中，合金元素总量 ≤5% 的称为低合金钢，合金元素总量为 5% ~ 10% 的称为中合金钢，合金元素总量 >10% 的称为高合金钢。

1.4.3　铸铁

铸铁可分为一般工程应用铸铁和特殊性能铸铁。对于一般工程应用，碳主要以石墨形态存在。按照石墨形态的不同，这一类铸铁又可分为灰铸铁（片状石墨）、可锻铸铁（团絮状石墨）、球墨铸铁（球状石墨）和蠕墨铸铁（蠕虫状石墨）四种。特殊性能铸铁既有含石墨的，也有不含石墨的（白口铸铁）。这一类铸铁的合金元素含量较高（$w_{Me} > 3\%$），可应用于高温、腐蚀或磨料磨损的工况条件。

铸铁的石墨化过程是指铸铁中析出碳原子形成石墨的过程。合金石墨化过程可以分为高温、中温、低温三个阶段。在高温、中温阶段，碳原子的扩散能力强，石墨化过程比较容易进行；在低温阶段，碳原子的扩散能力较弱，石墨化过程进行困难。在高温、中温、低温阶段石墨化过程都没有实现，碳以 Fe_3C 形式存在的铸铁称为白口铸铁。在高温、中温阶段，石墨化过程得以实现，碳主要以 G 形式存在的铸铁称为灰铸铁。在高温阶段石墨化过程得以实现，而中温、低温阶段石墨化过程没有实现，碳以 G 和 Fe_3C 两种形式存在的铸铁称为麻口铸铁。

1.4.4　铝合金

在纯铝中加入适量的硅、铜、镁、锌、锰等合金元素即可制成铝合金。铝合金按其成分和生产工艺特点的不同，可分为形变铝合金和铸造铝合金两大类。

1. 形变铝合金

防锈铝有铝–镁系及铝–锰系，其耐蚀性好。防锈铝的抗拉强度比纯铝稍高，塑性和焊接性好，均不能通过热处理强化，只能通过冷加工硬化强化，代号用"铝防"汉语拼音首字母"LF"表示，后面的数字只是一个顺序号，如 LF5、LF11、LF21 等。它主要用于制造耐蚀性要求高的容器、蒙皮及受力不大的结构件，如油箱、导管及生活器皿等。

硬铝主要是铝–铜–镁系合金，由于铜和镁能形成强化相，如 CuAl2、CuMgAl2 等，经淬火时效能获得高的抗拉强度，可达 420 MPa，故这种合金称硬铝。它耐蚀性差，故在硬铝材表面需要包覆一层纯铝，以增加耐蚀性，其代号用" LY "和顺序号表示，常用的有 LY11、LY1 等。硬铝在仪器、仪表及飞机制造中广泛应用。

超硬铝合金是在硬铝基础上加入锌，经淬火 + 人工时效后，抗拉强度为 680 MPa，硬度为 190 HBS，比硬铝更高，故称超硬铝，代号用" LC "和顺序号表示，用于制造飞机中的受力件。

锻铝合金是铝–铜–镁–硅系合金，力学性能与硬铝接近，但热塑性及耐蚀性上升，适于锻造,故名锻铝,代号用"LD"和顺序号表示,用于飞机或内燃机车上承受高载荷的锻件或模锻件。

2. 铸造铝合金

铸造铝合金分为铝－硅系合金、铝－铜系合金、铝－镁系合金、铝－锌系合金,其中铝－硅系合金应用最广。铸造铝合金代号用"ZL"和三位数字表示,其中第一位数字表示合金类别(1 为铝－硅系、2 为铝－铜系、3 为铝－镁系、4 为铝－锌系),后两位数字为顺序号,顺序号不同,成分便不同,如"ZLl02"表示 2 号铸造铝－硅合金。新标准是由代表铸造铝合金的"ZAl"和主要合金元素的化学符号及表示其名义百分含量的数字组成。若合金元素的名义百分含量小于 1 ,则不标数字,如 ZAlSiMg。

铸铝合金一般用于制造质轻、耐蚀、形状复杂及有一定力学性能要求的构件,如铝合金活塞、仪表外壳等。

1.5 常用刀具材料

刀具是机械制造中用于切削加工的工具。刀具由工作部分和夹持部分组成。工作部分是刀具直接参加切削工作的部分,夹持部分是用来将刀具夹持在机床上的部分。工作部分材料(通常称为刀具材料)的性能对刀具的切削性能有着重要影响。

1.5.1 对刀具材料的基本要求

首先,刀具材料要具有良好的切削性能,其中包括:

①刀具材料的硬度要高于工件材料的硬度,加工一般金属材料的工件时,其硬度要在 60 HRC 以上;

②足够的强度和韧性,以承受切削力和冲击;

③好的耐磨性,以便维持一定的切削时间;

④好的耐热性,以便在高温下保持刀具的切削能力。

其次,刀具材料还要有良好的工艺性,便于制造和刃磨,并且来源应丰富,价格要低廉。

1.5.2 高速钢

高速钢是以 W、Cr、V、Mo 等为主要合金元素的高合金工具钢,如 W18Cr4V 等。它淬火后的硬度是 61 ~ 65 HRC,强度和韧性较高,耐热性较好,能耐 500 ~ 600 ℃的高温。虽然高速钢的硬度、耐磨性和耐热性不如硬质合金,但强度、韧性比硬质合金高,工艺性比硬质合金好,所以常用它制造形状复杂的刀具,如钻头、机用丝锥、铣刀、拉刀、成形刀具和齿轮刀具等。

1.5.3 硬质合金

硬质合金的主要成分是 WC 和 Co。由于 WC 的熔点很高,所以硬质合金不仅硬度高(达到 89 ~ 91 HRA),并且耐高温,用它制作的刀具可以在 850 ~ 1 000 ℃的温度进行切削。因此,切削速度可比高速钢刀具高 4 ~ 10 倍。Co 在硬质合金中起黏结作用。目前国产的硬质合金分为两类:一类是由 WC 和 Co 组成的 YG 类;另一类是由 WC、TiC 和 Co 组成的 YT 类。

YG 类硬质合金韧性较好,但切削韧性材料时,耐磨性较差,因此适用于加工铸铁、青铜等脆性材料。常用的牌号有 YG8、YG6、YG3 等,其中数字表示含钴量的百分数。含钴量少者较脆,但较耐磨。

YT 类硬质合金比 YG 类硬质合金的硬度高、耐热性好,并且在切削韧性材料时较耐磨,但韧性较小,适于加工钢等塑性材料。常用的牌号有 YT5、YT15、YT30 等,其中数字越大表示碳化钛含量越高,韧性越小,耐磨性和耐热性越高。

由于硬质合金工艺性较差,目前主要用于制造车刀和镶齿端铣刀刀齿等形状较简单的刀具。

1.6　制造技术综述

制造技术是使原材料成为人们所需产品而使用的一系列技术和装备的总称,是涵盖整个生产制造过程的各种技术的集成。从广义上来讲,它包括设计技术、加工制造技术、管理技术等三大类。其中,设计技术是指开发、设计产品的方法;加工制造技术是指将原材料加工成所设计产品而采用的生产设备及方法;管理技术是指如何将产品生产制造所需的物料、设备、人力、资金、能源、信息等资源有效地组织起来,达到生产目的的方法。

1.6.1　先进制造技术及其内涵

先进制造技术是指集机械工程技术、电子技术、自动化技术、信息技术等多种技术于一体,用于制造产品的技术、设备和系统的总称。

从广义上来说,先进制造技术包括以下几点:

①计算机辅助产品开发与设计,如计算机辅助设计(CAD)、计算机辅助工程(CAE)、计算机辅助工艺设计(CAPP)、并行工程(CE)等;

②计算机辅助制造与各种计算机集成制造系统,如计算机辅助制造(CAM)、计算机辅助检测(CAI)、计算机集成制造系统(CIMS)、数控技术(NC/CNC)、直接数控技术(DNC)、柔性制造系统(FMS)、成组技术(GT)、准时化生产(JIT)、精益生产(LP)、敏捷制造(AM)、虚拟制造(VM)、绿色制造(GM)等;

③利用计算机进行生产任务和各种制造资源合理组织与调配的各种管理技术,如管理信息系统(MIS)、物料需求计划(MRP)、制造资源计划(MRPⅡ)、企业资源计划(ERP)、工业工程(IE)、办公自动化(OA)、条形码技术(BCT)、产品数据管理(PDM)、产品全生命周期管理(PLM)、全面质量管理(TQM)、电子商务(EC)、客户关系管理(CRM)、供应链管理(SCM)等。

从狭义上来说,它是指各种计算机辅助制造设备和计算机集成制造系统。如果说机械化和自动化技术代替了人的四肢和体力的话,那么以计算机辅助制造技术和信息技术为中心的先进技术,则在某种程度和某些部分代替了人的大脑而进行有效的思维与判断,它对传统制造业引起的是一场新的技术变革。

1.6.2 零件和毛坯

机械制造离不开零件和毛坯,其中零件是机器、仪表以及各种设备的基本组成单元,不同类型的零件具有不同的形状及功能。

1.零件

生产中根据零件的结构,通常将形形色色的机械零件分为五大类,即轴类(图1-4)、盘套类(图1-5)、机身机座类(图1-6)、箱体支架类(图1-7)和其他类(图1-8)。

不同类型的零件都是由各种表面组成的。这些表面有外圆面、内圆面、锥面、螺纹面、成形面以及沟槽(图1-9),还有平面、斜面(图1-10)等。生产中常常采用铸造、锻造及切削等加工方法来获得这些表面。

图1-4 轴类零件

2.毛坯

毛坯是将工业产品或其零件、部件所要求的工艺尺寸、形状等略为放大,制成坯型,作为切削加工用的半成

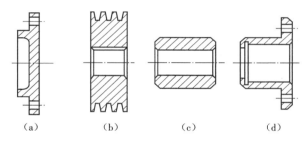

图1-5 盘套类零件

(a)端盖;(b)带轮;(c)轴套;(d)轴承套

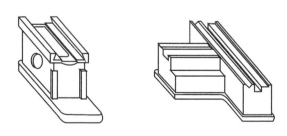

图1-6 机身机座类零件

品,如切成的棒料、浇成的铸件、锻成的锻件等。常用毛坯的种类包括以下几种。

①型材类。型材类是指矿石经熔化、冶炼和浇注被制成铸锭或扁坯。铸锭和扁坯(统称原材料)通常不能直接用来加工零件,冶金厂将钢铸锭用热轧方法制成用来加工零件的型材(即毛坯)。型材分为带材、板材、棒材、线材、管材等,可按规格型号和材料种类直接购买。

②铸件类。铸件是液态成形件。它分为铸铁件、有色金属铸件和铸钢件,其中铸铁件的应用最为广泛。在车床中铸件的质量占其总质量的70%~80%。

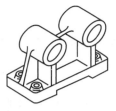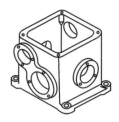

图 1-7 箱体支架类零件

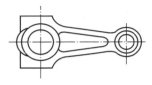

图 1-8 其他类零件

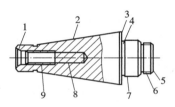

图 1-9 轴类零件的组成表面

1—内锥面；2—外锥面；3—轴肩平面；4—回转槽；
5—端平面；6—外螺纹；7—外圆面；8—内圆面；9—内螺纹

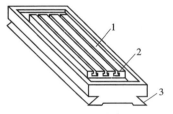

图 1-10 六面体类零件的组成表面

1—平面；2—T 形槽；3—斜面

③锻件类。锻件是金属在固态下受力而塑性成形的毛坯。用于制成锻件的材料必须具有良好的塑性。中低碳钢及部分铝合金和铜合金具有较好的塑性，均可用于制作锻件；铸铁因其塑性极差而不能锻造。

④焊件类。焊件是借助于高温下金属原子间的扩散和结合作用，将两个构件连接成一个整体。焊件一般采用低碳钢和低合金钢材料。采用焊接方法将锻件、铸件、型材或机械加工的半成品组合成整体，就得到毛坯组合件。这类组合件适用于制作大型零件的毛坯，如大型柴油机的缸体、重型机床的床身等。

1.6.3 制造与成本管理

成本管理是指企业生产经营过程中各项成本核算、成本分析、成本决策和成本控制等一系列科学管理行为的总称。

1.成本的概念

成本是指企业为生产产品、提供服务而发生的各项耗费，如材料耗费、薪金支出、折旧费用等。成本是商品经济的价值范畴，是商品价值的组成部分，并且随着商品经济的不断发展，成本概念的内涵和外延都处于不断变化发展之中。

成本构成包括人力、原料、设备、技术、能源、管理等各项生产因素费用。当某种生产因素费用占企业总成本比重太高时,该生产因素便成为企业的主要风险。成本构成可以反映产品的生产特点,从各个因素费用所占比例看,有的大量耗费人工,有的大量耗费材料,有的大量耗费能源,有的大量占用设备等。成本构成在很大程度上受技术发展、生产类型和生产规模的影响。

2. 成本的分类

①固定成本:在一定条件下,其总额不随产量的变动而变动的成本,如固定资产折旧、广告费、企业管理费等。

②变动成本:在一定条件下,其总额随产量的变动而变动的成本,如直接原材料费、直接人工费、加班费、水电费等。

3. 降低成本的基本途径

①节约各种材料消耗,加强车间管理,减少废品。

②不断提高生产效率。

③减少设备故障,提高设备利用率。

④加强、改善经营管理水平,减少管理费用和非生产性支出等。

⑤保障安全生产。

4. 成本控制

成本控制实质上是确定成本目标、执行成本计划、发现成本差异并及时纠正偏差的过程。成本控制的方法一般是按照事前控制(制定成本限额,健全组织机构、成本责任制)、事中控制(全面执行成本计划、落实责任)和事后控制(分析差异、查明原因、纠正偏差)的思路进行的。

1)直接材料成本控制

直接材料在工业产品中占有相当大的比重,控制直接材料费用的开支是成本开支的关键。直接材料控制可从两方面入手。一是控制材料的消耗量。对有材料消耗定额的,应采用定额控制,严格实行定额领料;对没有也不需要消耗定额的材料,应实行金额控制;同时,要加强下料管理,搞好废料的回收和综合利用。二是控制材料采购成本。选择稳定的能提供质优价廉材料的供货商,合理选择采购地点和运输路线,节约运输费用。此外,开发新的材料资源,寻求更好的代用材料,也是降低材料消耗的有效途径。

2)直接人工成本费用的控制

直接人工费用的控制是要搞好劳动定员和劳动定额,消除人浮于事的情况。科学派工,防止窝工损失,提高工时利用率是直接人工成本费用控制的主要内容。计算工资时,必须有健全的考勤记录、工时记录和产量记录。职工的工资增长幅度应低于劳动生产率的增长幅度,劳动者的收入要与其劳动成果和企业的经济效益挂钩。

3)制造成本费用的控制

制造成本费用的控制因其构成内容不同而有不同的控制方法。对于制造费用中的变动成本费用,可采取定额控制的方法,即按每一单位产量核定耗用量;对于固定成本费用,可采用限额控制的办法,即通过编制固定预算,将预算控制指标下达到每个部门,包干使用。

1.6.4　制造与可持续发展

可持续发展是指既满足当代人的需求,又不对后人满足其自身需求的能力构成危害的发展。制造过程体现可持续发展,就是要建立极少产生废料和污染物的工艺技术系统,力争以最小的资源消耗、最低限度的环境污染,产生最大的社会效益。

实施可持续发展,应贯穿企业活动的整个生命周期,企业应从以自然资源和劳动力投入的经济增长方式,逐渐转变为技术型发展模式,要在提高企业的创新能力,采用环境无害化技术,改善管理,提高资源利用率,降低物耗、能耗上下功夫。

实施可持续发展,应进行高技术开发,努力降低自然资源消耗,统筹考虑环境保护和自然资源开发、应用,坚持与自然和谐统一,追求人类健康消费,努力做到使现代人与后代人的机会平等。

在制造业中,要推动机械制造领域中绿色产品、绿色制造、绿色设计、绿色加工、绿色工艺、产品全生命周期等理论以及技术的研究与应用。

绿色标志将是未来进入国际市场的通行证。绿色工业产品将成为世界市场的主导产品,在生产过程中应最大限度地节约能源、降低水耗,采用清洁原料、清洁生产工艺,实现无废料或少废料或废料能够综合利用。生产中,低污染、低毒,对生态环境无害或危害极少,资源利用率高的具体体现如下。

①改善制造过程的环境,产生尽量小的噪声,不产生有害气体,创造宜人工作环境。

②在制造过程中开展绿色加工,把环境影响、制造问题、资源优化统一起来考虑。如在机械加工过程中把加工过程的硬件(设备、材料、刀具和操作人员等)、软件(制造理论、制造工艺和制造方法等)、信息(与加工相关的信息)柔性等方面动态地结合起来,努力提高加工过程中的绿色度。

③大力开发绿色工艺,有针对性地解决制造过程中对可持续发展制造有不利影响的传统工艺。如应用干切削、绿色气体冷却切削、低温冷却切削等方式,代替或改善会造成环境污染的乳化液冷却切削,可在降低成本、提高零件加工质量等方面取得良好效果。

总之,随着科学技术的进步和生产力水平的提高,人类影响自然的能力大为增强。人类在改造自然和改善现存人群生活水平的同时,必须考虑其对社会、健康、安全、法律、文化以及环境等因素的影响,并承担起相应的责任,实现生态和谐、环境友好、社会可持续发展。

1.7　零件的加工质量

零件的加工质量主要是由切削加工来保证的,它包括加工精度和表面质量。

1.7.1　加工精度

零件的加工精度是指零件的实际几何参数与其理想几何参数相符合的程度。加工精度包括尺寸精度、形状精度和位置精度。

1. 尺寸精度

要使加工后零件的尺寸(如直径、长度等)与理想数值绝对一致,这既不可能也没有必要。生产中,允许实际尺寸和理想尺寸之间存在一个变动量(即尺寸公差)。零件的尺寸精度是由尺寸公差来控制的。尺寸公差等于最大极限尺寸与最小极限尺寸之差的绝对值。

对于同一基本尺寸,尺寸公差值小则尺寸精度高;尺寸公差值大则尺寸精度低。《产品几何技术规范(GPS)线性尺寸公差 ISO 代号体系 第 1 部分:公差、偏差和配合的基础》(GB/T 18001.1—2020)将确定尺寸精度的标准公差等级分为 20 级,分别用 IT01、IT0、IT1、IT2、……、IT18 表示。IT01 尺寸公差值最小,尺寸精度最高。常用的公差等级为 IT6 ~ IT11。公差等级与表面结构参数和加工方法的对照分析见表 1-2。

表 1-2   公差等级与表面结构参数和加工方法的对照

公差等级	表面结构参数 $Ra/\mu m$	加工方法	应 用
IT01 ~ IT2		精密加工,如研磨	用于量块、量仪的制造
IT3 ~ IT5	0.008 ~ 0.1		用于精密仪表、精密机件的光整加工
IT5 ~ IT6	0.2 ~ 0.4	珩磨、精磨、精铰、精拉	用于一般精密配合
IT7 ~ IT8	0.8 ~ 1.6	粗磨、粗拉、粗铰、精车、精镗、精铣、精刨	IT6 ~ IT7 在机床和较精密的机器、仪器制造中用得最为普遍
IT9 ~ IT10	3.2 ~ 6.3	半精车、半精镗、半精铣、半精刨、压铸件、粗拉	用于中等精度的各种表面的加工
IT11 ~ IT13	12.5 ~ 25	粗车、粗镗、粗铣、粗刨、钻孔	用于粗加工阶段
IT14	50	冲压	用于非配合尺寸
IT15 ~ IT18		铸造、锻造、焊接、气割	

2. 形状精度

形状精度是指零件上的被测要素(线和面)相对于理想形状的符合程度,它是由形状公差来控制的。形状精度包括直线度、平面度、圆度、圆柱度、线轮廓度和面轮廓度等。从图 1-11 可知,具有同一基本尺寸的 4 根轴,由于形状不同,尽管实际尺寸都控制在 $\phi 25^0_{-0.013}$,但用于与相应的孔配合时,其使用效果却大不相同。通常形状精度与加工方法、机床精度、工件的安装和工艺系统刚度等因素有关。

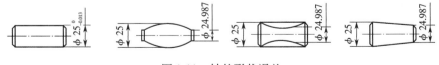

图 1-11   轴的形状误差

3. 位置精度

位置精度是指加工后零件上的被测要素(点、线、面)的实际位置与理想(图纸)位置的接近程度,它是由位置公差来评定的。位置精度包括定向(平行度、垂直度、倾斜度)、定位(同轴度、对称度、位置度)以及跳动(圆跳动、全跳动)精度三大类。

　　形状公差和位置公差习惯上称为形位公差。常用形位公差及标注示例见表1-3。

表1-3　常用形位公差及标注示例

形状公差		分类	位置公差	
项目与符号	标注示例		项目与符号	标注示例
直线度 —	 ϕ25h8 圆柱面上任一母线的直线度公差为0.02	定向	平行度 //	 平面对基准平面 A 的平行度公差为0.02
平面度 ⟋	 被测表面上任意 100×100 的正方形面积上的平面度公差为0.01		垂直度 ⊥	 被测端面对基准轴线 A 的垂直度公差为0.02
圆度 ○	 ϕ40H7 孔轮廓表面的圆度公差为0.007	定位	同轴度 ◎	 被测圆柱面的轴线对基准 A、B 公共轴线的同轴度公差为 ϕ 0.03
圆柱度 ⌭	 ϕ50h6 圆柱轮廓表面的圆柱度公差为0.004	跳动	圆跳动 ↗	 被测端面、外圆、锥面对基准轴线 A 的端面、径向、斜向圆跳动公差为0.03

1.7.2　表面质量

　　表面质量是指零件表面层的状况,其参数有表面结构、表面变形强化和残余应力等,这里只介绍表面结构。

1. 表面结构的定义

　　在切削加工中,由于加工痕迹、工艺系统的振动以及刀具和零件表面之间的摩擦等原因,在零件的已加工表面上不可避免地要产生一些微观的凹凸不平。当平面与零件的实际表面相交时,便得到微观起伏不平的峰谷,这便是零件的表面轮廓。国家标准规定了表面结构的评定参数,其中最常用的是轮廓算术平均偏差 Ra,单位为 μm。影响表面结构的主要因素是切削残留面积、刀具上积屑瘤和工艺系统的振动等。

2. 表面结构的标注方法

表面结构的图形符号意义及说明见表1-4。

表1-4　表面结构的图形符号意义及说明

符号	意义及说明
基本图形符号 $\checkmark$	未指定工艺方法的表面,仅用于简化符号标注,通过注释可以单独使用,没有补充说明不能单独使用
去除材料的扩展图形符号 $\checkmark$	在基本图形符号上加一短横,表示指定表面是用去除材料方法获得,如通过车、铣、磨、钻等机械加工方法获得的表面。仅当其含义是"被加工表面"时,可单独使用
不去除材料的扩展图形符号 $\checkmark$	在基本图形符号上加一圆圈,表示指定表面是用不去除材料的方法获得;也可用于表示保持上道工序形成的表面,不管这个表面是通过去除材料或不去除材料形成的
完整图形符号 $\checkmark$ $\checkmark$ $\checkmark$	在符号的长边加一横线,用于标注表面结构特征的补充信息。在报告和合同的文本中,用 APA 表示 $\checkmark$,用 MAR 表示 $\checkmark$,用 NMR 表示 $\checkmark$
工件轮廓各表面的图形符号 $\checkmark$ $\checkmark$ $\checkmark$	在完整图形符号上加一圆圈并标注在图样中封闭轮廓上,表示构成的封闭轮廓各表面具有相同的表面结构要求

3. 表面结构与尺寸精度的关系

通常,切削加工所获得的尺寸精度与加工时使用设备的精度、刀具和切削条件等因素有关。机床的种类不同,采用的加工方法不同,所达到的公差等级也不同。尺寸精度越高,零件的加工过程越复杂。因此,设计零件时,在保证使用性能的前提下,应尽可能选用比较低的尺寸精度,以简化加工工艺,降低加工成本。一般来讲,尺寸精度越高,其表面结构参数值越小(表1-2)。但表面结构参数 Ra 值小的表面,其尺寸精度不一定高。如对某些零件或制品(机床溜板箱手柄、手轮,锁紧螺母,进给刻度盘,金属电吹风的外壳,各种镀银工艺品等)的装饰性表面的主要要求为外观和装饰效果,故这些表面的表面结构参数值要求很小,但因其不与其他表面配合,故对尺寸精度的要求并不高。表面结构参数值直接影响零件的尺寸精度、配合性质、耐腐蚀性以及耐磨性和密封性等,从而影响零件的工作性能和使用寿命。在满足使用性能的前提下,为降低生产成本,应选用最经济的表面结构参数值。生产中常常将零件图上所标注的表面结构参数值作为选择加工方法的重要依据之一。

1.8　常用量具及测量方法

量具是用于加工前后及加工过程中对毛坯、工件及零件进行检测的工具。生产中所用量具的种类很多,按其测量原理分为刻线量具和非刻线量具两大类。

1.8.1 刻线量具

这类量具利用刻线(或数字),能测量出被测部分的数值。刻线量具又分为绝对读数量具和相对读数量具。

1.绝对读数量具

利用这类量具能直接读出被测部分的绝对数值。

1)钢直尺

钢直尺的常用规格有 150 mm(图 1-12(a))、300 mm、600 mm、1 000 mm 等,其精度为 0.5 ~ 1 mm,可直接测量出被测件的长度(图 1-12(b))、宽度和直径等。

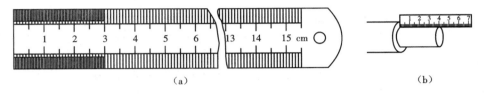

（a）   （b）

图 1-12 钢直尺

(a)外形及刻度;(b)应用举例

2)游标卡尺

游标卡尺(图 1-13)是一种比较精密的通用量具,可以直接测量工件的内径、外径、宽度及深度等。其读数准确度有 0.1 mm、0.05 mm 和 0.02 mm 三种;测量范围有 0 ~ 125 mm、0 ~ 200 mm、0 ~ 300 mm 等。

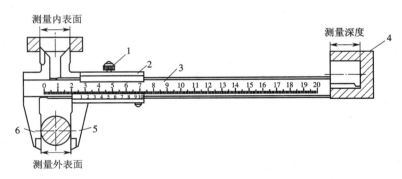

图 1-13 游标卡尺

1—制动螺钉;2—副尺;3—主尺;4—零件;5—活动卡脚;6—固定卡脚

图 1-14 以读数准确度为 0.1 mm 的游标卡尺为例,说明刻线原理和读数方法。

如图 1-14(a)所示,主尺每一刻线间距离为 1 mm,副尺(游标)每一刻线间距离为0.9 mm,两者之差为 0.1 mm。游标共分 10 格,当主尺与副尺的卡脚贴合时,副尺上的零线与主尺的零线对齐,而游标的最后一根刻线和主尺上的第九根刻线也对齐,但这时游标上的其他刻线都不与主尺刻线对齐。当游标向右移动 0.1 mm 时,游标零线后的第一根刻线与主尺刻线对齐;当

16

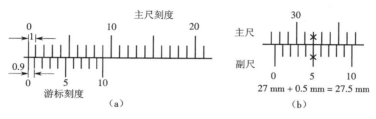

图 1-14　游标卡尺的刻线原理及读数方法

（a）刻线原理;（b）读数方法

游标向右移动 0.2 mm 时,游标零线后的第二根刻线与主尺刻线对齐;依此类推,此时游标刻线数乘以 0.1 mm 就为将来读数的小数部分值。读数时,先读出游标零线左边主尺上的最近刻度值即为测量的整数数值;再看游标上第几根刻线与主尺刻线对齐,读出测量的小数数值,两者之和为测量尺寸。如图 1-14（b）所示,主尺整数是 27,副尺上第五根刻线与主尺刻线对齐即为 0.5,故读数为 27.5 mm。

读数准确度为 0.05 mm 和 0.02 mm 的游标刻线间距离分别为 0.95 mm 和 0.98 mm,游标分别分为 20 格和 50 格,主尺与游标每格之间的长度差分别是 0.05 mm 和 0.02 mm,因此可测量出 0.05 mm 和 0.02 mm 的小数。读数方法与读数准确度为 0.1 mm 的游标卡尺相同。

图 1-15 为专门用来测量深度和高度的游标深度尺和游标高度尺,后者还可用于精密划线。使用游标卡尺时要注意使卡脚放正,并逐渐与工件表面靠近,最后达到轻微接触。

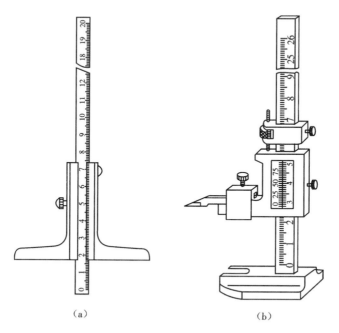

（a）　　　　　　　　　（b）

图 1-15　游标深度尺和游标高度尺

（a）游标深度尺;（b）游标高度尺

3）百分尺

百分尺是一种精密量具，有外径、内径、深度百分尺等几种，读数准确度为 0.01 mm。图 1-16 为可测量工件外径和厚度的外径百分尺。测量范围有 0 ~ 25 mm、25 ~ 50 mm、50 ~ 75 mm、75 ~ 100 mm、100 ~ 125 mm 等。

百分尺的固定套筒在轴线方向刻有一条中线。中线的上、下方各刻有一排刻线，刻线每小格间距为 1 mm，上下两排刻线错开 0.5 mm。螺杆是和活动套管连在一起的，转动棘轮盘，螺杆与活动套筒一同向左或向右移动。螺杆的螺距为 0.5 mm，即螺杆每转一圈，螺杆与套筒沿轴向移动 0.5 mm。活动套筒的圆周上有 50 等分的刻度线，所以活动套筒每转过一小格，轴向移动 0.5/50，即 0.01 mm。

百分尺的读数方法如图 1-17 所示。先读出距活动套筒左端边线最近的固定套筒上的轴向刻度值（应为 0.5 mm 的整数倍），再看活动套筒上与固定套筒轴向刻度中线重合的圆周刻度值，两者读数之和即为零件的实际尺寸。其读数是 9.5 + 0.27 = 9.77 mm。

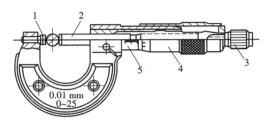

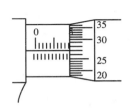

图 1-16 外径百分尺

1—砧座;2—螺杆;3—棘轮;4—活动套筒;5—固定套筒

图 1-17 百分尺的读数方法

测量时，当螺杆端面快要接触工件时，必须使用棘轮盘。当棘轮发出"嘎嘎"打滑声时，表示压力合适，停止拧动。

4）千分尺

千分尺的读数原理与百分尺的读数原理基本相同，不同的是千分尺对活动套筒刻度进一步细分，其读数精度为 0.001 mm（图 1-18（a））。液晶显示千分尺如图 1-18（b）所示，其测量值可直接从显示屏上读出。改变千分尺测头的形状，可扩大千分尺的应用范围（图 1-19）。

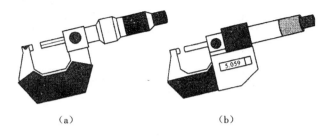

（a）   （b）

图 1-18 千分尺

（a）普通千分尺;（b）液晶显示千分尺

5）万能角度尺

万能角度尺是利用游标读数来测量任意角度的量尺（图 1-20）。扇形板带动游标可沿扇

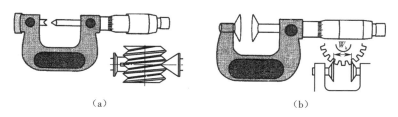

图 1-19　千分尺的应用实例

（a）测量螺纹；（b）测量齿轮

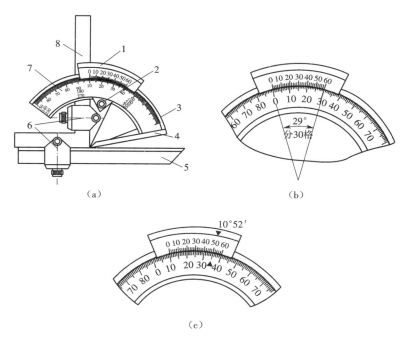

图 1-20　扇形万能角度尺的结构及读数原理

（a）扇形万能角度尺；（b）刻线原理；（c）读数示例

1—游标；2—制动器；3—扇形板；4—基尺；5—直尺；6—卡块；7—主尺；8—角尺

形主尺的弧形移动,角尺可用卡块紧固在扇形板上,可移动的刀口直尺则用卡块固定在角尺上,基尺与主尺连成一体。

万能角度尺的刻线原理和读数方法与游标卡尺相同。主尺刻线每格为 1°。游标刻线将主尺上的 29°等分成 30 格,游标刻线的每格为 29°/30 = 58′,主尺 1 格与游标 1 格的差值为 2′。为了便于读数,游标上标出了以分为单位的实际读数(图 1-20(c))。测量时通过改变基尺、角尺、直尺间的相互位置,能测量 0°～320°的任意角度(图 1-21)。

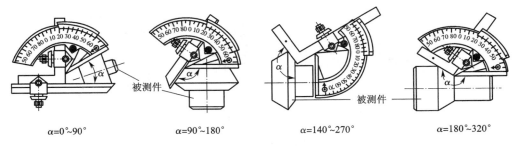

| α=0°~90° | α=90°~180° | α=140°~270° | α=180°~320° |

图 1-21　扇形万能角度尺应用实例

2. 相对读数量具

相对读数量具又称比较量具或指示量具。与绝对读数量具不同的是,它采用比较测量的方法,只能测出相对数值,不能测出绝对数值。

1)百分表

百分表(图 1-22)是一种精度较高的比较量具,不能测出绝对数值,主要用来检查工件的形状和位置误差(如圆度、平面度、垂直度、跳动等)以及作比较测量和工件的精密找正,读数准确度为 0.01 mm。

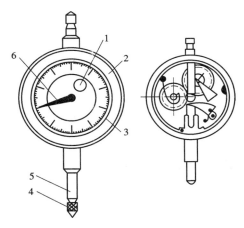

图 1-22　百分表
1—小指针;2—表壳;3—刻度盘;
4—测量头;5—测量杆;6—大指针

圆磨床上用四爪卡盘安装工件时找正外圆。

当测量头与测量杆向上或向下移动 1 mm 时,通过齿轮传动系统带动大指针转一圈,则转数指示盘的小指针转一格。表盘圆周上有 100 等分的刻线,第 1 格读数值为 1/100,即 0.01 mm。转数指示盘每格读数值为 1 mm,刻度范围为百分表的测量范围。测量时大小指针读数之和即为测量尺寸的变化量。

百分表常安装在专用的百分表架上使用,应用实例如图 1-23 所示。其中图(a)为检查外圆对孔的圆跳动及端面对孔的圆跳动;图(b)为检查工件两平面的平行度;图(c)为在内

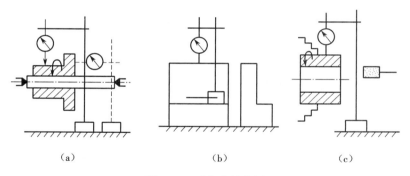

图 1-23　百分表的应用

(a)检查外圆和端面对孔的圆跳动;(b)检查两平面的平行度;(c)安装工件时找正外圆

2)内径百分表

图 1-24(a)所示的内径百分表是检验 IT7 精度以上孔的常用量具。它附有成套的可换插头,测量范围有 6 ~ 10 mm、10 ~ 18 mm、18 ~ 35 mm、35 ~ 50 mm、50 ~ 100 mm、100 ~ 160 mm 等几种。内径百分表的使用情况如图 1-24(b)所示。

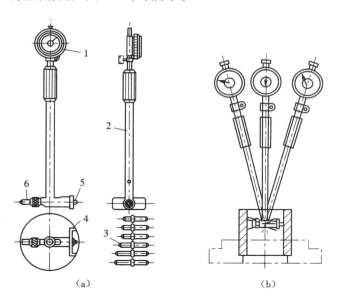

图 1-24　内径百分表及其应用

(a)内径百分表;(b)用内径百分表检验内孔

1—百分表;2—接管;3、6—可换插头;4—定心桥;5—活动量杆

1.8.2　非刻线量具

这类量具不能直接测出被测部分的准确尺寸。

1. 卡钳

它是一种间接量具,用于测量尺寸时必须与刻线量具配合使用(一般常与钢尺或游标卡尺配用)。卡钳分为外卡钳(图 1-25(a))和内卡钳(图 1-25(b))两种。

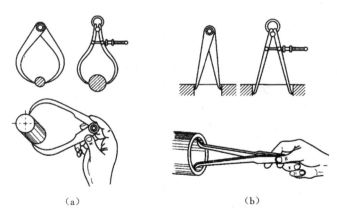

（a）　　　　　　　　　　　　（b）

图 1-25　卡钳种类及其应用举例

（a）外卡钳；（b）内卡钳

2. 塞规与卡规

它们是用于成批大量生产的专用量具。塞规（图 1-26（a））用于测量孔径和槽宽，短端叫"止端"，用来控制最大极限尺寸；长端叫"过端"，用来控制最小极限尺寸。测量时，只有当"过端"能通过而"止端"不能通过时，工件（或零件）的被测尺寸才在公差范围之内，视为合格品。卡规（图 1-26（b））是用来测量外径或厚度的量具，其测量原理和使用方法与塞规相同。

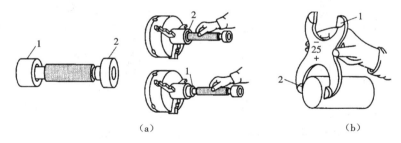

（a）　　　　　　　　　　　　（b）

图 1-26　塞规与卡规

（a）塞规；（b）卡规

1—止端；2—过端

3. 刀口形直尺

它是用光隙法检验表面平面度和直线度的量尺，又称刀口尺或刃口尺（图 1-27）。使用时刀口应紧贴被测表面，然后根据两者间有无光隙来判断被测面是否平直。光隙的大小可用塞尺测得。检查平面度时应在长度、宽度和对角线等方向上检测。

4. 塞尺

它是测量贴合面间隙的薄片量具（图 1-28），由一组厚度不等的薄钢片组成。每片钢片上印有厚度标记，测量时若两贴合面间能插入 0.02 mm 的塞片，而 0.03 mm 的塞片插不进去，则间隙值为 0.02～0.03 mm。测量时选用的尺片数目越少越好。

5. 90°角尺

它是检验直角用的量规，用来检验两个被测表面是否垂直或保证划线及工具切入时的垂

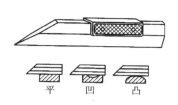

图 1-27　刀口形直尺及其应用

图 1-28　塞尺

直度,故又称直角尺。检测时,根据光隙判断被测两表面是否垂直(图 1-29)。被测表面与直角尺表面之间的间隙值可用塞尺测得。

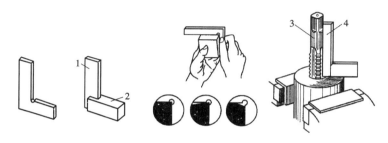

图 1-29　90°角尺及其应用

1—尺身;2—尺座;3—丝锥;4—直角尺

1.8.3　常用量具的使用要领

量具是一种测量工具,要求经常保持洁净,以保证测量准确。

1. 刻线量具

使用这类量具时,测量前应检查并校核零线,测量完后应擦拭干净。测量时应保持游标卡尺两卡爪清洁,卡爪与被测表面接触时位置应准确,用力应适度。读数前应拧紧制动螺钉,若一面副尺移动则会影响测量精度。

应用百分尺、千分尺测量时,首先转动活动套筒;当测量螺杆将要接近工件或零件时,旋转活动套筒后端的棘轮;当棘轮发出"嘎嘎"声时,表示压力适中,即可读数。

应用百分表测量时,必须把百分表牢靠地固定在表架上,测量时百分表测量杆的触头应垂直并贴紧被测表面,转动表盘使大指针对零,然后缓慢转动或移动被测物体。百分表用完后要擦净,放入盒内时应使测量杆处于自由状态,并保持测头表面清洁。

2. 非刻线量具

使用这类量具时,测量前应检查内外卡钳并与校核卡爪对齐,测量时被测表面与测头之间原则上应尽可能垂直。

复习思考题

1.简述毛坯的主要成形方法及选用原则以及零件的分类和所了解的零件成形方法。

23

2.试述为什么设计机械零件时,首先应考虑所选材料的力学性能。

3.分析塑性和强度在零件制造和使用中的意义。

4.对刀具材料的基本要求是什么?

5.目前常用的刀具材料有哪两种?各适用于制造何种刀具?为什么?

6.试述零件加工质量的内涵。

7.试述公差选用原则,并分析它所包含的实际意义和经济性。

8.为什么说测量精度和测量效率是衡量机械制造水平的重要标志?

9.常用的量具有哪几种?它们的测量原理及使用范围是什么?

10.试合理选择测量下列零件表面尺寸的量具,并说明为什么。

(1)锻件外圆 $\phi100$。

(2)铸件上铸出的孔 $\phi80$。

(3)车削后轴件外圆 $\phi50\pm0.2$。

(4)磨削后轴件外圆 $\phi30\pm0.03$。

第2章 液态成形

液态成形是指将液态材料注入具有一定形状和尺寸的铸型或模具型腔内,凝固后得到固态毛坯或零件的方法,包括金属的铸造工艺、陶瓷的注浆成形、塑料的注射成形等。本章主要介绍金属材料的铸造成形。

2.0 铸造实习安全知识

2.0.1 主要危险因素及容易出现的伤害

铸造生产工序繁多,铸造车间的主要危险因素有高温、粉尘、火灾、电、有害气体、噪声、起重机械、运输设备等。容易出现的伤害包括烫伤、烧伤、尘肺、触电、中毒、窒息、机械伤害、爆炸冲击伤害等。

2.0.2 铸造实习安全操作守则

①实习时要穿好工作服、防护鞋,戴好防护帽、防护镜等,以防烫伤。

②要熟悉铸造安全操作规程,避免在实习过程中可能发生的事故。要熟悉相关机器设备的性能,避免损坏机器。

③造型时严禁用嘴吹分型砂,以免砂粒飞入眼中。

④坩埚炉周围不得堆放易燃物品,以防遇到火星或高温液体金属而发生火灾或爆炸。

⑤出金属熔液前使用的工具及浇包必须烘烤干燥,浇包必须放正、放稳,禁止将冷湿铁棒、工具等与熔液接触,以防喷溅伤人。

⑥浇注前,必须观察砂型附近是否有积水存在,以免金属液滴与水接触引起飞溅或爆炸危险。

⑦浇包内金属液不能装得太满,防止运送时熔液溅出伤人。

⑧熔融的高温金属液,在浇注运送途中或浇入砂型时,应检查是否有余液碎块散落在道路上或砂型旁,有则应立即清除干净以免伤人,更勿用手触摸。

⑨浇注时,必须服从指挥,上下、高低、快慢、缓急都应合理。人不能站在浇注的正面,不操作浇注的人应远离浇包。

⑩当金属液浇入砂型时,要小心出气孔、冒口、箱缝排出的废气,不准用眼睛对看冒口,以免毒气和熔液飞溅伤人。

⑪不可直接用手或身体其他部位触及未冷却的铸件。

⑫清砂时,要注意人与人之间的距离不要太近,清砂前方不准站人,以免伤人。

⑬搬动或翻动砂箱时,要用力均匀,小心轻放,以免砸伤手脚或损坏砂箱。放置砂箱、砂型、铸件时,应平稳安全,不能堆码太高,防止其倾倒伤人。

2.1 铸造概述

2.1.1 铸造生产特点

把熔化的金属液浇注到与零件形状相适应的铸型型腔中,待其冷却、凝固后,获得毛坯或零件的方法称为铸造。

铸造是制造机器零件和毛坯的主要方法之一,与其他金属成形方法相比,具有以下优点。

①适应性强。铸件的大小、质量、批量以及材质几乎都不受限制。铸件的质量小到几克,大到数百吨;铸件轮廓尺寸可从几毫米到几十米;常用的金属材料(碳素钢、合金钢、铸铁、铝合金、铜合金等)都可铸造。

②成本低。铸件价格低廉,经济性良好。铸造所用原材料来源广,而且可利用各种废料回炉熔炼;铸件形状和尺寸接近于零件,切削加工量小,材料利用率高。

③铸造适合制造内腔和外形复杂的毛坯和零件,如箱体、机架、床身等。

但是铸造生产也存在一些缺点和不足,如铸造工序多、工艺复杂、废品率高;铸件易出现组织疏松、晶粒粗大、缩孔、缩松、气孔等缺陷,力学性能较相同材料的锻件差;劳动环境较差。

铸造按照生产方法的不同,可分为砂型铸造和特种铸造两大类。其中,砂型铸造应用最为广泛,占铸件总产量的80%以上。

2.1.2 砂型铸造的生产过程

砂型铸造生产工序很多,包括模型加工、配砂、造型、造芯、合箱、熔炼、浇注、落砂、清理和检验。砂型铸造的生产过程如图2-1所示。

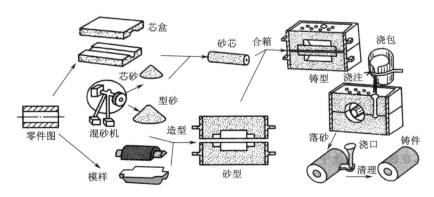

图2-1 砂型铸造的生产过程

2.1.3 铸型的组成

铸型一般由上型、下型、型芯和浇注系统等组成,装配图如图 2-2 所示。上型和下型的接合面称为分型面。铸型中由砂型面和型芯面所构成的空腔称为型腔,用来形成铸件本体。出气孔的作用是将浇注时产生的气体排出。

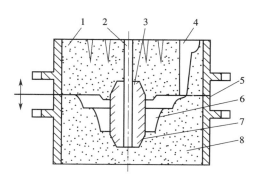

图 2-2 铸型装配图

1—上型;2—出气孔;3—型芯;4—浇注系统;5—分型面;6—型腔;7—芯头;8—下型

2.2 造型材料

砂型是由造型材料(型砂和芯砂)制成的。造型材料的质量直接影响铸件的质量,由造型材料引起的铸件缺陷(粘砂、夹砂、气孔、砂眼等)占铸件总废品量的 50% 以上。中、小铸件多采用湿砂型(即造型后不烘干直接用于浇注的砂型);而大铸件一般要用烘干的砂型,以提高其强度和透气性。

2.2.1 型(芯)砂的组成

型砂一般由原砂、黏结剂、水及附加物等原材料按照一定的配比混制而成。

原砂是型砂的主要材料,其主要成分是石英(SiO_2),其熔点为 1 713 ℃,可耐高温。

黏结剂的作用是把原砂等材料黏结起来,使型砂具备一定的性能,便于造型。按照黏结剂的不同,型砂可分为黏土砂、水玻璃砂、树脂砂、油砂和合脂砂等几种。其中黏土砂应用最广泛。黏土类黏结剂又分为普通黏土和膨润土两类,前者多用于干型,后者多用于湿型。膨润土和水混合后形成均匀的黏土膜包在砂粒表面,把单个的砂粒黏结起来,使之具有湿压强度。砂粒之间的空隙,使型砂具有一定的透气性。型砂结构如图 2-3 所示。

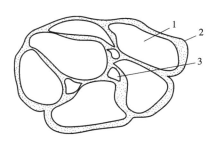

图 2-3 型砂结构示意图

1—砂粒;2—黏土膜;3—空隙

水分对黏土砂的性能影响很大,水分加入量太多,容易形成黏土浆,使型砂强度、透气性下降;水分太少,则型砂干而脆,可塑性差。

附加物的作用是改善型砂的某些性能。湿型铸造时,型砂中常加入煤粉,以防止粘砂,提高铸件表面光洁度;干型铸造时,型砂中加入木屑,可提高型砂的透气性和退让性。

2.2.2 型(芯)砂应具备的性能

1. 湿压强度

湿压强度是指湿型砂在外力作用下不变形、不破坏的能力。型砂具有一定的强度,可保证铸型在起模、翻型、搬运以及浇注过程中不致损坏。强度过低,容易造成塌箱,铸件易形成砂眼、变形等缺陷;强度太高,又会使铸型太硬,透气性降低,而且阻碍铸型收缩,容易形成气孔、应力和裂纹等。

2. 透气性

透气性是指气体能通过型砂空隙而逸出的能力。透气性不好,铸型在浇注高温金属液时产生的大量气体排不出去,会使铸件产生气孔、浇不足等缺陷;透气性好,则砂型过于疏松,容易造成粘砂。

3. 耐火性

耐火性是指型砂在高温金属液作用下不熔融、不烧结的能力。耐火性差,铸件易产生粘砂。耐火性与型砂中 SiO_2 含量有关。SiO_2 含量越高,砂子颗粒越大,耐火性越好。

4. 退让性

退让性是指铸件在冷凝收缩时,型砂被压缩退让的性能。退让性不足,会使铸件收缩受阻,从而产生内应力、变形和开裂等缺陷。型砂越紧实,退让性越差。

5. 流动性

流动性是指型砂在外力或自身重力作用下砂粒间相互移动的能力。流动性好的型砂容易形成轮廓清晰的型腔。

6. 可塑性

可塑性是指型砂在外力作用下变形后去除外力保持变形的能力。可塑性好,便于造型。

7. 溃散性

溃散性是指落砂清理铸件时铸型容易溃散的程度。溃散性好,则便于落砂,铸件表面光洁。

2.2.3 型砂的制备

落砂后的旧砂一般不直接用于造型,需要掺入新材料,经过混制,恢复型砂的良好性能后才能使用。生产中常用混砂机配制型砂,图2-4所示为常用的碾轮式混砂机。

型砂的混制过程为:按比例加入新砂、旧砂、膨润土和煤粉等材料,先干混 2 ~ 3 min,再加水湿混 5 ~ 12 min,混好后从出砂口卸砂,并堆放 4 ~ 5 h 后使用。

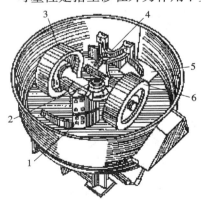

图 2-4　碾轮式混砂机

1、4—刮板;2—主轴;3、6—碾轮;5—出砂口

28

型砂的性能是否满足使用要求,一般要用型砂性能测定仪进行检测,生产现场一般只检测型砂的湿压强度、透气性和含水率。

2.3　造型方法

　　用造型材料、模样和砂箱等工艺装备制造铸型的过程称为造型。造型主要工序有填砂、紧实、起模和修型等。按照造型的手段可分为手工造型和机器造型两大类。手工造型操作灵活、工艺装备简单,但生产率低、劳动强度大,适于单件、小批量生产。机器造型生产率高,但需要专用设备及工装、初期投资大,适于大批量生产。

2.3.1　手工造型

　　手工造型的方法很多。按照模样特征可分为整模造型、分模造型、挖砂造型、假箱造型、活块造型、刮板造型等。按照砂箱特征,可分为两箱造型、三箱造型、脱箱造型、地坑造型等。下面介绍常用的几种手工造型方法。

　　1. 整模造型

　　整模造型所用的模样是一个整体。造型时将整个模样全部放在一个砂箱内,分型面为平面。整模造型工艺简便,适用于形状简单、最大截面在一端且为平面的零件,如齿轮坯、端盖、轴承座等铸件,其造型过程如图 2-5 所示。

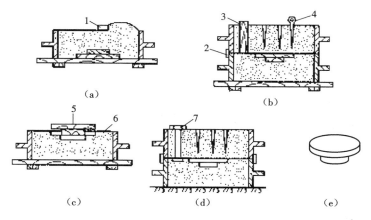

图 2-5　整模造型

(a)造下型;(b)造上型;(c)起模;(d)合型;(e)清理后的铸件

1—刮砂板;2—泥号;3—浇口棒;4—扎通气孔;5—起模;6—分型面;7—外浇道

　　2. 分模造型

　　分模造型的模样分成两半,造型时分别放在上、下砂箱内,分型面为一平面。当铸件最大截面在中部时,如果模样是一个整体,则无法起模,因此需要将模样沿最大截面分成两半,并用定位销定位。分模造型操作较简便,适于生产形状较复杂的、最大截面在中部的零件,如套筒、管子、阀体类。分模造型在造型方法中应用最为广泛,其造型过程如图 2-6 所示。

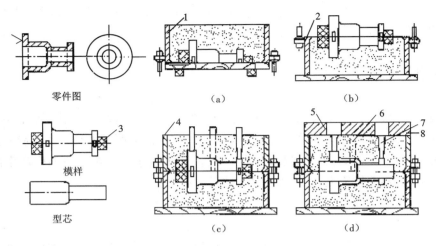

图 2-6　分模造型

(a)造下型;(b)翻转下型合模;(c)造上型;(d)铸型装配图

1、2—下砂箱;3—芯头;4—上砂箱;5—冒口;6—浇口;7—通气孔;8—压铁

3. 挖砂造型

有些铸件(如手轮等)的最大截面不在端部,模样又不允许分成两半,常将模样制成整体,造型时把妨碍起模的型砂挖掉,即挖砂造型,如图 2-7 所示。

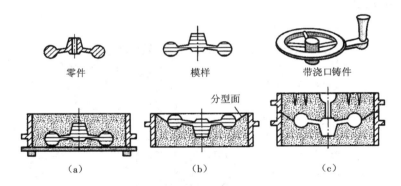

图 2-7　手轮的挖砂造型

(a)造下型;(b)翻转、挖出分型面;(c)造上型、起模、合型

挖砂造型的分型面不是平面,挖砂时要挖到模样的最大截面处才能取出模样。分型面应平整光滑,坡度尽量小,避免上箱的吊砂太陡。不阻碍起模的砂子不必挖掉。

挖砂造型的生产率较低,操作技术要求高,只适用于单件、小批量生产。

4. 假箱造型

需要挖砂造型的零件生产数量较多时,一般采用假箱造型,即用假箱代替底板,在其上造下型,再在下型上造出上型。用假箱造型不必挖砂就可使模样露出最大截面。假箱只用于造型,不参与浇注,故由此得名。其造型过程如图 2-8 所示。假箱一般采用高度紧实的硬砂型,当生产数量更大时,可用木材、塑料或金属制成成形模板代替假箱。

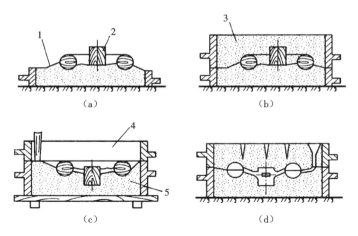

图 2-8　手轮的假箱造型

(a)模样放在假箱上;(b)造下型;(c)造上型;(d)合型

1—分型面;2—模样;3、5—下型;4—上型

5. 活块造型

有些零件侧面带有凸台等妨碍起模的凸起部分,可把凸起部分制成活块。活块用销钉或燕尾槽与模样整体连接。造型时,先取出模样主体,再单独取出活块。活块造型过程如图 2-9所示。活块造型要求工人操作技术水平高,而且生产率低,仅适于单件、小批量生产。大批量生产时,可采用外砂芯制出凸台空腔。

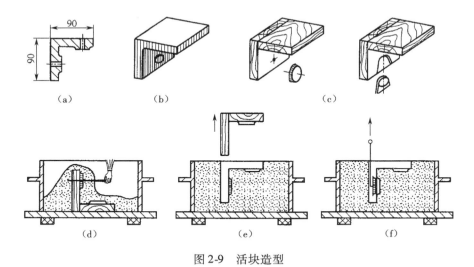

图 2-9　活块造型

(a)零件;(b)铸件;(c)模样;(d)造下型,拔出钉子;(e)取出模样主体;(f)取出活块

6. 刮板造型

刮板造型用于单件、小批量生产中型和大型旋转体铸件或形状简单的等截面铸件,如带轮、飞轮、大齿轮等。方法是利用与铸件断面相适应的刮板模样绕固定轴旋转,在砂型中刮制出所需要的型腔。带轮的刮板造型过程如图 2-10所示。

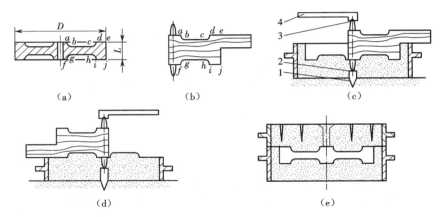

图 2-10　带轮的刮板造型

(a)零件图；(b)刮板；(c)刮制下型；(d)刮制上型；(e)合型

1—木桩；2—下顶针；3—上顶针；4—转动臂

7. 三箱造型

有些两头截面大、中间截面小的复杂铸件只用一个分型面取不出模样,则需采用两个分型面的三箱造型,如图 2-11 所示。三箱造型方法复杂,生产率低,不能用于机器造型,只适于单件、小批量生产。成批、大量生产或用机器造型时,可采用外砂芯将三箱造型改为两箱造型。

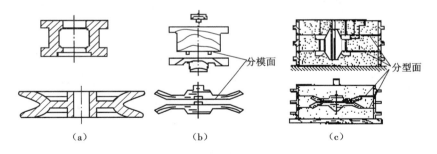

图 2-11　三箱造型

(a)典型零件；(b)模样；(c)铸型装配图

2.3.2　机器造型

机器造型是指用机械方法完成造型过程中的填砂、紧实、起模等工序。机器造型的动力多为压缩空气,以机械运动代替人工紧砂、起模等体力劳动,从而提高了生产率。同时,机器起模平稳,模板振动量小,可以显著提高铸件的尺寸精度。此外,机器造型对工人操作技术要求不高,易于掌握。

按照紧砂方法的不同,机器造型主要分为震压造型、高压造型、射压造型和抛砂造型等。

1. 震压造型

以压缩空气为动力的震压造型机应用最为广泛。如图 2-12 所示,通过震击使砂箱下部的型砂在惯性力作用下紧实,再用压头将砂箱上部松散的型砂压实。震压造型的起模方式是顶箱起模,依靠穿过工作台面的四根顶杆在起模油缸的驱动下同步上升,同时振动器振动模板,将砂箱脱离模板。

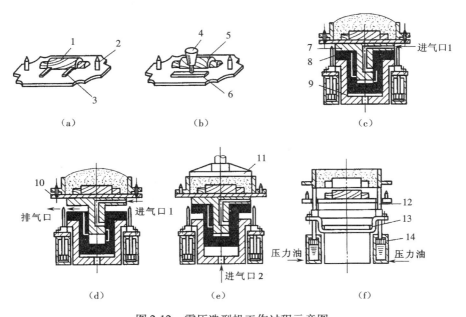

图 2-12　震压造型机工作过程示意图
(a)下模板;(b)上模板;(c)填砂;(d)震击;(e)压实;(f)取模
1—下模样;2—定位销;3—内浇道;4—直浇道;5—上模样;6—横浇道;7—震击活塞;8—压实活塞;
9—压实气缸;10—模板;11—压板;12—起模顶杆;13—同步连杆;14—起模液压缸

　　震压造型机振动比较剧烈,且噪声大,近年来先后出现了微震压实造型机、高压造型机、射压造型机、抛砂机等先进造型设备。

2.高压造型

　　高压造型机采用液压压头,且每个小压头的行程可随模样自行调节,砂型各部位紧实度均匀;压实的同时还可微震,使紧实度提高,如图 2-13 所示。

　　与其他机器造型方法相比,高压造型生产的铸件具有尺寸精度高、表面结构参数值小、废品率低等优点,而且高压造型噪声小、生产效率高、劳动条件好,易于自动化生产。但是高压造型机结构复杂,投资大。目前,专业铸造厂广泛采用一种先进的生产方法——高压造型生产线,如图 2-14 所示。

3.射压造型

　　射压造型是利用压缩空气将型砂以很高的速度射入砂箱并加以挤压而紧实的造型方法,其过程如图 2-15 所示。先打开气罐阀门,向闭合的造型室射砂;压实油缸柱塞向左推动压实模板,将型砂压实;反压模板向左退出并逆时针转 90°起模;油缸柱塞继续左移将砂型推出合型;压实模板随柱塞退回,起模;反压模板顺时针转 90°并复位,闭合造型室,完成一个造型过程。

　　射压造型紧实度均匀,生产率高,易于实现自动化,但只适合简单铸件的生产。

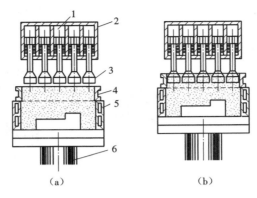

图 2-13 多触头高压造型机工作原理示意图

(a)原始位置;(b)压实位置

1— 压力油;2—箱体;3—浮动触头;4—余砂框;5—砂箱;6—压实活塞

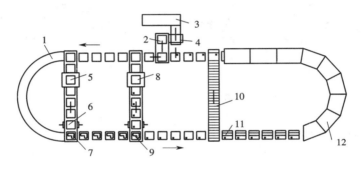

图 2-14 高压造型生产线示意图

1—铸型输送机;2—空砂箱;3—落砂机;4—捅箱机;5—下型造型机;6—翻箱机;

7—落型机;8—上型造型机;9—合型机;10—压铁机;11—压铁;12—冷却室

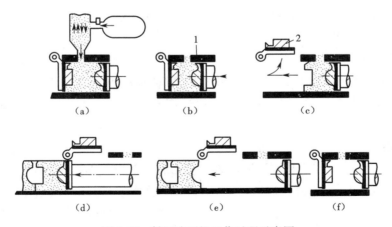

图 2-15 射压造型机工作过程示意图

(a)射砂;(b)压实型砂;(c)反压模板退出;(d)推出砂型,合型;(e)压实模板退回;(f)反压模板复位,闭合型室

1— 压实模板;2—反压模板

4. 抛砂造型

抛砂造型是用机械方法将型砂以高速(30~50 m/s)抛入砂箱,使砂层在高速砂团的冲击下变得紧实,工作原理如图 2-16 所示。装在抛砂机机头内转子上的叶片,将传送带送来的型砂沿弧板高速从切线方向经出砂口抛入砂箱,填砂和紧实同时进行。抛砂造型对工艺装备要求不高,适应性强,可用于小批量生产中型和大型铸件。

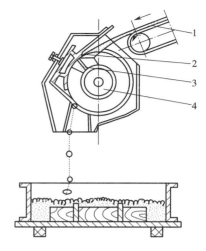

图 2-16 抛砂造型机的工作原理示意图
1— 型砂传送带;2—弧板;3—叶片;4—转子

2.3.3 制芯

型芯的主要作用是形成铸件的内腔,有时为了简化造型,也可以用来形成铸件外形。由于浇注时砂芯处于高温金属液的包围之中,所以芯砂必须具有比型砂更高的强度、透气性、耐火性和退让性。这些要求主要靠配制合格的芯砂及选择正确的造芯工艺来保证。

1. 制芯工艺

1)放芯骨

如图 2-17 所示,芯骨的作用是提高型芯的强度和刚度。小砂芯的芯骨可用铁丝制成,中、大砂芯的芯骨要用铸铁浇成。为了吊运型芯方便,往往在芯骨上制出吊环。

2)开通气道

砂芯中必须制出连贯的通气道,并与铸型的出气孔接通。大砂芯内部常放入焦炭或炉渣块以便于排气。

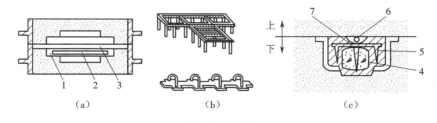

图 2-17 芯骨
(a)铁芯骨与通气道;(b)铸铁芯骨;(c)带吊环的芯骨与通气道
1—砂芯;2、5—芯骨;3、7—通气道;4—焦炭;6—吊环

3)刷涂料

大部分砂芯表面要刷一层涂料,以提高耐火度,防止粘砂。铸铁件多用石墨涂料,铸钢件多用锆砂、刚玉粉涂料。

4)烘干

砂芯烘干后可提高强度和透气性。黏土砂芯烘干温度为 250~350 ℃,油砂芯为 180~240 ℃,保温 3~6 h 后缓慢冷却。

2. 制芯方法

制芯方法有手工制芯和机器制芯两大类。

根据芯盒结构不同,手工制芯方法分为以下三种(图 2-18):

①整体式芯盒制芯,用于形状简单的中、小砂芯;

②对开式芯盒制芯,用于圆形截面较复杂的砂芯;

③可拆式芯盒制芯,用于形状复杂的大、中型砂芯。

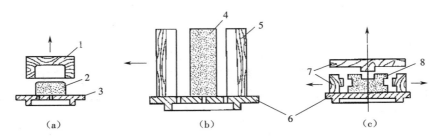

图 2-18　手工芯盒制芯

(a)整体式芯盒制芯;(b)对开式芯盒制芯;(c)可拆式芯盒制芯

1、5、7—芯盒;2、4、8—砂芯;3、6—烘干板

对于内径大于 200 mm 的弯管砂芯,可用刮板制芯,如图 2-19 所示。用刮板刮出两半砂芯后,用铁丝捆绑,修光接合面即成整芯。

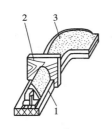

图 2-19　刮板制芯

1—导向基准面;2—刮板车;3—砂芯

手工制芯无须制芯设备,工艺装备简单,应用较为普遍。机器制芯多用于大批量生产中,黏土、合成树脂砂芯多用震击式制芯机,水玻璃砂芯可用射芯机,树脂砂芯可用热芯盒射芯机。

3. 砂芯的固定

为了避免砂芯在浇注时受到金属液的冲击和浮力作用而产生偏斜或移动,砂芯要靠芯头来固定。芯头是指砂芯本体以外被加长的部分。芯头除了固定型芯外,还起定位和排气的作用。

芯头按固定方式可分为垂直式、水平式和特殊式(如悬臂芯、吊芯等),其中以前两种应用最多,如图 2-20 所示。

对于单靠芯头还难以稳固的砂芯,生产中常用芯撑起辅助支撑作用。芯撑多用钢、铸铁等金属材料制成,如图 2-21 所示。芯撑在浇注时和液体金属熔焊在一起,该处致密性差,故不宜用在承压或要求密封性好的水箱、油箱、阀体等铸件中。

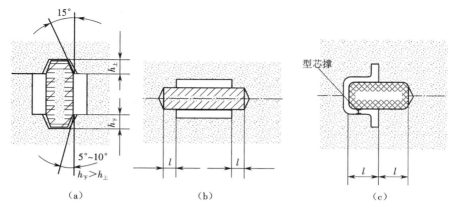

图 2-20 砂芯的固定
(a)垂直式;(b)水平式;(c)特殊式(悬臂式)

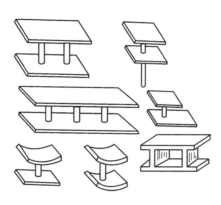

图 2-21 芯撑的形状

2.4 铸造工艺

铸造工艺主要包括选择铸件的分型面和浇注位置、确定铸造工艺参数、进行浇注系统的设计等内容。合理的铸造工艺对获得优质铸件、简化工艺过程、提高生产率、改善劳动条件和降低生产成本至关重要。

2.4.1 分型面和浇注位置的选择

分型面是指上、下砂型的接合面,浇注位置是指浇注时铸件在型腔内所处的空间位置,二者关系密切,常在一起表示。为了简化造型工艺和保证铸件质量,一般分型面和浇注位置的选择应遵循如下原则。

①分型面应选在模样的最大截面处,以便于起模。如图 2-22 所示的铸件,分型面 Ⅰ 较为合理。

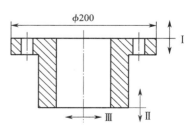

图 2-22 分型面的选取

②分型面数量应尽量少,并尽量是一个平面,避免采用挖砂、活块造型。采用机器造型或批量生产时,应采用一个分型面的两箱造型方法,图2-23是利用外型芯将三箱造型变为两箱造型的实例。

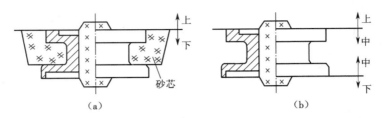

图2-23 减少分型面的数目

(a)一个分型面;(b)两个分型面

③尽量减少型芯和活块的数量,以利于简化造型和制芯工艺。

④铸件应全部或大部分放在同一砂箱内,以减少错箱和提高铸件精度。如图2-24所示,分型面Ⅱ较为合理。

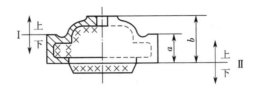

图2-24 箱体分型面的选择

⑤铸件中重要的加工面应朝下或垂直于分型面。因为浇注时,液态金属中的渣子和气泡总是浮在上面,导致铸件上表面的缺陷较多,如图2-25所示。

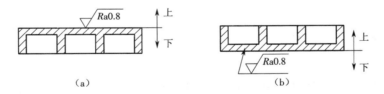

图2-25 浇注位置的选择

(a)不合理;(b)合理

2.4.2 工艺参数的选择

铸造工艺参数是在设计模样和芯盒时必须确定的某些工艺数据,包括加工余量、起模斜度、铸造圆角、铸件收缩率和最小铸出孔的尺寸等。

1. 加工余量

在铸件加工表面留出准备切削加工切去的金属层厚度称为加工余量。加工余量的大小与铸件材料、铸件大小、造型方法和铸件表面的浇注位置有关。确定加工余量可查有关手册。手工造型时,一般中、小型铸件位于砂型底部、侧面的表面加工余量为3~4 mm,顶面和孔的加工余量为 4～5 mm。铸件尺寸越大,加工余量应越大。

2. 起模斜度

为了便于起模,模样上垂直于分型面的表面留出一定的斜度称为起模斜度。起模斜度与铸件壁厚和起模方向的高度有关,一般铸件起模斜度为 0.5°～3°。

3. 铸造圆角

铸件壁和壁之间的连接处应设计成圆角。一方面,可保证铸件边角处的力学性能;另一方面,可提高铸型强度,避免浇注时损坏边角产生缺陷。一般中、小型铸件的圆角半径取 3～5 mm。

4. 铸件收缩率

铸件凝固后从高温冷却到室温的线收缩率称为铸件收缩率。因此,制作模样时应考虑铸件的收缩率,使铸件冷却后的尺寸满足要求。铸件的收缩率与合金的种类和铸件在铸型中收缩时的受阻情况有关。铸铁件的收缩率为 0.8%～1.0%,铸钢件的收缩率为 1.8%～2.2%。

5. 铸出孔的大小

铸件上是否铸出孔和槽,必须根据其尺寸、生产批量、合金种类等因素确定。铸件上尺寸较小的孔槽通常不铸出,由机械加工完成。一般中、小型铸件上直径小于 30 mm 的孔不铸出。

2.4.3　浇注系统

浇注系统是液态金属流入型腔所经过的一系列通道。正确的浇注系统对保证铸件质量,降低金属消耗具有重要意义。

1. 浇注系统的组成

浇注系统一般由浇口杯、直浇道、横浇道和内浇道组成,如图 2-26 所示。

浇口杯一般制成漏斗状或盆状,主要作用是缓冲液态金属浇入型腔的冲力,使之平稳流入直浇道,并有一定的挡渣作用。

直浇道连接浇口杯和横浇道,主要作用是使液态金属产生一定的静压力,以迅速充满型腔。

横浇道是将金属液均匀分配给各个内浇道,主要作用是挡渣。它一般开设在上箱,截面形状为梯形,可保证进入型腔的熔渣上浮。

内浇道的主要作用是控制金属液的充型速度和流向。它一般开设在下箱,截面形状为扁梯形和月牙形,也有三角形的。

此外,出气口和冒口也可看成浇注系统的组成部分。出气口的主要作用是浇注时排出型腔内的气体。冒口是人为设置用于存储金属液的空腔,主要作用是补缩,另外还有排气和集渣的作用。冒口主要设置在铸件最后凝固的部位,即铸件厚大部位,使缩孔移到冒口内,最后清理铸件时应除去冒口。若冒口设在铸件顶部,使铸型通过冒口与大气相通,称为明冒口,冒口设在铸件内部称为暗冒口。如图 2-27 所示。

2. 浇注系统的分类

浇注系统按内浇道的开设位置分为顶注式、中注式、底注式和阶梯注入式四种类型,如图 2-28 所示。

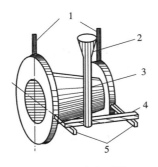
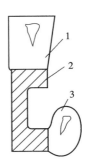

图 2-26　浇注系统

1—出气口;2—浇口杯;3—直浇道;4—横浇道;5—内浇道

图 2-27　冒口

1—明冒口;2—铸件;3—暗冒口

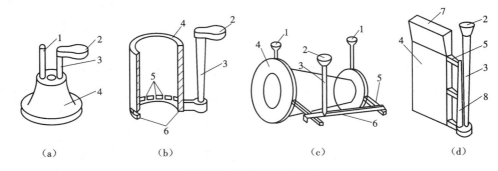

（a）　　　　　（b）　　　　　（c）　　　　　（d）

图 2-28　浇注系统的类型

（a）顶注式;（b）底注式;（c）中注式;（d）阶梯注入式

1—出气口;2—浇口杯;3—直浇道;4—铸件;5—内浇道;6—横浇道;7—冒口;8—分配直浇道

2.4.4　铸造工艺图

铸造工艺图是在零件图上用各种工艺符号表示出铸造工艺方案的图形,包括浇注位置、分型面、型芯结构、浇注系统和各种工艺参数等,如图 2-29 所示。铸造工艺图是用于指导铸造生产和检验铸件质量的重要文件。

2.5　合金的熔炼

铸件的质量不仅与造型材料和造型工艺有关,而且与铸造合金及其熔炼方法关系紧密。熔炼工艺控制不当,会使铸件因成分和力学性能不合格而报废。

不同的铸造合金要选用不同的熔炼设备和熔炼工艺。铸造生产中常用的熔炼设备有冲天炉、感应电炉、三相电弧炉、坩埚炉等。

2.5.1　铸铁的熔炼

铸铁是最常用的铸造合金,铸铁件占铸件总产量的 75% 以上。为了获得不同成分的合格铁水,应选用不同的熔炼设备。工业上常用的铸铁熔炼方法有冲天炉熔炼、电炉熔炼和冲天炉

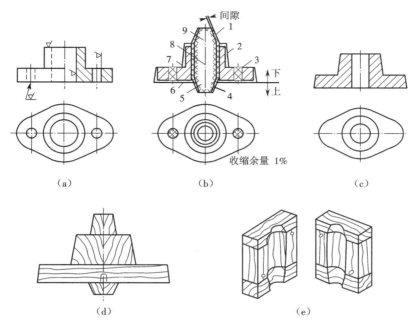

图 2-29　压盖零件图、铸造工艺图、铸件图、模样和芯盒
(a)零件图;(b)铸造工艺图;(c)铸件图;(d)模样图;(e)芯盒
1—下型芯座;2—起模斜度;3—不铸出小孔;4—上型芯座;5—上型芯头;
6—加工余量;7—铸造圆角;8—型芯;9—下型芯头

与电炉双联熔炼等。

1. 冲天炉

冲天炉是铸铁车间的主要熔炼设备,其结构简单、操作方便、可连续生产、生产效率高、投资少、成本低,但熔炼质量较差,且只能熔炼铸铁。

图 2-30 为冲天炉结构示意图,它由炉体、加料系统、送风系统、出铁口和出渣口等组成。冲天炉利用热对流原理,熔炼时焦炭燃烧的火焰和热炉气自下而上运动,冷炉料自上而下移动,在物、气逆流过程中进行热交换和冶金反应,将炉料熔炼成合格的铁水。

冲天炉的大小是以每小时熔化的铁液量来表示的,通常每小时可熔化 1.5 ~ 10 t 铁液。铁水出炉温度在 1 400 ~ 1 500 ℃。

2. 感应电炉

为了获得高质量的铁水和熔炼一些特殊合金铸铁,应选用感应电炉进行熔炼。图 2-31 为感应电炉结构示意图。金属炉料置于坩埚中,坩埚外面绕有通水冷却的感应线圈,当感应线圈内通过交变电流时,感应线圈周围产生交变磁场,交变磁场使金属炉料中产生感应电流,从而使金属炉料加热和熔化。

铸铁车间常用的感应电炉有工频感应电炉、中频感应电炉和高频感应电炉。工频感应电炉直接由输电网供电,无须变频设备,比中频感应电炉和高频感应电炉简单且操作方便。

电炉熔炼可以正确控制和调节铁水的温度和成分,对补加的合金元素烧损小,可获得纯度较高的低硫铁水,且熔炼过程噪声和污染小;但其能量消耗大,铸件成本高。感应电炉广泛用

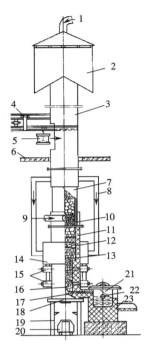

图 2-30　冲天炉结构示意图

1—进水口;2—火花除尘装置;3—烟囱;4—加料装置;5—加料筒;6—加料台;7—炉身;

8—热风;9—冷风;10—焦炭;11—金属料;12—熔剂;13—底焦;14—风带;15—风口;

16—炉缸;17—过桥;18—炉底;19—支架;20—小车;21—前炉;22—出渣口;23—出铁口

于球墨铸铁和合金铸铁的生产中。

　　生产中往往采用冲天炉与感应电炉双联熔炼的方法,即利用冲天炉熔炼铁水,再通过感应电炉提高铁水温度和调整铁水成分,以降低能量消耗,获得高温优质铁水,进而获得良好的综合经济效益。

2.5.2　铸钢的熔炼

　　铸钢的铸造性能较差,但力学性能较好,焊接性也好,广泛应用于生产性能要求较高、结构形状复杂的铸件毛坯。铸钢可采用电弧炉、感应电炉等熔炼。目前铸钢车间多采用三相电弧炉,其结构如图 2-32 所示。三相电弧炉主要由炉体,石墨电极、电极夹持和升降机构,倾炉机构三部分组成。它利用三相电流通过石墨电极与金属炉料之间放电产生的电弧所发出的热量,使金属炉料熔化和冶炼。三相电弧炉的容量是以一次熔化金属量表示的,通常为 2～10 t。

　　电弧炉熔炼时,温度容易控制,熔炼质量好,熔炼速度快,开、停炉方便。它既可以熔炼碳素钢,也可以熔炼合金钢。但三相电弧炉耗电量大,在间歇式熔炼条件下,炉衬寿命短,导致熔炼成本高。

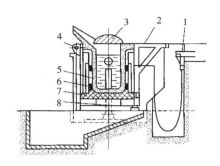

图 2-31　感应电炉结构示意图

1— 水电引入系统;2—作业板;3—炉盖;

4—转动轴;5—坩埚;6—线圈;7—隔热砖;

8—液压倾倒装置

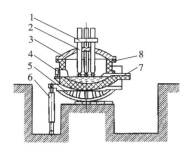

图 2-32　三相电弧炉结构示意图

1—电极夹持装置;2—电极;3—炉盖;

4—炉门;5—倾炉摇架;6—倾炉液压缸;

7—出钢槽;8—炉体

2.5.3　有色金属及其合金的熔炼

铸造有色合金包括铝合金、铜合金、镁合金、锌合金等,其中前两种的应用最广。有色合金的熔点较低,熔炼时吸气和氧化严重,所以一般在坩埚炉中进行熔炼。根据所用热源的不同,有焦炭加热坩埚炉、煤气加热坩埚炉、电阻加热坩埚炉等。所用坩埚主要有石墨和铁质坩埚两种,常用于铜合金和铝合金等低熔点合金的熔炼。图 2-33 为电阻坩埚炉结构示意图。坩埚炉投资少,操作方便,能减少金属的氧化与吸气。但生产能力低,寿命短,能耗高。

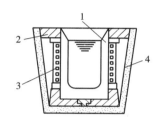

图 2-33　电阻坩埚炉结构示意图

1—坩埚炉;2—耐火护圈;3—电炉丝;4—炉体

2.5.4　铸件的浇注、落砂和清理

1. 铸件的浇注

把液态金属浇入铸型的过程称为浇注。浇注时要严格控制浇注温度,生产上应遵循"高温出炉、低温浇注"的原则。出炉温度高,有利于夹杂物的彻底熔化和熔渣上浮,便于除渣和排气,减少铸件的夹渣和气孔缺陷;较低的浇注温度,则有利于降低金属液中的气体溶解量、液态收缩量和高温液态金属对型腔表面的烘烤,避免产生气孔、夹砂、粘砂、缩孔等缺陷。

浇注速度一般根据铸件的形状和大小来决定。应遵循"慢、快、慢"的原则,即开始时浇注速度要缓慢,便于对准浇口,减少金属液对铸型的冲击,并有利于气体的排出;随后提高浇注速度,防止铸件产生浇不足和冷隔;快要浇满前,又应缓慢浇注。

2. 落砂和清理

落砂是指用手工或机械方式使铸件从砂型中分离出来的工序。落砂应掌握好开箱时间,开箱过早,铸件温度高,在空气中急速冷却易产生白口、变形和开裂;开箱过晚,则生产率降低。一般要求在满足铸件质量的前提下尽早落砂。铸件的落砂时间与铸件形状、大小、壁厚以及合金种类有关。形状简单,质量小于 10 kg 的铸件,浇注后 0.5 ~ 1 h 即可落砂。

铸件落砂后必须经过清理才能满足铸件要求。清理工序主要包括以下方面。

1）切除浇口和冒口

中、小型铸铁件的浇、冒口可直接用手锤敲掉,大型铸铁件要先在其根部锯槽,再用重锤敲掉。铸钢件要用气割切除,有色合金可用锯割切除。

2）清除型芯和粘砂

铸件内腔的型芯可用手工、震动出芯机或水力清砂设备清除。对于铸件表面的粘砂,中、小型铸件可用钢丝刷、砂轮机、清理滚筒等清理,大型铸件可用抛丸或喷丸机清理。

3）表面精整

铸件的分型面和芯头等处常有飞边或毛刺,以及去除浇注系统后留下的残余痕迹,常用砂轮机、錾子、风铲、抛丸机等处理。

清理后的铸件经检验合格后入库,等待机械加工。

2.6 特种铸造

特种铸造是指除砂型铸造以外的其他铸造方法。砂型铸造具有设备简单、价格低廉等优点,是目前生产中广泛应用的铸造方法。但是砂型铸造的缺点也很明显,如生产效率低、铸件精度低、力学性能较差,而且劳动条件差。因此随着生产技术的发展,人们在长期的生产实践中创造了许多特种铸造方法。目前应用较多的有熔模铸造、金属型铸造、压力铸造、低压铸造、离心铸造和消失模铸造等。

2.6.1 熔模铸造

熔模铸造又称失蜡铸造或精密铸造。其基本原理是利用易熔材料(如蜡料)来制造模样,然后在模样表面涂覆多层耐火材料制成型壳,待型壳硬化后将蜡模熔去,型壳再经高温焙烧后浇注而获得铸件。熔模铸造的工艺过程如下(图 2-34)。

①制造蜡模和蜡模组。首先把熔融的蜡模材料(石蜡和硬脂酸各占50%)压入压型,冷却凝固后取出得到单个蜡模,再把许多蜡模粘在蜡制的浇注系统上,成为蜡模组。

②结壳。将蜡模组浸入水玻璃和石英粉配制的涂料中,再在上面撒一层石英砂,放入氯化铵溶液中硬化。这样重复 3 ~ 5 次,即可形成所需厚度的硬壳。

③脱蜡、焙烧。把表面结壳的蜡模组浸入约 90 ℃的热水中,使蜡模熔化流出,形成铸型型腔。为了提高铸型强度、排除残蜡和水分,还需将其放在 850 ~ 950 ℃炉中焙烧。

④浇注。为了防止铸型变形或破裂,通常把铸型周围填入砂粒,然后进行浇注。

熔模铸造可获得表面结构参数值小、尺寸精度高的形状复杂铸件,一般不再进行机械加工。它适合于各类合金铸件,尤其是高熔点合金及难切削加工的复杂件的生产。但熔模铸造工序较多,铸件成本高,不能生产大型铸件(25 kg 以上),故适用于形状复杂、加工困难、尺寸精度要求高的小型铸件,如叶片、叶轮、成形刀具等。

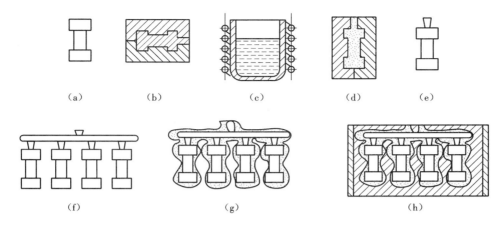

图 2-34 熔模铸造示意图

(a)母模;(b)压型;(c)熔蜡;(d)制造蜡模;(e)蜡模;(f)蜡模组;(g)结壳、脱蜡;(h)填砂、浇注

2.6.2 金属型铸造

金属型铸造是将液态金属浇到金属铸型中而获得铸件的方法。一个金属型可反复使用几百次至几万次,因此又称为永久型铸造。

金属型一般用铸铁或耐热钢制成。根据分型面的不同,金属型有垂直分型、水平分型、复合分型等。图 2-35 为活塞的金属型铸造示意图。

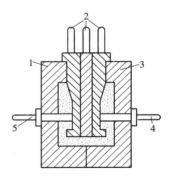

图 2-35 金属型铸造示意图
1—左半型;2—组合型芯;
3—右半型;4、5—销孔型芯

金属型与砂型相比,前者透气性、耐火性差,同时散热快,有激冷作用。因此金属型的分型面上应制出排气道,并开设出气口。浇注前金属型要预热,并在型腔表面涂上涂料,以保护铸型,降低冷却速度,防止产生气孔、裂纹、白口、浇不足等缺陷。

金属型铸造实现了一型多铸,并且生产效率高。同时冷却速度快,故铸件晶粒细,组织致密,力学性能较好。此外,金属型铸件的尺寸精度高,表面光洁,只需较少的切削加工,甚至不需加工。但金属型加工周期较长,成本较高,只适用于大批量生产形状简单的铝、镁、铜等低熔点有色金属铸件,如铝活塞、油泵壳等。

2.6.3 压力铸造

压力铸造是将金属液在压力作用下充型,并在压力下凝固,以获得铸件的方法,又称压铸。常用压力为几到几十兆帕,充型速度为 5~100 m/s。所用的压铸型常用耐热合金钢制造。

压力铸造是在压铸机上进行的。压铸机分为热压室压铸机和冷压室压铸机两类。常用的是卧式冷压室压铸机,其工作过程如图 2-36 所示。

压铸件的精度高,表面结构参数值小,而且力学性能好。另外,压铸是在高压高速下进行

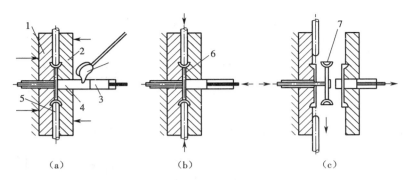

图 2-36　卧式冷压室压铸机工作过程示意图

(a)浇注;(b)压射;(c)开型

1—定型;2—动型;3—柱塞;4—压室;5—芯棒;6、7—铸件

的,充型能力强,可生产形状复杂的薄壁铸件,生产效率高。但是压铸设备投资大,铸型制造成本高,故主要用于薄壁、形状复杂的有色合金小件的大批量生产。压铸广泛用在汽车、航空、电器、仪器、电信器材、医疗器械等行业中,如发动机气缸体、气缸盖、变速箱体等。为进一步提高压铸件的内在质量,目前又发展了真空压铸、吹氧压铸等新工艺。

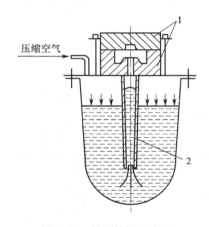

图 2-37　低压铸造示意图

1—铸型;2—升液导管

2.6.4　低压铸造

低压铸造是指金属液在较低压力下充填铸型型腔,并在该压力下凝固成形的方法。低压铸造充型压力一般为 20~60 kPa,介于重力铸造和压力铸造之间。低压铸造的铸型一般为金属型或金属型与砂芯的组合型。低压铸造的原理如图 2-37 所示。

低压铸造的特点是:可人为控制充型压力和速度,故适用于各种材料制成的铸型;以底注充型,流动平稳,且与渣、气的上浮方向一致,避免气孔、夹渣等缺陷;在一定压力下充型、结晶,可铸出形状复杂的薄壁件,组织致密;铸件合格率高,劳动条件好,易于实现机械化、自动化生产。低压铸造广泛应用于生产铝、镁合金铸件,如气缸体、气缸

盖等形状复杂、要求高的铸件。

2.6.5　离心铸造

离心铸造是将液态金属浇入旋转的铸型中,使之在离心力的作用下充填铸型并结晶凝固而获得铸件的方法。

离心铸造的铸型既可用砂型,也可用金属型,常用来制造中空铸件。根据铸型旋转的空间位置的不同,离心铸造可分为卧式离心铸造和立式离心铸造,如图 2-38 所示。

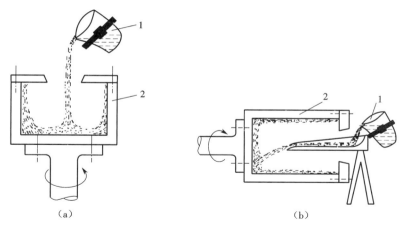

图 2-38　离心铸造示意图

(a)立式;(b)卧式

1— 浇包;2—铸型

离心铸造的铸件在离心力作用下充型并凝固,金属液中的渣、气等密度较小,被甩到铸件的内表面,因此铸件内部组织致密,没有缩孔、气孔、夹杂等缺陷,提高了铸件的力学性能。铸造圆筒中空铸件可省去型芯和浇注系统,提高了金属的利用率。但是离心铸造件内表面粗糙,内孔尺寸不精确,需要较大的加工余量。

离心铸造常用于生产管、套类等空心旋转体铸件或双层金属铸件,如铸铁水管、气缸套、钢辊筒、铜套等。

2.6.6　实型铸造

实型铸造又称"气化模铸造"或"消失模铸造"。它是利用聚苯乙烯发泡材料制得的模样(气化模)代替木模,不起模而直接将金属液浇到气化模上,使其燃烧、气化后形成空腔来容纳金属液,冷凝后获得铸件的方法,如图 2-39 所示。

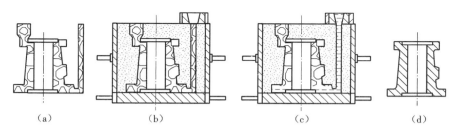

图 2-39　实型铸造示意图

(a)泡沫塑料模样;(b)造型;(c)浇注;(d)铸件

实型铸造不用起模、分型和制芯,铸件的尺寸精度和表面结构近似于熔模铸造,造型工序简化,生产率高,成本低;但存在模样气化时污染环境、铸钢件表面易增炭等问题。实型铸造适于各种形状复杂的合金铸件的批量生产。

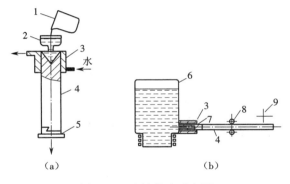

图 2-40 连续铸造示意图
(a) 立式连铸;(b) 卧式连铸
1—浇包;2—浇口杯或中间浇包;3—结晶器;4—铸坯;5—引锭;
6—保温炉;7—石墨工作套;8—引拔器;9—切割机

2.6.7　连续铸造

连续铸造是指将金属液连续不断地浇入结晶器的一端,并从另一端将已凝固的铸件连续不断地拉出,从而获得任意长度或特定长度的等截面铸件的铸造方法,简称连铸。按结晶器的轴线位置,连铸可分为立式连铸和卧式连铸,如图 2-40 所示。

连续铸造的特点是:铸造工艺简便,生产效率高;铸件组织致密,晶粒细小,无夹杂、气孔等缺陷;铸件精度高、表面结构参数值小、材料利用率高。它主要用于铸钢、铸铁、铝合金、铜合金等截面较长铸件的批量生产。

2.7　铸件缺陷及分析

铸造工艺过程复杂,影响铸件质量的因素很多,主要有三方面,即原材料不合格、工艺方案不合理、生产操作不当等。表 2-1 列出了砂型铸造常见的铸件缺陷及产生原因。

表 2-1　常见的铸件缺陷及产生原因

缺陷名称	缺陷图例	特　征	产生的主要原因
气孔		铸件内部或表面有大小不等的光滑孔洞	1. 捣砂太紧,型砂透气性差 2. 型芯气孔堵塞或未干透 3. 起模、修型刷水过多 4. 金属中气体溶解量过多 5. 浇注温度偏低,浇注速度过快
缩孔		铸件厚断面处出现形状不规则的孔洞,孔内粗糙	1. 铸件结构不合理,壁厚相差过大等 2. 浇、冒口位置不当,冒口太小或数量太少 3. 浇注温度太高 4. 合金成分不对,收缩率太大
砂眼		铸件表面或内部有型砂充塞的孔眼	1. 型砂强度太低或紧实度不够 2. 合箱时型砂局部损坏 3. 浇注系统不合理,冲坏砂型、砂芯 4. 型腔、浇注系统内散砂未吹净

缺陷名称	缺陷图例	特 征	产生的主要原因
渣眼		孔眼内充满熔渣,孔形不规则	1.浇注时,挡渣不良 2.浇注温度过低,渣未上浮
粘砂		铸件表面粘有一层砂粒或金属与砂粒的混合物,表面粗糙	1.原砂耐火性差 2.浇注温度太高 3.砂子颗粒度太大,金属液渗入表面
夹砂		铸件表面突起的金属片状物与铸件之间夹有一层型砂	1.型砂强度低,型腔表面受热烘烤而开裂 2.浇注温度过高,浇注速度太慢 3.型砂含水量太多 4.浇注位置不当
浇不足		铸件形状不完整	1.合金流动性差或浇注温度低 2.浇注速度过慢或断流 3.浇注系统尺寸太小 4.铸件壁太薄
冷隔		铸件上有未完全熔合的接缝或洼坑	
裂纹		铸件开裂,裂纹处表面氧化	1.铸件结构不合理,壁厚相差太大 2.型砂退让性差 3.落砂过早 4.合金含硫、磷量较高
错箱		铸件在分型面处错开	1.合型时未对准 2.泥号或定位销不准

49

2.8　非金属材料的液态成形

2.8.1　陶瓷的注浆成形

注浆成形是将陶瓷粉末分散在液体介质中,调制成具有一定流动性和悬浮性的浆料,将其注入一定形状的模具中。利用模具的吸水作用,使浆料脱水硬化、成坯的过程。

传统的注浆成形主要采用石膏模,利用石膏的吸水特性使坯体硬化。该方法是陶瓷坯体成形中的一个基本成形工艺,具有悠久的历史。注浆成形方法分为基本注浆法和强化注浆法。基本注浆法又分为空心注浆和实心注浆。

图2-41为空心注浆成形,又称单面注浆。空心注浆采用的石膏模具没有型芯。成形时将制备好的浆料注入模型内放置一段时间,靠近模壁的地方由于石膏的吸水作用使浆料固化,待模型内壁吸附一定厚度的坯体后,将多余的浆料倒出,然后带模干燥,待成形件干燥收缩脱离模型后就可取出。空心注浆的坯体外形取决于石膏模的内表面,其厚度则取决于吸浆时间。一般脱模时坯体水分为15%~20%。该方法适用于小型、薄壁制件的生产。

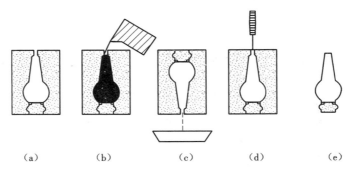

图2-41　空心注浆成形
(a)石膏模;(b)注浆;(c)出浆;(d)修坯;(e)坯体

图2-42为实心注浆成形,又称双面注浆。实心注浆采用的石膏模由外模和模芯组成。成形时将浆料注入外模与模芯之间,石膏模从内外两个方向同时吸水,注浆过程中由于浆料减少需不断注入浆料,直至浆料全部硬化成坯体。实心注浆的坯体外形取决于外模的工作面,内形取决于模芯的工作面,坯体的厚度则由外模与模芯之间的空腔来决定。该方法适用于内外形状、花纹不同的大型、厚壁制件的生产。

强化注浆法是在注浆过程中人为施加外力,以加快吸浆速度并改善坯体强度的方法,如真空注浆、压力注浆和离心注浆等。

2.8.2　塑料的注射成形

注射成形又称注塑成形,其基本工艺过程如图2-43所示。粒状或粉状物料从注射机的料斗送进加热的机筒中,经过受热熔融塑化成黏流态熔体,在柱塞或螺杆的高压推动下,经喷嘴

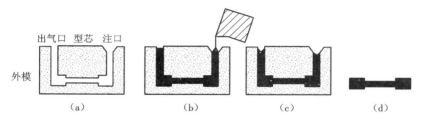

图 2-42 实心注浆成形
(a)组合石膏模;(b)注浆;(c)吸浆;(d)坯体

快速注射进入闭合的模具型腔中,然后通过冷却固化或反应固化而定形,开模分型后获得成形塑件。

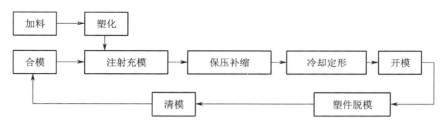

图 2-43 注射成形工艺过程

注射成形在专门的注射机上进行,其中以移动螺杆式注射机的应用最为普遍,如图 2-44所示。

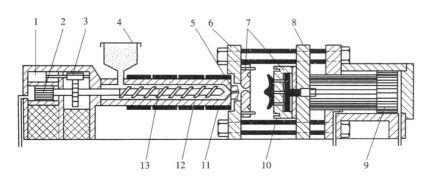

图 2-44 移动螺杆式注射机示意图

1—液压泵;2—注射油缸;3—螺杆传动齿轮;4—料斗;5—喷嘴;6—定模板;7—注射模具;
8—动模板;9—锁模油缸;10—顶出杆;11—加热器;12—机筒;13—螺杆

　　注射成形是高分子材料的重要成形方法之一,可以成形除了很大的板、棒、管等型材外的其他各种形状和尺寸的制品,主要应用于大多数热塑性塑料和部分热固性塑料。

　　注射成形是间歇生产过程,成形周期短,生产效率高,适应性强,易于实现自动化生产。但设备和模具较贵,适用于外形复杂、尺寸要求精确的塑料制品的大批量生产。目前注射制品约占塑料制品总量的30%。近年来新的注射成形工艺(如反应注射、双色注射、发泡注射等)的发展和应用为注射成形提供了更加广阔的应用前景。

复习思考题

1. 什么叫铸造？简述铸造的特点及应用。

2. 常用的铸造方法有哪几种？简述砂型铸造的生产工艺过程。

3. 型(芯)砂由哪些材料组成？常用的型砂有哪几种？

4. 型(芯)砂应具备哪些性能？它们对铸件质量有何影响？

5. 常用的手工造型方法有哪些？各适用于何种情况？

6. 在机器造型中,铸型的紧实方法有哪几种？

7. 什么叫分型面？如何选择？

8. 浇注系统由哪几部分组成？各自的作用是什么？

9. 砂芯的作用是什么？有何特殊的性能要求？

10. 型芯头的作用是什么？有哪几种形式？

11. 熔炼铸造有色合金应采用何种熔炼设备？

12. 铸铁和铸钢车间一般选用什么熔炼设备？各有何特点？

13. 常见的特种铸造有哪几种？各自的工艺特点和应用是什么？

14. 常见的铸造缺陷有哪几种？试说明各种缺陷的特征、产生的原因和防治措施。

15. 试确定图示铸件的分型面和浇注位置。

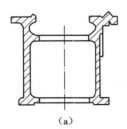 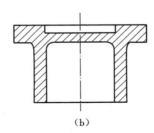 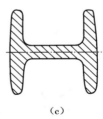

　　　　　(a)　　　　　　　　　(b)　　　　　　　　(c)

题 15 图

第3章　塑性成形

塑性成形是指在外力作用下,利用材料的塑性变形,从而获得所需形状、尺寸和力学性能的原材料、毛坯或零件的加工方法。金属材料的塑性成形包括轧制、挤压、拉拔、自由锻、模锻和板料冲压等成形工艺。此外,陶瓷材料也可以通过塑性成形来获得生坯。

3.0　塑性成形实习安全知识

塑性成形主要包括锻造和板料冲压。

3.0.1　锻造和冲压机床操作危险因素

①机械伤害。锻造和冲压设备在工作中的作用力很大,由于某种安装调整上的错误或工具操作的不当,或者某个机件的突然损坏,都会使操作者猝不及防,易造成严重的人身伤害事故。

②烫伤。灼热的金属稍不小心就可能发生烫伤。

③热辐射。加热炉和灼热的钢锭、毛坯及锻件不断地散发出大量的辐射热,若防护不当会受到热辐射的侵害。

④电伤害。若误操作各种电加热炉、控制柜、机床电器或误接触带电体,易造成触电伤害。

⑤振动和噪声。锻造和冲压作业会产生很大的噪声和振动,影响人的听觉,会对人在心理或生理上产生影响。

3.0.2　锻造实习安全操作守则

①进入车间要穿好工作服,戴好防护用品。大袖口要抓紧,衬衫要系入裤内。

②不得穿凉鞋、拖鞋、高跟鞋、背心、裙子和戴围巾进入车间。

③严禁在车间内追逐、打闹、喧哗以及从事与实习无关的事情。

④应使用指定的机床、工具进行实习。未经允许,其他机床、工具或电器开关等均不得触摸。

⑤使用空气锤锻打前必须检查机器润滑状况,保证机器正常运转。严禁空击下砧铁,不许击打过薄与过冷的工件。

⑥随时检查锤柄是否松动,锤头、砧子和其他工具是否有裂纹或损坏现象。

⑦锻打前必须正确选用夹持工具,钳口必须与锻件毛坯的形状和尺寸相符合,否则在锤击时,因夹持不紧容易造成毛坯飞出伤人。

⑧手工自由锻时,打锤工要听从掌钳工或辅导老师的指挥,互相配合,以免伤人。

⑨使用空气锤锻打工件时,必须注意夹持工具所夹持工件的位置,以免锤头落下打飞夹持工具而伤人。

⑩清理炉子、取放工件应在关闭风门后进行。不可直接用手或脚接触热金属,以防烫伤。

⑪取出加热的工件时,要注意观察周围人员情况,避免工件烫伤他人。严禁用烧红的工件与他人开玩笑,避免造成人身伤害。

⑫切断料头时,在飞出方向不得站人。

⑬当天实习结束后,必须清理工具和设备,清扫工作现场。

3.0.3 冲压实习安全操作守则

①首先应查看设备有无暴露在外的传动部件,禁止在卸下防护罩的情形下开车或试车。

②开车前,应检查设备及模具的主要紧固螺栓有无松动,模具有无裂纹,操纵机构、急停机构或自动停止装置、离合器、制动器是否正常。必要时,对大型冲床可开动"点动开关"试车,对小型冲床可用手扳试车。试车过程要注意手指安全。

③模具安装调试应由经培训的模具工进行,冲压工不得擅自安装调试模具。模具必须紧固牢靠,经试车合格,方能投入使用。

④工作中要集中注意力,禁止边操作、边闲谈或接打手机。

⑤送料、接料时,严禁将手或身体其他部分伸进危险区内。加工小件应选用辅助工具(专用钳子、送料机构等)。模具卡住坯料时,只准用工具去解脱和取出。

⑥两人以上操作时,应定人开车,统一指挥,注意协调配合。

⑦发现冲床运转异常或有异常声响(如敲击声、爆裂声),应立即停车查明原因。发现传动部件或紧固件松动、操纵装置失灵、连冲、模具裂损等,应立即停车检修。

⑧在排除故障和修理时,必须切断电源、气源,待机床完全停止运动后方可进行。

⑨每冲完1个工件,手或脚必须离开按钮或踏板,以防止误操作。严禁用压住按钮或踏板的办法使电路常开进行连车操作。

⑩操作者应站稳或坐好,无关人员不许靠近冲床或操作者。

⑪冲床工作台上禁止堆放坯料或其他物件,废料应及时清理。

⑫工作完毕,应将模具落靠,切断电源和气源,并认真收拾所用工具和清理现场。

3.1 锻压概述

金属锻压在机械制造业中有着广泛的应用。锻压是锻造和冲压两种成形方法的合称,是获得零件毛坯或成品的主要塑性成形方法。大部分钢和有色金属及合金都有一定的塑性,因此它们均可在热态或常温下锻压成形。

锻造是在加工设备及工具、模具的作用下,通过金属体积的转移和分配,使坯料发生局部或全部塑性变形,以获得具有一定形状、尺寸和性能的锻件的方法。按照成形方式不同,锻造可分为自由锻和模锻两大类,如图 3-1 所示。根据锻造温度的不同,锻造可分为热锻、温锻和冷锻三种,其中以热锻应用最为广泛。锻造主要用于生产各种重要的、承受重载荷的机器零件毛坯,如机床的主轴和齿轮、内燃机的连杆、炮筒、枪杆以及起重机吊钩等。

板料冲压是利用冲模使板料产生分离或变形的工艺方法,包括冲裁、拉深、弯曲、胀形等,如图3-2所示。冲压件具有质量轻、刚度好、强度高、互换性好等优点,广泛用于汽车、拖拉机、仪表及日用品等生产中。

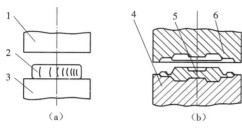 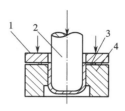

图 3-1 锻造

(a)自由锻;(b)模锻

1—上砧铁;2,5—坯料;3—下砧铁;4—下模;6—上模

图 3-2 冲压

1—压板;2—凸模;3—坯料;4—凹模

生产型材(板材、管材、线材)的塑性成形方法主要有轧制、挤压、拉拔等。

①轧制,即坯料通过两个旋转的轧辊间隙时受力产生塑性变形的工艺方法,如图3-3所示。

②挤压,即坯料在外力作用下被从模具中挤出而产生塑性变形的工艺方法,如图3-4所示。

③拉拔,即坯料在拉力作用下通过模具口而产生塑性变形的工艺方法,如图3-5所示。

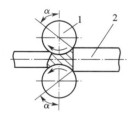 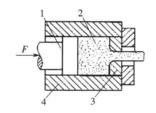 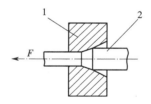

图 3-3 轧制

1—轧辊;2—坯料

图 3-4 挤压

1—凸模;2—坯料;3—挤压模;4—挤压筒

图 3-5 拉拔

1—拉拔模;2—坯料

3.2 锻造的生产过程

大多数金属在锻造时需要通过加热来提高塑性和降低变形抗力,以利用较小的锻造力获得较大的塑性变形,这个过程称为热锻。热锻的生产过程一般包括下料、坯料加热、锻造成形、锻件冷却和热处理等过程。

3.2.1 下料

用于锻造的金属材料必须具有良好的塑性,碳钢、合金钢以及铜、铝等有色金属与合金均具有较好的塑性,可以锻造。碳钢的塑性随着含碳量的增加而降低,低、中碳钢是生产中常用的锻造材料。受力大或有特殊性能要求的重要零件要用合金钢。合金钢的塑性随着合金元素含量的增加而降低。铸铁属于脆性材料,不能锻造。

锻造大、中型锻件时多使用钢锭下料;锻造小型锻件时多使用钢坯(钢锭经轧制而成的棒料)下料。下料是指锻造前将棒料按所需尺寸切成坯料的过程。下料的方法有剪切、锯割、氧气切割等。

3.2.2 坯料加热

1. 加热的目的和锻造温度范围

加热坯料的目的是改善锻造性能,即提高材料的塑性,降低变形抗力,使坯料易于塑性流动成形而省力。

坯料加热温度越高,塑性越好,但加热温度过高,会产生加热缺陷。坯料允许加热的最高温度称为始锻温度。加热后的坯料在锻造过程中随着温度下降,塑性变差,变形抗力增加。当温度降到一定程度后,变形难以继续进行,必须停止锻造重新加热,否则就容易断裂。材料允许锻造的最低温度称为终锻温度。从始锻温度到终锻温度叫作锻造温度范围。几种常用金属材料的锻造温度范围如表 3-1 所示。

金属加热的温度可用仪表来测量,也可以通过观察加热坯料的火色来判断,即火色鉴定法。碳素钢加热温度与火色的关系见表 3-2。

表 3-1　常用金属材料的锻造温度范围

金属种类	始锻温度/℃	终锻温度/℃
低碳钢	1 200 ~ 1 250	800 ~ 750
中碳钢	1 150 ~ 1 200	800
合金结构钢	1 150 ~ 1 200	850
低合金工具钢	1 100 ~ 1 150	850
高速钢(含碳量<1.3%)	1 100 ~ 1 150	900
铝合金	450 ~ 500	350 ~ 380
铜合金	800 ~ 900	650 ~ 700

表 3-2　钢在不同加热温度的颜色

温度/℃	颜色	温度/℃	颜色
650 ~ 750	暗红色	1 050 ~ 1 150	深黄色
750 ~ 800	樱红色	1 150 ~ 1 250	亮黄色
800 ~ 900	橘红色	1 250 ~ 1 300	亮白色
1 000 ~ 1 050	橙红色		

2. 加热缺陷

1）氧化与脱碳

金属在高温加热时，坯料表面受炉气中氧化性气体的作用，发生激烈氧化而产生氧化皮。每加热一次，坯料的氧化烧损量占坯料重量的2%~3%，而且还会降低坯料表面质量。在下料计算坯料重量时，应加上烧损量。

钢坯因氧化烧损造成表层含碳量下降，称为脱碳。脱碳层小于锻件的加工余量时，对零件没有影响；脱碳严重时，会使零件表层强度、硬度、耐磨性下降。

为了防止或减少氧化、脱碳，加热时应严格控制加热温度、时间和炉气成分。重要的工件，可采用保护性气氛快速加热等工艺措施。

2）过热和过烧

过热是指金属由于加热温度过高或高温下停留时间过长而引起晶粒粗大的现象。过热的钢料可以在随后的锻造过程中将粗大的晶粒打碎，也可以在锻造后进行热处理，使晶粒细化。

过烧是指加热温度超过始锻温度过多时，晶粒边界出现氧化甚至局部熔化的现象。过烧的钢料脆性很大，锻造时必然破碎。过烧是无法挽回的缺陷。

避免过热和过烧的方法是严格控制加热温度和高温下的保温时间。

3）开裂

尺寸较大的钢料在加热过程中，由于加热速度过快或装炉温度过高，会造成坯料内外温差过大和膨胀不一致而产生裂纹。塑性好的低碳钢和中碳钢一般不会产生内部裂纹，高碳钢或某些高合金钢产生裂纹的倾向较大。预防开裂的办法是严格遵守加热规范。

3. 加热设备

在锻造生产中，根据热源不同，加热分为火焰加热和电加热。前者利用烟煤、重油或煤气燃烧时产生的高温火焰直接加热金属，后者利用电能转化成热能加热金属。常用设备有反射炉、油炉、煤气炉、电阻炉等。

3.2.3 锻造成形

按照成形方式的不同，锻造可分为自由锻和模锻。自由锻又分为手工自由锻（简称手锻）和机器自由锻（简称机锻）。机锻能生产各种大小的锻件，应用较为普遍。模锻一般应用于中、小型锻件的大批量生产。

3.2.4 锻件冷却

锻件冷却是保证锻件质量的重要环节。冷却太快，会使锻件发生变形甚至产生裂纹。工业生产中常用的冷却方式有以下三种。

①空冷，即将锻后锻件在无风的空气中自然冷却。它常用于低、中碳钢及合金结构钢的中、小型锻件的冷却。

②坑冷，即将锻后锻件埋在填充有石灰、干砂或炉灰的坑中缓慢冷却的方法。它常用于合金钢的中、小型锻件的冷却。碳素工具钢应先空冷至550~700℃，然后再坑冷。

③炉冷，即将锻后锻件放在500~700℃的加热炉中，随炉缓慢冷却的方法。它常用于高

合金钢和大型锻件的冷却。

3.2.5 锻件热处理

锻件在机械加工之前,一般都要进行热处理。热处理的作用是使锻件组织进一步细化和均匀化,消除锻造残余应力,降低锻件硬度,改善切削加工性能等。常用的锻后热处理方法有正火、退火、球化退火等,具体方法和工艺要根据锻件材料的种类、化学成分等确定。

3.3 锻造成形方法

3.3.1 自由锻

自由锻是指采用通用工具,在锻造设备的上、下砧铁之间直接使坯料变形而获得所需几何形状及内部质量锻件的方法。自由锻时,金属在变形过程中只有部分表面受工具限制,其余表面为自由变形,因此得名。自由锻不需专用模具,生产准备时间短,应用范围较广,适用于单件、小批量生产,也是大型锻件唯一的生产方法。

1. 自由锻设备及工具

自由锻设备有空气锤、蒸汽-空气锤以及自由锻水压机等。前二者是利用落下部分的冲击能量对坯料进行锻造,后者是利用静压力使坯料变形。

1)空气锤

空气锤是生产小型锻件及胎模锻的常用设备,如图3-6所示。

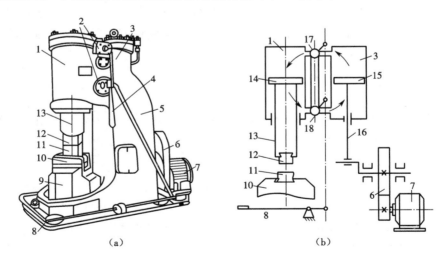

（a） （b）

图 3-6 空气锤

(a)空气锤外形结构;(b)空气锤工作原理

1—工作缸;2—旋阀;3—压缩缸;4—手柄;5—锤身;6—减速机构;7—电动机;8—踏板;9—砧座;10—砧垫;
11—下砧铁;12—上砧铁;13—锤杆;14—工作活塞;15—压缩活塞;16—连杆;17—上旋阀;18—下旋阀

（1）基本结构

空气锤由锤身、压缩缸、工作缸、传动机构、操纵机构、落下部分及砧座等组成。锤身与压缩缸、工作缸铸成一体。传动机构包括带传动、齿轮减速装置、曲柄和连杆。操纵机构包括手柄（或踏杆）、连接杠杆、上旋阀和下旋阀，下旋阀中还装有一个只准空气单向流动的逆止阀。落下部分包括工作活塞、锤杆、锤头和上砧铁。砧座部分包括下砧铁、砧垫和砧座。

（2）工作原理

电动机通过传动机构带动压缩缸内的压缩活塞作往复运动，使压缩活塞的上部或下部交替产生压缩空气。压缩空气进入工作缸的上腔或下腔，工作活塞在空气压力作用下往复运动，并带动锤杆、锤头进行锻打。通过踏杆或手柄操纵上、下旋阀，使空气锤完成下列动作。

①空转。压缩缸和工作缸的上、下部分都与大气相通，锤的落下部分可依靠自重停在下砧铁上，这时尽管压缩缸活塞上、下运动，但锤头不工作。

②上悬。压缩缸及工作缸的上部都经上旋阀与大气相通，压缩缸与工作缸的下部都与大气隔绝。当压缩活塞下行时，压缩空气经下旋阀冲开逆止阀进入工作缸下部，使锤杆上升；当压缩活塞上行时，压缩空气经上旋阀排入大气。由于逆止阀的单向作用，使锤头保持在上悬位置。此时，可在锻锤上进行辅助工作，如摆放工具及工件、检查锻件尺寸、清除氧化皮等。

③下压。压缩缸上部和工作缸下部与大气相通，压缩缸下部和工作缸上部与大气隔绝。当压缩活塞下行时，压缩空气经下旋阀冲开逆止阀，经中间通道向上，进入工作缸上部，作用在工作活塞上，连同落下部分自重将工件压住；当压缩活塞上行时，压缩空气排入大气。由于逆止阀的单向作用，使工作活塞保持足够的压力。此时，可对工件进行弯曲、扭转等操作。

④连续锻打。压缩缸与工作缸经上、下阀连通，并与大气完全隔绝。当压缩活塞作往复运动时，压缩空气往复地进入工作缸的上、下部，使锤头作相应的往复运动（此时逆止阀不起作用），进入连续锻打。

⑤单次锻打。将踏杆踩下后立即抬起，或将手柄由上悬位置推到连续锻打位置，再迅速退回到上悬位置，使锤头完成单次锻打。

上述几种动作基本满足了生产中的使用要求，其中单次锻打和连续锻打的力量大小是由下旋阀调节的。踏杆或手柄扳动角度小，通气孔开启小，由压缩缸进入工作缸的压缩空气就少，冲击力也就小；反之，冲击力就大。

（3）规格及选用

空气锤由电力直接驱动，操作方便，锤击速度快，作用力为冲击力，能适应小型锻件冷却快而又要在锻造温度范围内完成锻造的要求。

空气锤的规格以落下部分的质量表示。锻锤产生的冲击力是锻锤落下部分重力的 800 ~ 1 000 倍。由于震动大，受锤身刚度的限制，常用的空气锤落下部分质量为 50 ~ 1 000 kg。空气锤常用于小于 100 kg 锻件的生产。

根据锻件质量和尺寸，可按表 3-3 合理选用锻锤的规格。

表 3-3　空气锤规格选用的参考数据

锻件 ＼ 锤的规格/kg	65	75	150	200	250	400	560	750	1 000
锻方钢最大断面边长/mm	50	65	130	150	175	200	270	270	280
锻圆钢最大直径/mm	60	85	145	170	200	220	280	300	400
锻件最大质量/kg	2	4	6	8	10	26	45	62	84

2) 蒸汽-空气锤

蒸汽-空气锤是生产大、中型锻件常用的设备,它利用 0.6 ~ 0.9 MPa 的压力蒸汽或压缩空气作为动力源进行工作。生产上常用双柱拱式蒸汽-空气锤,如图 3-7 所示。

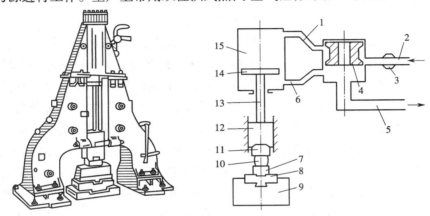

图 3-7　双柱拱式蒸汽-空气锤

1—上气道;2—进气管;3—节气阀;4—滑阀;5—排气管;6—下气道;7—下砧铁;8—砧垫;
9—砧座;10—坯料;11—上砧铁;12—锤头;13—锤杆;14—活塞;15—工作缸

蒸汽-空气锤是由机架、气缸、落下部分、配气操纵机构及砧座等部分构成。机架有两个立柱,通过螺栓固定在底座上。气缸和配气机构的阀室铸成一体,用螺栓与锤身上端面相连。落下部分由活塞、锤杆、锤头和上砧铁组成。配气操纵机构由滑阀、节气阀、进气管、操纵杠杆组成。砧座由下砧铁、砧垫、砧座组成。

蒸汽-空气锤的规格也是以落下部分的质量大小来表示。通过操纵手柄,使滑阀处于不同位置或上下运动,完成锻锤的上悬、压紧、单次锻打和连续锻打动作。常用蒸汽-空气锤规格为 1 ~ 5 t,可用于 70 ~ 700 kg 锻件的生产。

3) 水压机

水压机是生产大型锻件的常用设备。它以高压水泵产生的高压(15 ~ 40 MPa)水为动力进行工作。水压机多采用三梁四柱式传动机构,其结构如图 3-8 所示。

水压机主要由固定系统和活动系统两部分组成。固定系统包括上、下横梁,工作缸,回程缸和立柱,下横梁上装有下砧铁。活动系统包括工作活塞、活动横梁、回程柱塞和拉杆,活动横梁下面装有上砧铁。

水压机的规格以水压机产生的静压力的大小来表示。

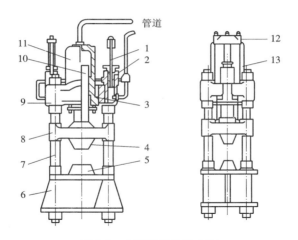

图 3-8　水压机结构示意图

1—回程柱塞；2—回程缸；3—密封圈；4—上砧铁；5—下砧铁；

6—下横梁；7—立柱；8—活动横梁；9—上横梁；10—工作柱塞；

11—工作缸；12—回程横梁；13—拉杆

水压机规格为 500~1 500 t，用于 1~300 t 锻件的生产。

4）自由锻工具

除了锻造设备外，还需要一些锻造工具，如图 3-9 所示。

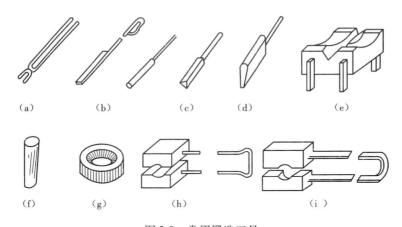

图 3-9　常用锻造工具

（a）钳子；（b）啃子；（c）压铁；（d）剁刀；（e）剁垫；（f）冲子；（g）垫环；（h）摔子；（i）压肩摔子

2. 自由锻基本工序

锻件的成形过程是由各种变形工序组成的。按照工序性质的不同，自由锻生产工序可分为基本工序、辅助工序和精整工序三大类。基本工序是使毛坯产生塑性变形，以达到所需形状和尺寸锻件的工艺过程，主要有拔长、镦粗、冲孔、弯曲、扭转、错移、切割等，其中以前三种应用最多。辅助工序是指坯料进入基本工序前预先变形的工序，如钢锭倒棱和缩颈倒棱、压钳口、切肩等。精整工序是用于精整锻件形状和尺寸，使其完全达到锻件图要求的工序，包括平整、校直等。

1）镦粗

使坯料高度减小,横截面面积增大的锻造工序称为镦粗。镦粗常用于锻造齿轮坯、凸轮、圆盘形锻件,也是锻造环类、套筒类空心锻件冲孔前的预备工序。

镦粗可分为平砧镦粗、垫环镦粗和局部镦粗三种,如图 3-10 所示。镦粗时,由于圆柱形坯料的上下端面受上、下砧铁的冷却作用及摩擦作用,坯料端部变形困难,而中部金属不受其约束,变形较大,因此,圆柱形坯料会变成鼓形。

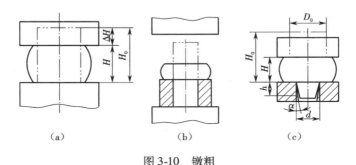

图 3-10 镦粗

(a)平砧镦粗;(b)局部镦粗;(c)垫环镦粗

为使镦粗顺利进行,镦粗部分的原始高度 H_0 与直径 D_0 之比应小于 2.5 ~ 3,否则会镦弯。如镦弯,应将工件放平,轻轻锤击矫正,如图 3-11 所示。镦粗时,坯料要在下砧铁上放平,如果工作面不平整,锻打时要不断将坯料旋转,否则会锻歪。如锻歪,应将工件斜立,轻打锻歪的斜角,然后放直,继续锻打,如图 3-12 所示。镦粗时锤击力要重,否则会产生细腰形,若不及时纠正,会形成夹层,如图 3-13 所示。

图 3-11 镦弯及纠正   图 3-12 锻歪及纠正

2）拔长

使坯料横截面面积减小而长度增加的锻造工序,称为拔长。拔长一般用于锻造轴类、杆类及长筒形锻件。

拔长操作时,坯料应沿砧铁宽度方向送进。每次送进量应为砧铁宽度的 0.3 ~ 0.7。送进量太大,金属主要沿宽度方向流动,拔长效率反而降低;送进量太小,容易产生夹层,如图3-14所示。

局部拔长锻制台阶轴或带有台阶的方形、矩形截面的锻件时,必须先在截面分界处压出凹槽,使台阶平直整齐,如图 3-15 所示。压肩深度为台阶高度的 1/3 ~ 1/2。

将圆形截面的坯料拔长成直径较小的圆截面锻件时,必须先锻方,直到边长接近要求的直径时,再将坯料锻成八角形,然后滚打成圆形,如图 3-16 所示。拔长时应不断翻转坯料,使坯

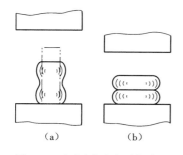

图 3-13　细腰形及夹层的产生

（a）细腰形；（b）夹层

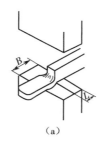 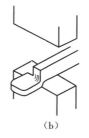 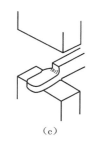

图 3-14　拔长时送进方向与送进量

（a）送进量合适；（b）送进量太大；（c）送进量太小

料截面经常保持接近方形。翻转方法如下（图3-17）：

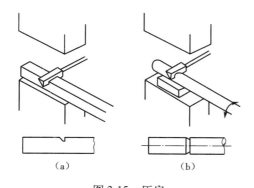

图 3-15　压肩

（a）方料的压肩；（b）圆料的压肩

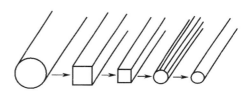

图 3-16　圆料拔长变形过程

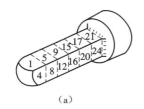 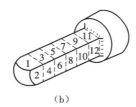 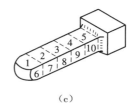

图 3-17　拔长时锻件的翻转方法

（a）螺旋翻转；（b）反复翻转；（c）单向顺序拔长

①沿螺旋线翻转拔长，常用于塑性较低的材料；

②反复翻转拔长，常用于塑性较好的材料；

③单向顺序拔长，常用于大型锻件。

拔长套筒类锻件时，一般先冲孔，然后套在芯轴上拔长，如图3-18所示。

拔长后的锻件需进行修整，使表面平整光滑、尺寸准确。方形、矩形截面的锻件用平锤修整，沿下砧铁的长度方向送进，以增加锻件与砧铁间的接触面积。圆形锻件使

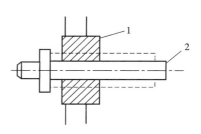

图 3-18　芯轴拔长

1—坯料；2—芯轴

用型锤或摔子修整,如图3-19所示。

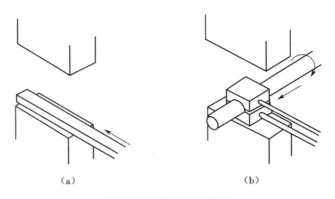

（a）　　　　　　　　　　（b）

图3-19　拔长后的修整

（a）方形、矩形锻件的修整；（b）圆形锻件的修整

3）冲孔

在坯料上用冲头冲出通孔或不通孔的锻造工序称为冲孔。冲孔常用于齿轮、套筒和圆环等锻件。

直径小于25 mm的孔一般不冲,切削加工时钻出。冲孔可分为实心冲头冲孔（图3-20）和空心冲头冲孔（图3-21）。实心冲头冲孔又分为单面冲孔和双面冲孔。实心冲头冲孔用于直径小于450 mm的孔;空心冲头冲孔用于直径大于450 mm的孔。

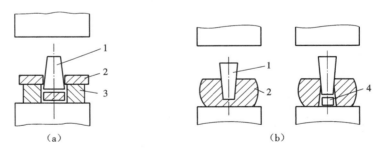

（a）　　　　　　　　　　（b）

图3-20　实心冲头冲孔

（a）单面冲孔；（b）双面冲孔

1—冲子；2—坯料；3—漏盘；4—冲孔余料

冲孔时应注意,因坯料局部变形很大,坯料应加热到允许的最高温度,并且要加热均匀,以防坯料冲裂和损伤冲头。冲孔前需将坯料镦粗,以减小冲孔的深度,并使端面平整。双面冲孔时先轻轻试冲,经检查凹痕无偏差后,向凹痕内撒少许煤粉（以便冲头容易从深坑中拔出）,当冲头冲至坯料厚度的2/3～3/4时,取出冲头,翻转坯料,从反面冲透。对于较薄的锻件,可采用单面冲孔法,冲孔时冲头大头朝下,漏盘孔径不宜过大,且需仔细对正。冲孔过程中,冲头应随时浸水冷却,以防受热变软。

对于大直径的环形锻件,可采用先冲孔、再扩孔的方法进行。常用的扩孔方法有冲头扩孔和芯轴（马架）扩孔两种,如图3-22所示。

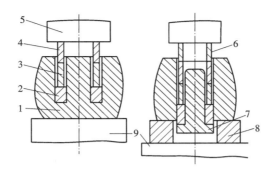

图 3-21 空心冲头冲孔

1—钢锭冒口端;2—空心冲头;3—第一节套筒;4—第二节套筒;5—上砧铁;

6—第三节套筒;7—芯料;8—垫圈;9—垫板

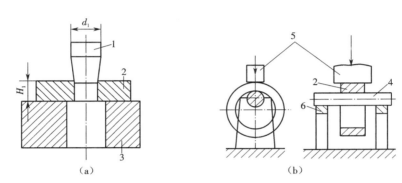

图 3-22 扩孔

（a）冲头扩孔;（b）芯轴（马架）扩孔

1—扩孔冲头;2—坯料;3—垫环;4—芯轴;5—上砧铁;6—马架

4）弯曲

将坯料弯成所需外形的锻造工序称为弯曲。弯曲用于锻造吊钩、链条、曲杆、弯板、角尺等锻件。

弯曲时只需将坯料要弯曲部分加热,然后再进行弯曲,如图 3-23 所示。

5）扭转

将坯料的一部分相对另一部分绕其轴线旋转一定角度的锻造工序称为扭转,如图 3-24 所示。扭转常用于多拐曲轴和连杆等锻件。

扭转时金属变形剧烈,要求受扭转部位应加热到始锻温度,并均匀热透。扭转后要缓慢冷却,防止出现扭裂。

6）错移

将坯料一部分相对另一部分平移错开,但仍保持轴心平行的锻造工序称为错移,如图 3-25 所示。错移用于曲轴锻件。

错移时,先在错移部位压肩,然后锻打,最后修整。

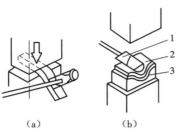

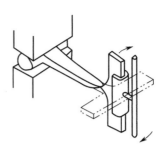

图 3-23　弯曲

(a)角度弯曲;(b)成形弯曲

1—成形压铁;2—工件;3—成形垫铁

图 3-24　扭转

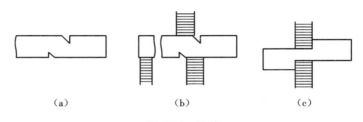

（a）　　　　　　　（b）　　　　　　　（c）

图 3-25　错移

(a)压肩;(b)锻打;(c)修整

7)切割

把坯料或工件切断的锻造工序称为切割。切割用于下料和切除料头。

切割方形截面锻件时,先将剁刀垂直切入工件,快断时翻转工件,再用剁刀或克棍截断。切割圆形截面工件时,将工件放在带有凹槽的剁垫中,边切割边旋转,直至切断,如图 3-26 所示。

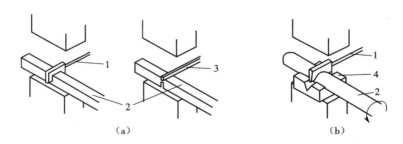

（a）　　　　　　　　　（b）

图 3-26　切割

(a)方形坯料的切割;(b)圆形坯料的切割

1—剁刀;2—工件;3—克棍;4—剁垫

3. 自由锻工艺示例

齿轮坯自由锻工艺过程列于表3-4。

66

表 3-4　齿轮坯自由锻工艺过程

锻件名称	齿轮坯	工艺类别		自由锻
材料	45 钢	设备		400 kg 空气锤
坯料规格	$\phi 120 \times 202$	锻造温度范围		800 ~ 1 200 ℃
加热火次	2	冷却方式		空冷
锻件图				

序号	工序名称	简图	使用工具
1	镦粗		火钳
2	垫环局部镦粗		火钳 镦粗漏盘
3	双面冲孔		火钳 冲头
4	扩孔		火钳 不同直径冲头
5	修整(外圆和平面)		火钳 冲头 镦粗漏盘

3.3.2　模锻

把加热的坯料放在固定于模锻设备上的锻模内,施加冲击力或压力,使坯料在锻模模膛内变形,从而获得与模膛形状一致的锻件方法,称为模锻。

与自由锻相比,模锻可生产形状较复杂的锻件,且生产效率高,锻件表面质量及精度高。但是模锻受设备吨位的限制,模锻件不能太大,质量一般在 150 kg 以下,而且模锻设备制造成本高,故适用于大批量生产。

模锻按所使用的设备不同,分为锤上模锻、压力机上模锻和胎模锻。

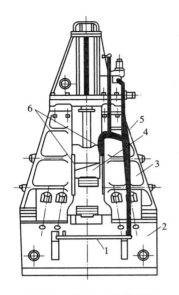

图 3-27 蒸汽-空气模锻锤
1—踏板;2—砧座;3—机架;4—锤头;
5—拉杆;6—导轨

常用的模锻设备有蒸汽-空气模锻锤、摩擦压力机、曲柄压力机和平锻机等。

1. 蒸汽-空气模锻锤

蒸汽-空气模锻锤的结构如图 3-27 所示。它的砧座比自由锻锤的砧座大得多,而且砧座与锤身连成一体,锤头与导轨之间配合精密,锤头运动精度高,在锤击中能保证上、下锻模对准。

锤上模锻过程是:上模与下模分别用楔铁紧固在锤头和砧座的燕尾槽内,上模与锤头一起作上下往复运动,上、下模间的分界面称为分模面;锻模内开有模腔,坯料在模腔内受冲击力发生塑性变形充满模腔而得到所要求的锻件;取出锻件后,切去飞边和连皮,完成模锻过程,如图 3-28 所示。

锤上模锻工艺适应性广,模锻锤是目前锻压生产的主要设备。但是,模锻锤噪声大、劳动条件差、效率低、能源消耗多,因此近年来大吨位模锻锤有被压力机取代的趋势。

2. 摩擦压力机

摩擦压力机结构如图 3-29 所示。操作杆使主轴沿轴向左右移动,实现左右摩擦盘与飞轮接触,使滑块下行或上升,实现打击和提锤动作。摩擦压力机规格用滑块运动到工作行程终点时产生的最大压力表示。

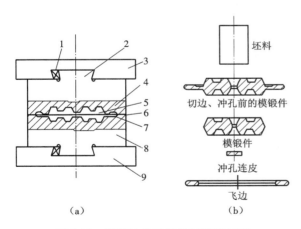

图 3-28 锻模结构及齿轮坯模锻过程
(a)锻模结构;(b)齿轮坯模锻过程
1—楔铁;2—燕尾;3—锤头;4—上模;5—模腔;
6—分模面;7—飞边槽;8—下模;9—砧座

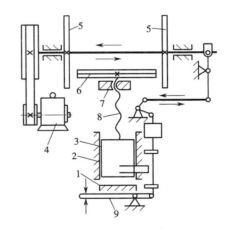

图 3-29 摩擦压力机结构示意图
1—工作台;2—导轨;3—滑块;4—电动机;5—摩擦轮;
6—飞轮;7—固定螺母;8—螺杆;9—操纵杆

3. 胎模锻

在自由锻设备上使用可移动的简单模具(胎模)生产模锻件的锻造方法,称为胎模锻。

胎模不固定在锤头或砧铁上,只在使用时放在下砧铁上进行锻造。通常采用自由锻的镦粗或拔长方式初步制坯,然后在胎模内终锻成形。胎模种类很多,如图 3-30 所示。

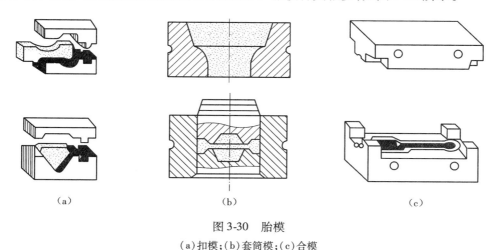

图 3-30　胎模
(a)扣模;(b)套筒模;(c)合模

　　胎模锻模具简单,工艺灵活,生产效率和锻件质量比自由锻好,广泛应用于小型锻件的中、小批量生产。

3.4　板料冲压

　　板料冲压是利用冲模使板料在外力作用下分离或变形的加工方法。冲压一般在常温下进行,所以又称冷冲压。冲压制品具有质量轻、刚度好、强度高、互换性好、成本低等优点,一般不再进行切削加工,可直接作为零件使用。

　　冲压多用低碳钢薄板为原材料,其他非铁金属(铜、铝)及非金属板料(塑料板、硬橡胶、纤维板、绝缘纸等)也适于冲压加工。

3.4.1　冲压设备

1. 剪床

　　剪床是下料的基本设备,作用是将板料切成一定宽度的条料,以供冲压用。

　　剪床结构如图 3-31 所示。电动机带动带轮和齿轮传动,离合器闭合使曲轴旋转,并带动装有上刀片的滑块沿导轨上下运动,与装在工作台上的下刀片相剪切。为了减小剪切力,一般将上刀片制成斜度为 6°~9° 的斜刃,但对于窄而厚的板料则用平刃剪切。挡铁起定位作用,便于控制下料尺寸。制动器控制滑块的运动,使上刀片剪切后停在最高位置,便于下次剪切。

2. 冲床

　　冲床是进行冲压加工的基本设备,常用的小型冲床结构如图 3-32 所示。

　　电动机通过带传动带动大带轮转动。踩下踏板后,离合器闭合带动曲轴旋转,经连杆使滑块沿导轨上下往复运动,进行冲压加工。如果踩下踏板后立即抬起,则滑块冲压一次后,在制动器的作用下停止在最高位置上;如果踩下踏板后不抬起,滑块就进行连续冲压。

　　冲床的基本参数如下。

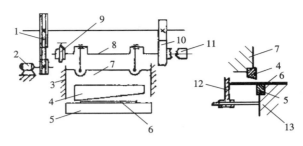

图 3-31 剪床结构图

1—带轮;2—电动机;3—导轨;4—上刀刃;5—下刀刃;6—板料;7—滑块;8—曲轴;

9—制动器;10—齿轮;11—离合器;12—挡铁;13—工作台

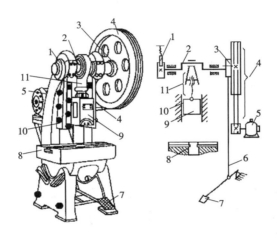

图 3-32 冲床

1—制动器;2—曲轴;3—离合器;4—V 带减速系统;5—电动机;6—拉杆;

7—踏板;8—工作台;9—滑块;10—导轨;11—连杆

公称压力(kN):滑块行至最下位置时产生的最大压力。

滑块行程(mm):滑块从最上位置到最下位置所走过的距离,它等于曲轴回转半径的两倍。

闭合高度(mm):滑块行至最下位置时,下表面到工作台面的距离。

冲床的闭合高度与冲模的高度相适应,调整连杆的长度就可调整冲床的闭合高度。

3.4.2 冲压基本工序

冲压基本工序分为分离工序和变形工序两大类。

1.分离工序

分离工序是使板料的一部分相对另一部分沿一定的轮廓线相互分离的工序,如剪切、冲裁、修整等。

①剪切是指用剪刀或冲模将板料沿不封闭轮廓分离的工序。

②冲裁包括落料和冲孔,是指将板料沿封闭轮廓分离的工序。落料和冲孔的模具结构和

70

变形过程相同,只是目的不同。前者被冲下部分为成品,周边部分是废料;而后者被冲下的部分为废料,周边带孔的为成品,如图 3-33 所示。冲孔和落料用的模子叫作冲裁模。为了保证冲裁件断面质量和坯料顺利地进行分离,冲裁模的凸模和凹模的工作部分都有锋利的刃口,并要有合适的间隙。如果间隙过大或过小,则冲裁件的边缘会有毛刺,甚至影响模具寿命。

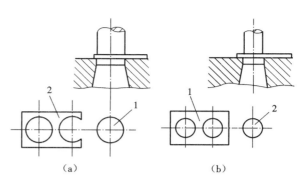

图 3-33 冲裁
(a)落料;(b)冲孔
1—成品;2—废料

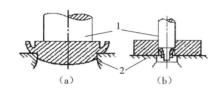

图 3-34 修整工序简图
(a)外缘修整;(b)内孔修整
1—凸模;2—凹模

③修整是指使落料或冲孔后的成品获得精确轮廓的工序。它是利用修整模沿冲裁件外缘或内孔刮去薄薄一层切屑,或切掉冲裁件截面上存留的剪裂带和毛刺,以提高冲裁件的尺寸精度,降低表面结构参数值,如图 3-34 所示。

2. 变形工序

变形工序是使板料的一部分相对另一部分产生变形的工序,包括弯曲、拉深、翻边、成形等。

①弯曲是使板料弯成具有一定角度或制成一定形状的冲压工序,如图 3-35 所示。弯曲时材料的内侧受压应力,外侧受拉应力。为了防止工件弯裂,弯曲模的凹、凸模工作部分应有适当的圆角,而且弯曲部分的变形不能太大,即要控制好弯曲最小半径。一般弯曲最小半径 $r_{\min}$ = $(0.25\sim1)\delta$(δ 为板厚)。另外,去除弯曲载荷后,材料有回弹现象(图 3-36),所以设计弯曲模时,模具角度应比成品角度小一个回弹角。

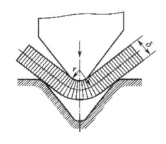

图 3-35 弯曲过程

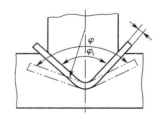

图 3-36 弯曲件回弹现象

②拉深是使平板坯料变成杯形零件的工序,如图 3-37 所示。为保证金属坯料顺利变形,避免拉裂,拉深模的凹、凸模工作部分应加工成光滑的圆角,并且间隙要稍大于板料的厚度。拉深时用压板适当压紧板料的四周,以防止起皱。为了减少摩擦阻力,可在板料或模具上涂润滑剂。对于变形量大的拉深件,因受每次拉深变形程度的限制,不能一次完成,可采用多次拉深,如图 3-38 所示。

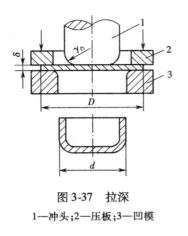

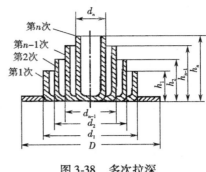

图 3-37　拉深

1—冲头；2—压板；3—凹模

图 3-38　多次拉深

③翻边是使带孔坯料孔口周围获得凸缘的工序,如图 3-39 所示。

④成形是利用局部变形使坯料或半成品改变形状的工序。图 3-40 为鼓肚容器成形简图,图中凹模是可分的,用橡胶芯增大半成品的中间部分,并在凸模轴向压力的作用下,使半成品壁沿径向成形。

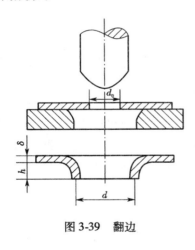

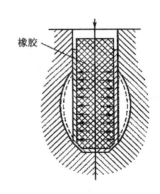

图 3-39　翻边

图 3-40　鼓肚容器成形简图

3.4.3　冲压模具

冲压模具简称冲模,典型的冲模结构如图 3-41 所示。冲模一般由凹模和凸模两部分组成。凸模通过模柄安装在冲床滑块上,凹模通过下模板由压板和螺栓固定在冲床工作台上。冲模各组成部分的作用如下。

①凹模和凸模。凹模和凸模是冲模的工作部分,二者相互配合完成板料分离或变形。

②导板与定位销。导板用来控制板料的进给方向,定位销用来控制板料的进给量。

③退料板。退料板的作用是冲压后使凸模从工件或板料中脱出。

④模架。模架由上、下模板,导柱,导套等组成。上模板用来固定凸模、模柄等,下模板用来固定凹模、导板和退料板等。导套和导柱分别固定在上、下模板上,以保证上、下模对准。

冲压模具种类繁多,按照工序种类可分为冲裁模、弯曲模、拉深模等。按照工序复合程度,

72

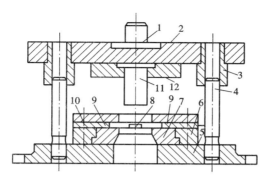

图 3-41 典型冲模结构(简单冲模)

1—模柄;2—上模板;3—导套;4—导柱;5—下模板;6,12—压板;

7—凹模;8—定位销;9—导料板;10—卸料板;11—凸模

冲模又分为简单冲模、连续冲模和复合冲模三类。

①简单冲模是指冲床滑块一次行程只能完成一个工序的冲模,如图 3-41 所示。

②连续冲模是指冲床滑块一次行程在模具的不同部位同时完成两道以上工序的冲模,如图 3-42 所示。

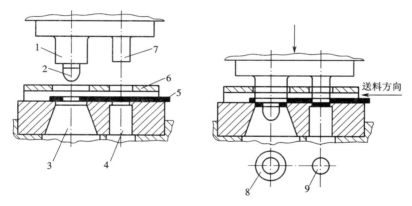

图 3-42 连续冲模

1—落料凸模;2—定位销;3—落料凹模;4—冲孔凹模;5—坯料;

6—卸料板;7—冲孔凸模;8—成品;9—废料

③复合冲模是指冲床滑块一次行程在模具的同一部位同时完成两道以上工序的冲模,如图 3-43 所示。

3.5 先进塑性成形方法简介

面对现代机械制造中精密件和复杂件的制造,难加工材料的加工和多品种、小批量生产的需要,近年来塑性加工正向精度高、能耗少、省力、高效率以及少、无切削的精密成形工艺发展,出现了许多新型锻压技术和锻压工艺。

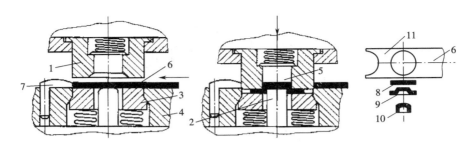

图 3-43　落料拉深复合冲模

1—凹凸模;2—拉深凸模;3—压板(卸料器);4—落料凹模;5—顶出器;6—条料;

7—挡料销;8—坯料;9—拉深件;10—零件;11—切余坯料

3.5.1　精密模锻

精密模锻是在普通模锻基础上发展起来的一种少、无切削的锻造新工艺。其公差、余量约为普通模锻件的1/3,可节省大量切削加工工时,并节约大量金属材料。精密模锻件的金属流线能沿零件外形合理分布而不被切断,有利于提高零件疲劳强度和抗腐蚀能力。但是精密模锻工艺较为复杂,要求高质量的毛坯,精确的模具,少、无氧化的加热条件,良好的润滑和复杂的工序间清理,因此适用于成批生产形状复杂和难以切削加工的零件,如锥齿轮、叶片等。

3.5.2　液态模锻和粉末锻造

1. 液态模锻

液态模锻是铸造和锻造工艺的组合。如图 3-44 所示,它采用铸造工艺将金属熔化、精炼,并用定量勺把液态金属直接浇入金属模内,随后利用锻造工艺的加压方式,使金属液在模具型腔内流动充型,并在较大的静压力下结晶凝固,从而获得毛坯或零件的工艺方法。液态模锻兼有铸造工艺简单、成本低和锻造产品性能好、质量可靠等多重优点,适于生产形状复杂、性能和尺寸要求较高的制品,如汽车轮圈、柴油机活塞、炮弹壳体等。

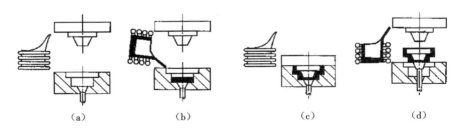

(a)　　　　　(b)　　　　　(c)　　　　　(d)

图 3-44　液态模锻示意图

(a)熔化;(b)浇注;(c)加压;(d)顶出

2. 粉末锻造

粉末锻造是粉末冶金与精密模锻的组合。它以金属粉末为原料,经过冷压成形、烧结、热锻成形,或粉末经热等静压、等温模锻,或粉末直接热等静压及后续处理等,制成所需形状的精密锻件,如图 3-45 所示。粉末锻造既保留了粉末冶金件精度高的优点,又可以显著提高粉末冶金材料的塑性、冲击韧性等力学性能。

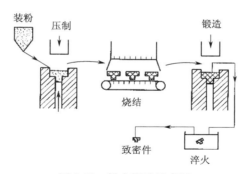

图 3-45　粉末锻造示意图

3.5.3　高速锤锻造

　　高速锤锻造是在高速锤上完成的一种锻造工艺的方法。高速锤的工作原理是以高压气体(14 MPa)作为介质,借助于一种触发机构,使高压气体突然膨胀,推动锤头系统和框架系统作高速相对运动而产生悬空打击。高速锤结构如图 3-46 所示。

　　高速锤打击速度高(12~25 m/s),可用于锻造精密、形状复杂的锻件,是一种少、无切削的加工工艺的新设备。在高速锤上可以挤压铝合金、钛合金、不锈钢、合金钢等材料的叶片,精锻各种回转体(如环形件、齿轮、涡轮)等,并适用于一些高强度、低塑性、难变形金属的锻造。

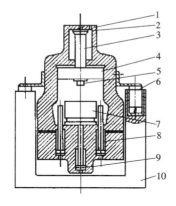

图 3-46　高速锤结构

1—高压缸;2—端面密封圈;3—锤杆;

4—锤头;5—冲头;6—支撑缸;7—凹模;

8—回程缸;9—顶出缸;10—机座

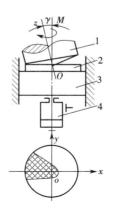

图 3-47　摆动碾压示意图

1—摆头(上模);2—坯料;

3—滑块;4—进给油缸

3.5.4　摆动碾压

　　摆动碾压是利用一个绕中心轴摆动的圆锥形模具对坯料局部加压的工艺方法,如图 3-47 所示。摆动碾压省力,其变形力仅为一般锻压工艺的 1/20~1/5;制品精度高,表面光洁,易于成形为薄盘形件,噪声及振动小,易于实现机械化。主要用于大批量生产回转体饼盘类或带法兰的半轴类零件,如汽车半轴、止推轴承圈、齿轮、铣刀体等。

3.5.5　超塑性成形

超塑性是指金属或合金在特定的条件下,即低的变形速率($10^{-4} \sim 10^{-2}/s$)、一定的变形温度(约为熔点一半)和均匀的细晶(晶粒平均直径$0.2 \sim 5\ \mu m$)粒度,相对伸长率δ超过100%的特性。如钢超过500%、纯钛超过300%、锌铝合金超过1 000%。

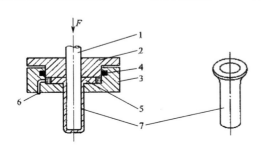

图 3-48　超塑性板料拉深示意图

1— 冲头;2—压板;3—凹模;4—电热元件;
5—板料;6—高压油孔;7—工件

高能成形用传递介质(空气或水)代替刚性凸模或凹模,易于成形形状复杂的制件和难加工材料,且制件精度较高。

超塑性状态下的金属,其变形应力只有常态下的几分之一甚至几十分之一,因此极易成形,可采用板料冲压、挤压、模锻等工艺制出复杂零件。图3-48为超塑性板料拉深示意图。

3.5.6　高能成形

利用高能量的冲击波,通过介质使金属板料产生塑性变形的方法,称为高能成形。按使用能源的不同,高能成形可分为爆炸成形、电液成形、电磁成形等,图3-49为爆炸成形示意图。

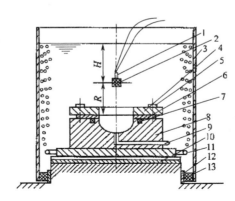

图 3-49　爆炸成形示意图

1—电雷管;2—炸药;3—水桶;4—压边圈;
5—螺栓;6—坯料;7、13—密封圈;8—凹模;
9—真空管道;10—缓冲装置;11—压缩空气管路;
12—垫环

复习思考题

1. 用于锻压加工的材料主要应具有的性能是什么?常用工程材料中哪些可以锻压,哪些不可以锻压?

2. 锻造前坯料加热的目的是什么?

3. 什么叫始锻温度、终锻温度和锻造温度范围？低碳钢和中碳钢的始锻温度和终锻温度各是多少？

4. 过热和过烧的实质是什么？它们对锻件的质量有何影响？如何防止过热和过烧？

5. 锻件有几种冷却方式？如何选择？

6. 什么叫自由锻？它的工艺特点有哪些？

7. 空气锤由哪几部分组成？各部分的作用是什么？

8. 锻锤的规格如何表示？

9. 自由锻的基本工序有哪些？各有何用途？

10. 试从设备、工模具、锻件精度、生产效率等方面比较自由锻、模锻、胎模锻的异同？

11. 板料冲压有哪些基本工序？

12. 剪切和冲裁、落料和冲孔有何区别？

13. 冲模通常包括哪几部分？各有何作用？

14. 冲模有几种类型？其结构特点如何？

第4章　焊接与热切割

焊接是利用加热、加压等手段,借助金属的原子结合与扩散作用,使分离的金属牢固地结合起来的成形方法。焊接是应用最广泛的金属不可拆卸的连接方法。

焊接方法种类很多,按焊接过程特点的不同,通常把焊接方法分为熔化焊、压力焊和钎焊三大类。

熔化焊是在焊接过程中,将焊接处加热到熔化状态形成熔池,多数情况加入填充金属形成焊缝,待热源离去熔池冷却结晶后形成牢固整体的焊件的焊接方法。熔化焊包括电弧焊、气焊、电渣焊、电子束焊和激光焊等,其中应用最多的是电弧焊。按照工艺特点,电弧焊可分为焊条电弧焊、埋弧焊、气体保护焊和等离子弧焊等。

压力焊是在焊接过程中需要对焊件施加压力(可同时加热或不加热),使焊接接头产生塑性变形,连成一体的焊接方法。压力焊包括电阻焊、冷压焊、扩散焊、超声波焊、摩擦焊和爆炸焊等,其中应用最多的是电阻焊。

钎焊是利用低熔点的熔化金属(称为钎料)填充工件连接接头的间隙,并与固态的工件相互扩散、溶解,以实现连接的一种方法。根据钎料熔点的不同分为软钎料和硬钎料。

根据焊接热的来源不同,焊接方法可分为:以电阻热为能源的焊接方法,如电阻焊、电渣焊、高频焊等;以化学能为焊接能源的焊接方法,如气焊、气压焊、爆炸焊等;以机械能为焊接能源的焊接方法,如摩擦焊、冷压焊、超声波焊、扩散焊等。

切割是使固态物质分离的方法。热切割是指切割过程中伴随有热现象的切割。常见的热切割有气割、等离子弧切割和激光切割等。

本章围绕实践教学内容,讲解焊条电弧焊、埋弧自动焊、气体保护焊、气焊与气割、电阻焊、等离子焊接与切割等成形方法。

4.0　焊接与热切割实习安全知识

焊接与热切割工艺都是高温加工过程,操作人员距离高温热源很近。学生实习时,应了解该环境下的危险因素,严格遵守焊接及热切割的操作安全守则。下面以焊接为例予以说明。

4.0.1　焊接操作的危险因素

①弧光(紫外线,红外线,可见强光)若防护不当,可致眼睛、皮肤灼伤。

②焊接火焰、炽热的焊件或金属飞溅物可引起烧伤、烫伤。

③烟尘、金属蒸发物颗粒及有害气体对人会产生危害。

④焊接中产生的高频电磁场会使人头晕疲乏。

⑤电焊机绝缘不好或操作不当可发生触电事故。

⑥各种压力容器(氧气瓶、乙炔气瓶等)使用不当,易造成燃烧、爆炸伤害。

4.0.2 设备安全技术

①设备必须接地,并安装触电保护器;线路各连接点必须接触良好,防止松动、接触不良而发热。

②焊钳不能放置在工作台上,以免短路烧毁焊机。

③焊机出现异常情况时,应立即切断电源,停止工作。

④长时间不进行焊接、操作完毕或检查焊机时,必须切断电源。

4.0.3 操作人员安全技术

1)预防触电

焊前要检查焊机外壳接地是否良好,焊钳和焊接电缆绝缘有无破损;操作前应穿绝缘鞋,并带好电焊手套;操作过程中不能同时接触焊机输出两端;发生触电时立即切断电源。

2)避免弧光伤害

操作前应穿好长袖工作服,戴好手套,以免弧光伤害皮肤;操作时要使用面罩,保护眼睛和面部皮肤;操作间要有效隔挡,以免弧光伤害他人。

3)防止烫伤

焊后的焊件不得用手直接接触,必须用夹钳夹取;敲渣时应注意焊渣飞出的方向,避免渣屑烫伤眼睛和脸部。

4)注意通风

焊接场所应通风良好,如有条件可安装通风除尘设备,以防止焊接时的有害气体积聚,影响操作人员健康。

5)防火和防爆

焊接场所周围不能存放易燃、易爆物品,焊接结束后应该检查周围有无火种。

4.0.4 焊接实习安全操作守则

①进入车间必须按要求着装,衣服领口、袖口、衣角要扎紧,衬衫要系入裤内。不得穿凉鞋、拖鞋、高跟鞋、背心、裙子和戴围巾等。

②严禁在车间内追逐、打闹、喧哗,严禁阅读与实习无关的书籍,严禁收听广播和音乐等。

③应在指定的焊机上进行操作。未经允许,其他设备、工具或电器开关等均不能触摸。

④焊接时应站在木垫板上,不允许赤脚操作,不准赤手接触导电部分,防止触电。

⑤氧气瓶、氩气瓶、CO_2气瓶不得敲击和烘烤暴晒。氧气瓶嘴不许有油脂或其他易燃品,扳手不得有油污。乙炔瓶周围不许有火星,与氧气瓶要相隔一定距离放置,以防出现爆炸危险。

⑥焊接操作时必须戴好防护面罩和电焊手套,以防弧光灼伤和烫伤。

⑦操作完成后,要清理好场地及设备工具。

4.1 焊条电弧焊

　　焊条电弧焊也称手工电弧焊,是用手工操作焊条进行焊接的工艺。焊条电弧焊的焊接电弧温度很高,所需设备简单,操作方便、灵活,适应性强,适用于厚度 2 mm 以上的各种形状结构的金属材料焊接,特别适用于结构复杂、焊缝短小、弯曲或各种空间位置焊缝的焊接。

　　焊条电弧焊的主要缺点是生产效率较低,焊接质量不够稳定,对操作人员的技术水平要求较高。焊条电弧焊是目前工业生产中广泛应用的一种焊接方法。

　　图 4-1 是焊条电弧焊的焊接情况。焊接前将焊机电源两输出端通过电缆、焊钳和地线夹头分别与焊条和工件相连。焊接时,利用焊条与焊件表面接触或划擦引出电弧;电弧热局部熔化工件和焊条;受电弧力作用,焊条端部熔化后的熔滴过渡到母材,与熔化后的工件形成金属熔池;随着焊条沿焊接方向向前移动,被熔化的金属迅速冷却、凝固形成焊缝,使分离的工件连成整体。

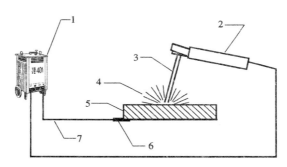

图 4-1　焊条电弧焊的焊接情况

1—焊机;2—焊钳;3—焊条;4—电弧;5—工件;6—地线夹头;7—电缆

4.1.1　焊接电弧

　　焊接电弧是电极之间(焊条与工件之间)受热而电离的气体介质中强烈的连续放电现象。焊接电弧的结构如图 4-2 所示,它由阴极区、阳极区和弧柱区三部分组成。由于两个极区的厚度极薄,所以弧柱区的长度可以被视为电弧的长度。阴极区是发射电子的区域,在用钢焊条焊接钢材时,阴极区的平均温度为 2 400 K,阴极区热量约占总热量的 36%。阳极区因受电子轰击和吸入电子而获得较多的能量,温度可达 2 600 K,该区热量约占总热量的 43%。弧柱区是阴极区和阳极区之间的电弧长度,温度高达 6 000 ~ 8 000 K,弧柱区的热量约占总热量的21%。

　　由于电弧在阴极区和阳极区产生的热量不同,因而用直流弧焊机焊接时,就有正接和反接两种方式。正接(图 4-2(a))是工件接到电源正极,焊条接到电源负极;反接(图 4-2(b))是将工件接到电源负极,焊条接到电源正极。正接时,电弧中的热量较大部分集中在焊件上,可以加速焊件的熔化,获得较大的熔深,因而多用于焊接较厚的焊件;反接法常用于薄件焊接以及

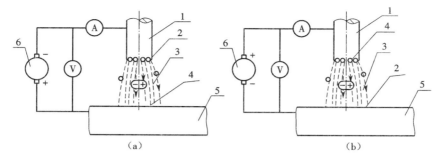

图 4-2　直流焊接电弧的结构

（a）直流正接；（b）直流反接

1—焊条;2—阴极;3—弧柱;4—阳极;5—工件;6—直流焊机

非铁合金、不锈钢、铸铁等的焊接。采用交流弧焊机焊接时,没有正反接之说。

4.1.2　手弧焊机

手弧焊机分交流弧焊机和直流弧焊机两类。

1. 交流弧焊机

交流弧焊机实际上是一种特殊降压式变压器。它将输入电压 220 V 或 380 V 降低到 50 ~ 80 V,以满足顺利起弧的需要。焊接时随着焊接电流的增加,电焊机电压会自动下降到电弧正常工作所需要的 20 ~ 30 V,而当短路时,电焊机的电压会自动降到趋于零,使短路电流不至于过大而烧毁电路或变压器本身。根据焊接时工件厚度和焊条直径的不同,电焊机一般可提供从几十安培到几百安培的焊接电流。

交流弧焊机能够满足焊接电源的各项要求,且结构简单、价格便宜、维修方便、适应性强,但是焊接电弧稳定性不如直流弧焊机好。它适于焊接黑色金属(如低碳钢),是目前应用最广泛的焊接设备。

2. 直流弧焊机

常见的直流弧焊机有整流式直流弧焊机和逆变式直流弧焊机。

1)整流式直流弧焊机

它使用大功率硅整流元件,将交流电转变成直流电供焊接使用。与发电机式直流弧焊机相比,整流式直流弧焊机结构简单、维修方便、噪声小、空载损失小、电弧稳定性好、焊缝质量较好,目前应用广泛。

2)逆变式直流弧焊机

逆变式直流弧焊机简称逆变弧焊机,是一种新型的焊接电机。它是将电网三相 50 Hz 交流电先整流为高电压直流电,再通过功率晶体管开关元件组成的功率逆变器将直流电转换为高频电压方波,最后经变压器降压将高频电压方波转换为高频低电压方波供焊接用,也可在次级通过整流得到直流电供焊接用。

逆变式直流弧焊机体积小,质量轻,在铜铁价格上涨的同时,电子器件价格逐渐降低,这就使逆变焊机的成本优势凸显出来。焊接电流的控制精度高、电效率高,它还具有起弧性能好,抗干扰和良好的推力调节,可连续工作,稳定性强等特点。逆变式直流弧焊机是今后逐步取代传统弧焊机的理想产品。

4.1.3　焊条

1. 焊条的组成和作用

焊条由焊芯和药皮两部分组成。焊芯采用专用的金属丝(称为焊丝),它既是电极,又是焊缝的充填材料。焊条药皮是压制在焊芯上的涂料层。这种涂料是由多种矿石、铁合金、有机物和化工产品等按一定比例配制成的。药皮的主要作用有:使起弧容易、稳弧、减少飞溅;在高温下造气、造渣,防止空气进入金属熔池,以保护焊缝;去除熔池中的有害元素(脱氧、去氢、去硫等);掺加有益的合金元素,改善焊缝的质量。

2. 焊条的种类及型号

1)焊条的种类

焊条按用途可分为碳钢焊条、低合金钢焊条、不锈钢焊条、铸铁焊条、堆焊焊条、镍和镍合金焊条、铜和铜合金焊条、铝和铝合金焊条等。根据熔渣的化学性质的不同,焊条分为酸性焊条和碱性焊条两大类:药皮中含有较多酸性氧化物的焊条,熔渣呈酸性,称为酸性焊条;药皮中含碱性氧化物较多,熔渣呈碱性的焊条,称为碱性焊条。酸性焊条能交、直流焊机两用,焊接工艺性好,但是焊缝金属冲击韧性较差,适用于一般低碳结构钢。碱性焊条一般需要用直流电源,焊接工艺性较差,对水分、铁锈敏感,使用时必须严格烘干,但是焊缝金属抗裂性较好,适用于焊接重要结构件。

2)焊条的型号

焊条型号是国家标准中的焊条编号,GB/T 5117—2012 规定非合金钢和细晶粒钢焊条型号,按熔敷金属力学性能、药皮类型、焊接位置、电流类型、熔敷金属化学成分和焊后状态等进行划分。焊条型号由五部分组成,有时只标前三部分,以字母"E"加四位数字组成。第一部分为字母"E"表示焊条;第二部分为字母"E"后面紧邻的两位数字,表示熔敷金属的最小抗拉强度的十分之一;第三部分为字母"E"后面的第三和第四两位数字,表示药皮类型、焊接位置和电流类型,如"03"为钛型药皮,可进行全位置焊接,交流或直流正、反接均可,"15"为碱性药皮,可进行全位置焊接,采用直流反接电流类型,"16"为碱性药皮,可进行全位置焊接,采用交流和直流反接电流类型,"20"为氧化铁型药皮,适合平焊和平角焊,交流或直流正接电流类型。实训中使用的焊条型号为E4303,表示焊缝金属抗拉强度的最低值为 430 MPa 的非合金钢焊条,适用于全位置焊接,可采用交流或直流正反接电流类型。

4.1.4　焊条电弧焊工艺方案的制订

1. 下料

按图纸要求对原材料进行划线,并裁剪成一定的形状和尺寸。

2. 确定接头和坡口形式

由于工件厚度、结构形式、使用条件不同,其接头形式和坡口形式有所区别。

常用焊接接头形式有对接接头、T 形接头、角接接头、搭接接头和端边接头,如图 4-3 所示。当工件较厚时(一般厚度不小于 6 mm),为了保证焊接强度和焊透焊件,在焊接前把焊件待焊处预制成特定几何形状的坡口。对接接头是采用最多的一种接头形式,常用的坡口形式有"I"形坡口、"Y"形坡口、双"Y"形坡口、"U"形坡口、双"U"形坡口等,如图4-4所示。

  焊件很厚时,要采用多层焊。如果坡口较宽,同一层中还可采用多道焊(图4-5)。在多层焊时,由于后焊的一层对先焊的焊层有热处理作用,所以有利于提高焊缝的质量。

3. 确定焊缝的空间位置

  在实际生产中,焊缝可以在不同的空间位置施焊。焊缝相对于施焊者所处的空间位置,称为焊接位置。焊接位置通常分为平焊、立焊、横焊和仰焊。其中平焊生产效率最高,劳动条件最好,焊接质量最易保证,而仰焊则最差。因此,应尽量设法使工件在平焊位置施焊。对接接头的各种焊接位置如图4-6所示。

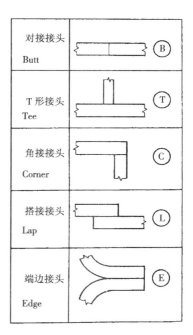

对接接头 Butt		B
T 形接头 Tee		T
角接接头 Corner		C
搭接接头 Lap		L
端边接头 Edge		E

图 4-3　焊接接头形式

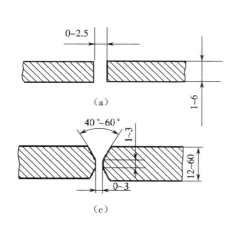

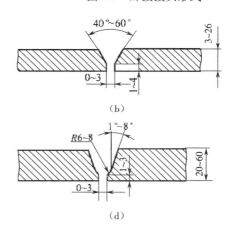

图 4-4　常见坡口形式

(a)I形坡口;(b)Y形坡口;(c)双Y形坡口;(d)U形坡口

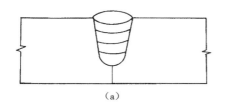

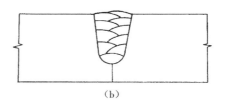

图 4-5　多层焊示意图

(a)多层焊;(b)多层多道焊

83

 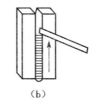 

（a）　　　　　　（b）　　　　　　（c）　　　　　　（d）

图 4-6　焊缝的空间位置

（a）平焊；（b）立焊；（c）横焊；（d）仰焊

4.焊接顺序

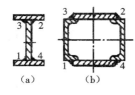

（a）　　　（b）

图 4-7　梁的焊接顺序

（a）工字梁；（b）口字梁

焊接顺序是为了减少焊接应力与变形，并考虑操作方便，对某些焊件结构或大尺寸焊缝规定施焊的层次或顺序。如图 4-7 所示，可在图上用数码标出施焊顺序。

5.焊接规范的选择

焊条电弧焊的焊接规范通常包括焊条的牌号、焊条直径、弧焊电源种类、焊接电流、电弧电压、焊接速度、焊接层数等。其中，焊条直径、焊接电流、电弧电压和焊接速度也被称为焊接工艺参数。焊接工艺参数选择是否适当，对焊接质量和生产效率有着很大的影响。

选择焊接工艺参数时，一般先根据工件厚度选择焊条直径。焊条直径是用焊条芯的直径表示的。焊条芯的长度称为焊条的长度。焊件越厚，选用焊条的直径越大；立焊、横焊和仰焊应选用较平焊细一点的焊条；开坡口多层焊的第一层应选用直径小一点的焊条。

焊接电流是指焊接时流经回路的电流，其大小主要根据焊条直径选择。在焊接低碳钢时，焊接电流与焊条直径之间的关系可由下面经验公式确定：

$$I = (35 \sim 55)d$$

式中：I——焊接电流，A；

d——焊条直径，mm。

必须指出，上式只给出了焊接电流的大概数值，实际焊接时，还要根据工件厚度、焊条种类、接头形式、焊接位置等通过试焊来调整焊接电流的大小。

焊条电弧焊电弧电压决定于电弧的长度，而且与弧长成正比。电弧长度是指金属芯端部与熔池之间的距离，如电弧过长，则燃烧不稳定，熔深过小，易产生缺陷。因此，操作时采用的电弧长度应不超过焊条直径的短电弧焊接。

焊接速度是电弧沿焊缝移动的速度，即单位时间内完成的焊缝长度。焊速适当时，焊道的熔宽等于焊条直径的两倍。如焊速太快，则焊道窄而高，且波纹粗糙；如焊速太慢，则焊宽过大，工件易烧穿损坏。

焊条电弧焊一般不规定电弧电压和焊接速度，而由焊工自行掌握。原则是在保证焊接质量的前提下，寻求高的生产效率。

焊缝形状与焊接工艺参数的选择密切相关，因此，可以根据焊缝形状来判断焊接工艺参数是否合适。图 4-8 说明焊接工艺参数对焊缝形状的影响。

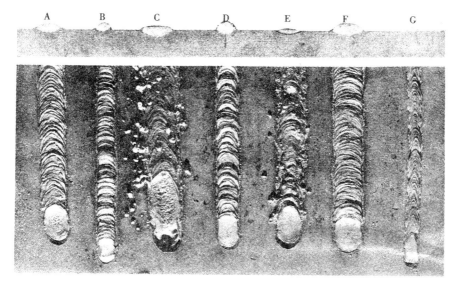

图 4-8　焊接工艺参数对焊缝形状的影响

A—焊接电流、电压和焊接速度合适的情况;B—焊接电流太小;C—焊接电流太大;D—电弧长度太短;
E—电弧长度太长;F—焊接速度太慢;G—焊接速度太快

6. 焊接质量检验

焊接质量检验是焊件生产过程的重要组成部分,常采用的检验方法有外观检查、致密性检验、无损探伤(包括渗透探伤、磁粉探伤、射线探伤和超声波探伤)和水压试验等。通过质量检验,可以鉴定产品的质量优劣、组织缺陷,以保证产品的使用性能。常见的熔化焊焊接接头缺陷有裂纹、气孔、夹渣、未熔合、未焊透、咬边、焊瘤和烧穿等。

7. 焊后处理

焊后处理包括焊后工件变形的矫正、余高的打磨处理、接头清洗、构件焊后局部或整体热处理等。

4.1.5　焊条电弧焊的基本操作

1. 接头清理

焊前,接头处应除尽铁锈、油污,以便引弧、稳弧和保证焊缝质量。

2. 引弧

电弧焊开始焊接时,引燃焊接电弧的过程叫引弧。焊条电弧焊有两种引弧方式,即垂直引弧和摩擦引弧(图 4-9)。

垂直引弧(又称敲击法)是在焊机开启后,先将焊条末端对准焊缝,然后稍点一下手腕,使焊条轻轻敲击工件,当焊条直接触及焊件表面形成短路引出电弧时,焊条立即向上提起 2～4 mm,电弧引燃后可以进行焊接。该方法不会损坏焊件表面,是生产中常用的引弧方法,但引弧成功率低。

摩擦引弧(又称划擦法)是在焊机电源开启后,将焊条末端对准焊缝,并保持两者的距离

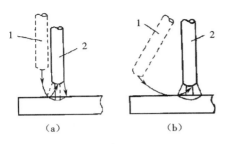

图 4-9　引弧方式
(a)垂直引弧;(b)摩擦引弧
1—引弧前;2—引弧后

在 15 mm 以内,依靠手腕的转动,使焊条在工件表面从左到右轻划一下,划动引出电弧后,焊条立即向上提起 2～4 mm,电弧引燃后开始正常焊接。该方法操作方便,引弧成功率高,但容易损坏焊件表面,故较少采用。

引弧操作应注意以下几点。

①焊条提起要快,否则焊条容易粘在焊件上。如发现粘条现象,只要将焊条左右摇动即可脱离。

②焊条提起不能太高,否则电弧会燃而复灭,一般提起 2～4 mm。

③若焊条与焊件接触后不能引弧,往往是焊条端部有药皮等妨害导电,这时可将端部绝缘处清除,露出金属表面以利导电。

3. 运条

焊条电弧焊是依靠人手工操作焊条运动实现焊接的,此种操作称为运条。运条包括控制焊条角度、焊条送进、焊条摆动和焊条前移。

运条操作应注意以下几点。

①焊条与焊件之间的角度。平焊的焊条角度如图 4-10 所示,引弧时,焊条垂直于工件表面,焊接时焊条向右倾斜 20°左右。

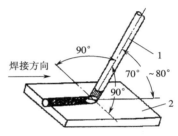

图 4-10　平焊焊条角度
1—焊条;2—焊件

②焊条向下送进运动。电弧引燃后,焊条会熔化变短。为了维持电弧稳定燃烧,应不断向下送进焊条,送进焊条的速度应和焊条熔化的速度相同,以保持电弧长度稳定不变,电弧长度约为焊条的直径尺寸。

③焊条沿焊缝纵向移动。移动速度应等于焊接速度,保持熔池宽度基本不变。

④焊条沿焊缝横向移动。当焊件较厚,焊缝较宽时,焊条以一定的运动轨迹周期性地向焊缝左右摆动,以获得一定宽度的焊缝。

常见的焊条电弧焊的运条方法如图 4-11 所示。其中直线形运条方法适用于板厚 3～5 mm 的不开坡口对接平焊;锯齿形运条方法多用于厚板的焊接;月牙形运条方法对熔池加热时间长,容易使熔池中的气体和熔渣浮出,有利于得到高质量焊缝;正圆圈形运条方法适用于焊接较厚工件的平焊缝。

4. 焊缝的起头、接头和收尾

焊缝的起头是指焊缝起焊时的操作,由于此时工件温度低,电弧稳定性差,焊缝容易出现气孔、未焊透等缺陷。为避免此现象,应该在引弧后将电弧稍微拉长,对工件起焊部位进行适当的预热,并且多次往复运条,达到所需要的熔深和熔宽后再调整到正常的弧长进行焊接。

在完成一条长焊缝焊接时,往往要消耗多根焊条,这就遇到了更换前后焊条时焊缝接头的问题。为了不影响焊缝成形,保证接头处焊接质量,更换焊条的动作应越快越好,并在接头弧坑前 15 mm 处起弧,然后移到原来弧坑位置进行焊接。

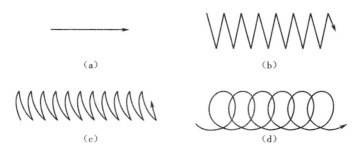

图 4-11　焊条电弧焊的运条方法

（a）直线形；（b）锯齿形；（c）月牙形；（d）正圆圈形

　　焊缝末端过深的弧坑会导致缩孔和产生弧坑应力裂纹等缺陷，所以焊缝收尾时，焊缝末端的尾坑应当填满。通常是将焊条压进尾坑，在其上方停留片刻，将尾坑填满后再逐渐抬高电弧，使熔池逐渐缩小，最后慢慢拉断电弧。常用的焊缝收尾方法有划弧收尾法、回焊收尾法和反复断弧收尾法等，如图 4-12 所示。回焊收尾法是将焊条移至焊缝收尾停止，但不熄弧，而是适当改变焊条角度，如图 4-12（b）所示，即从焊缝终端位置 1 转到位置 2，待填满弧坑后再转到位置 3，然后慢慢拉断电弧。

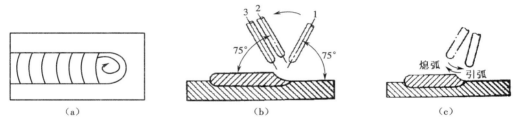

图 4-12　焊缝收尾方法

（a）划弧收尾法；（b）回焊收尾法；（c）反复断弧收尾法

1—焊缝终端焊条位置；2—回焊焊条位置；3—断弧位置

4.2　埋弧自动焊

　　埋弧自动焊是电弧在颗粒状焊剂层下燃烧的自动电弧焊焊接方法。典型埋弧自动焊接设备如图 4-13 所示，由焊接电源、焊接小车和工件等组成。

1. 埋弧自动焊的焊接过程

　　埋弧自动焊的焊接过程包括引弧、焊丝下送和弧长调节、焊丝前移以及焊缝收尾等。如图 4-14 所示，自动焊机的焊接机头将焊丝自动送入电弧区并保持选定的弧长，焊剂从焊剂漏斗下面的软管下落到电弧前面的焊件接头上，形成焊剂覆盖层。电弧在颗粒状焊剂层下面燃烧，使工件金属与焊丝熔化并形成熔池，部分焊剂熔化形成熔渣覆盖在焊缝表面，大部分焊剂不熔化，可重新回收使用。焊接小车带着焊丝、焊剂沿着焊接方向匀速移动，从而形成焊缝。熔渣浮于焊缝表面，凝固后形成机械保护层。

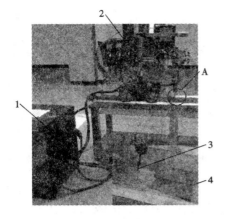

图 4-13 埋弧自动焊接设备
1—焊接电源;2—焊接小车;
3—焊丝;4—工件

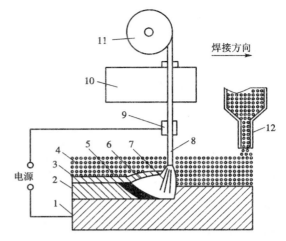

焊接方向

电源

图 4-14 埋弧焊焊缝的形成
1—焊件;2—焊缝;3—渣壳;4—焊剂;5—熔池金属;6—熔渣;
7—电弧;8—焊丝;9—导电嘴;10—焊机机头;
11—焊丝盘;12—焊剂漏斗

2. 埋弧自动焊的特点

①生产率高。焊丝可以通较大的电流,使生产率提高;焊丝可以自动进给,节约更换焊丝的时间。

②焊接质量高而稳定。电弧区保护严密,熔池保持液态时间较长,冶金过程进行较完善,焊接参数能自动控制。

③节省金属材料。埋弧焊热量集中,熔池较大,不开破口,可直接焊透。

④改善劳动条件。看不见弧光,烟雾很少,可进行自动焊接。

⑤设备费用较焊条电弧焊贵,工艺装备较复杂。埋弧自动焊在焊前下料,开坡口的加工要求较严格,以保证组装间隙均匀,焊前将焊缝两侧 50～60 mm 内的一切污垢和铁锈除掉,以免产生气孔。一般在平焊位置焊接。焊缝两头应加引弧板和引出板,焊后去除。

埋弧焊常用来焊接压力容器上的长的直线焊缝和较大直径的环形焊缝。当工件厚度增加和批量生产时,其优点尤为显著。但狭窄位置的焊缝以及薄板(3 mm 以下)的焊接,埋弧焊则受到一定的限制。埋弧焊技术也在不断发展,现阶段为提高生产率,发展了双丝、三丝埋弧焊。

4.3 气体保护焊

气体保护焊是利用外加气体作为电弧介质并保护电弧区的熔滴、熔池和高温焊缝金属的电弧焊方法。常用的气体保护焊方法有非熔化极气体保护焊和熔化极气体保护焊。根据使用的保护气体,气体保护焊又可分为氩弧焊、氦气焊、CO_2 保护焊和这些气体的混合焊。在熔化极气体保护焊中,以氩气或氦气作为保护气时,称为熔化极惰性气体保护电弧焊(在国际上简称为 MIG 焊);以含有氧化性气体(O_2、CO_2)作为保护气时,称为熔化极活性气体保护电弧焊(在国际上简称为 MAG 焊)。

4.3.1 钨极气体保护焊

它是一种不熔化极气体保护电弧焊,即利用钨极和工件之间的电弧使金属熔化而形成焊缝的。焊接过程中钨极不熔化,只起电极的作用,同时,由焊炬的喷嘴送进氩气或氦气作保护,还可根据需要另外添加金属。这种焊接方法在国际上称为 TIG 焊。

图 4-15(a)表示非熔化极氩弧焊,它以铈钨棒作为电极,以氩气为保护气体,焊接时电极不熔化,只起导电和产生电弧的作用,另有焊丝熔化充填熔池,因此电极通过的电流有限,所以只适用于焊接厚度小于 6 mm 的工件。

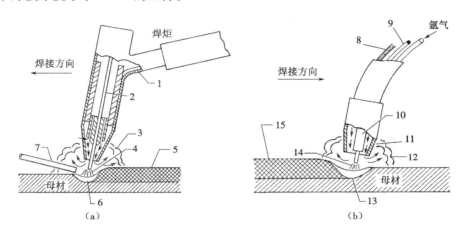

图 4-15　氩弧焊的原理示意图

(a)非熔化极氩弧焊;(b)熔化极氩弧焊

1—导电体;2—钨极;3、12—氩气保护气体;4、14—电弧;5、15—凝固焊缝;6、13—熔池;7—充填焊丝;
8—导线;9—焊丝;10—焊丝导管;11—氩气喷嘴

由于钨极气体保护电弧焊能很好地控制热输入,所以它是连接薄板金属和打底焊的一种极好方法。这种方法几乎可以用于所有金属的连接,尤其适用于焊接铝、镁等能形成难熔氧化物的金属以及像钛和锆等活泼金属。这种焊接方法的焊缝质量高,但与其他电弧焊相比,其焊接速度较慢。

4.3.2 熔化极氩弧焊

图 4-15(b)表示熔化极氩弧焊。熔化极氩弧焊以连续送进的焊丝作为电极进行焊接,因此可以采用较大的电流,适用于焊接厚度小于 25 mm 的工件。

熔化极气体保护电弧焊的主要优点是:可以方便地进行各种位置的焊接,还可以进行电弧点焊;焊接速度较快,熔敷率高。

氩弧焊的主要特点如下:

①适用于焊接各类合金钢、易氧化的有色金属及稀有金属,如不锈钢、铝、镁、铜、钛、锆及镍合金等;

②氩弧焊电弧稳定,飞溅少,焊缝致密,表面没有熔渣,成形美观;

③电弧和熔池区用气流保护,明弧可见,便于操作,容易实现自动化焊接;

④电弧在气流压缩下燃烧,热量集中,熔池小,焊接速度快,热影响区较窄,工件焊接变形小。

由于氩气价格较高,目前氩弧焊主要用于铝合金、钛合金、镁合金以及不锈钢、耐热钢的焊接。

4.3.3　CO_2气体保护焊

CO_2气体保护焊是一种比较便宜的气体保护焊方法,它常用于碳钢和低合金钢的焊接,图4-16表示全自动CO_2气体保护焊。CO_2气体保护焊是熔化极焊接,用焊丝作为电极,由送丝机构送进。CO_2气体从焊炬喷嘴以一定流量喷出,引燃电弧后,焊丝端部及熔池被CO_2气体所包围,可防止空气对高温金属的侵害。

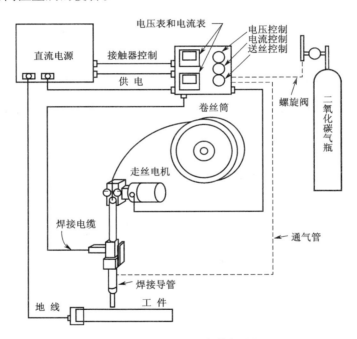

图 4-16　全自动 CO_2 气体保护焊

CO_2气体保护焊的主要特点如下。

①生产效率高,成本低。CO_2气体来源广,价格低,焊接电流大,热量利用率高,熔敷速度快,生产率比焊条电弧焊提高 1~3 倍。

②焊接质量较高,焊件变形小,焊缝抗裂性好,抗锈能力高。

③适用范围广。适用于各种位置的焊接,薄板可焊到 1 mm,焊接厚度几乎不受限制,而且焊薄板时,比气焊速度快,变形小。

④易于实现机械化焊接。CO_2气体保护焊是明弧焊接,操作灵活,且焊后不需清理焊渣。

⑤CO_2气体保护焊的主要缺点是飞溅大,焊缝成形差,焊接设备比手弧焊机复杂。

CO_2气体保护焊适用于低碳钢和普通低合金钢的焊接。由于CO_2是一种氧化性气体,焊接过程中会使部分金属元素氧化烧损,所以它不适用于焊接高合金钢和有色金属。

4.4 气焊与气割

4.4.1 气焊

气焊是利用可燃和助燃气体燃烧时的高温火焰熔化母材及填充金属,形成焊缝的焊接方法。应用最多的是以乙炔(C_2H_2)气作燃料、氧气(O_2)作助燃气体的氧-乙炔火焰,火焰温度可达3 100 ~3 300 ℃。

气焊与弧焊相比较,气焊火焰温度低,火焰热量比较分散,因此生产效率低,焊接变形较大。同时,火焰还会氧化液态金属,其保护性差。因此,在许多场合气焊已经被电弧焊或电阻焊取代。但是,气焊的火焰温度较低且容易控制熔池的温度,这对薄板和管件的焊接是有利的。此外,气焊不需要电源,移动灵活,对室外维修工作比较方便。目前,气焊只在焊接厚度小于3 mm的薄钢板、铸铁、不锈钢以及铜、铝合金等质量要求不高的情况下采用。气焊铸铁、不锈钢及铜、铝合金等金属材料时,需要使用焊剂,以除去氧化物,增加液态金属的流动性,并起保护作用。焊接低碳钢时不使用焊剂。

1.气焊设备

气焊设备包括氧气瓶、乙炔瓶、减压系统、回火防止器和焊炬等,它们通过软管连接组成焊接系统。图 4-17 为气焊系统示意图。

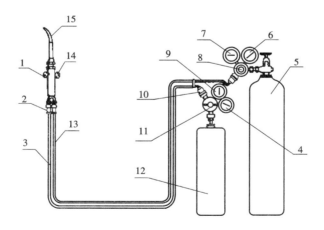

图 4-17　气焊系统示意图

1—乙炔调节阀;2—回火调节器;3—乙炔软管;4—乙炔瓶压力表;

5—氧气瓶;6—氧气瓶压力表;7—氧气工作压力表;8—氧气调节器;

9—乙炔工作压力表;10—回火防止器;11—乙炔调节器;12—乙炔瓶;

13—氧气软管;14—氧气调节阀;15—气焊喷嘴

1)氧气瓶

氧气瓶是运送和储存氧气的高压容器,其容积为 40 L。氧气瓶质量约为 67 kg,储存氧气最高工作压力为 15 MPa(150 atm),按规定氧气瓶外表漆成天蓝色,用黑漆标明"氧气"字样。

2)乙炔瓶

乙炔瓶是贮存和运送乙炔的容器,其外形与氧气瓶相似,外表漆成白色,并用红漆写上"乙炔""不可近火"等字样。乙炔瓶的工作压力为 1.5 MPa。

3)减压系统

气焊时,所需的气体工作压力比较低,如氧气压力通常只有 0.2~0.4 MPa,乙炔压力通常只有 0.15 MPa,所以必须将瓶内输出的高压气体减压后才能使用。减压系统的作用是降低气体压力,并使输出给焊炬的压力保持不变,以保证火焰能稳定燃烧。减压系统由调节器、瓶内气体压力表和工作气体压力表组成。

4)回火防止器

正常焊接时,气体火焰在焊炬的焊嘴外面燃烧。但当发生乙炔气压不足、焊嘴堵塞、焊嘴离焊件太近等现象时,会使焊炬中混合气体喷出速度小于火焰的燃烧速度,导致火焰倒流;或当焊炬温度过高时,混合气体会在焊嘴内部自行燃烧或爆炸。这时焊嘴外部的火焰突然熄灭,同时伴有爆鸣声,随后有"吱、吱"的声音。上述这种火焰进入喷嘴内逆向燃烧的现象称为回火。回火防止器就是装在乙炔气源(乙炔瓶或乙炔发生器)和焊炬之间的,截住回火气体防止火焰蔓延到乙炔气源内的保障安全的装置。

5)焊炬

焊炬的作用是使氧气和乙炔均匀地混合,并能调节其比例,以形成适合焊接要求的稳定燃烧的火焰。图 4-18(a)为焊炬的外形,图 4-18(b)为焊炬的内部结构。焊炬是由焊嘴、混合器、手柄、乙炔调节阀、氧气调节阀、进气口组成。两个进气口分别通过进气软管连接到其他装置上。每种型号的焊炬均备有一套大小不同的焊嘴供焊接不同工件使用。

2. 气焊火焰

焊接时,乙炔和氧气在焊炬内混合,由焊嘴喷出,点火燃烧。乙炔和氧气的混合燃烧形成的火焰称为氧乙炔焰。改变氧和乙炔的体积比,可获得三种不同性质的气焊火焰,即中性焰、碳化焰和氧化焰,如图 4-19 所示。

当氧和乙炔以体积比 1.0~1.2 混合时,燃烧后生成中性焰。中性焰由焰心、内焰和外焰三部分组成。焰心呈尖锥状,色白明亮,轮廓清晰;内焰颜色发暗,轮廓不清晰,与外焰无明显界线;外焰由里向外逐渐由浅紫色变为橙黄色。中性焰在距离焰心前面 2~4 mm 处温度最高,内焰温度可达 3 000~3 200 ℃。中性焰适用于焊接低碳钢、中碳钢、合金钢、紫铜和铝合金等多种材料。

当氧与乙炔以小于 1.0 的体积比混合时,燃烧后生成碳化焰。由于氧气较少,燃烧不完全,温度比较低,最高温度低于 3 000 ℃。整个火焰比中性焰长,焰心呈白色,内焰呈淡白色,外焰呈橙黄色,乙炔量多时还会带黑烟。用碳化焰焊接会使焊缝增碳,一般只适用于高碳钢和铸铁等材料的焊接。

当氧与乙炔以大于 1.2 的体积比混合时,燃烧生成氧化焰。由于氧气充足,燃烧比中性焰

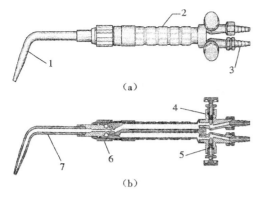

图 4-18　焊炬外形及内部结构

（a）外形；（b）内部结构

1、7—气焊喷嘴；2—手柄；3—进气口装气体软管；
4—供氧调节阀；5—乙炔调节阀；6—混合器

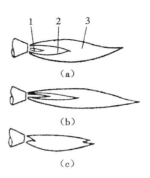

图 4-19　气焊火焰

（a）中性焰；（b）碳化焰；（c）氧化焰

1—焰心；2—内焰；3—外焰

剧烈，温度比中性焰高，可达 3 100～3 300 ℃。氧化焰火焰长度较短，焰心短而尖，内焰和外焰层次不清楚，火焰挺直，并发出"嘶、嘶"声。氧化焰对焊缝有氧化作用，一般只在焊接黄铜时使用。氧化焰能使黄铜熔池表面形成一层氧化物薄膜，以防锌、锡的蒸发。

4.4.2　气割

1.气割实质

气割实质上是根据某些金属（如钢、铁）在氧气中能够剧烈氧化燃烧，实现金属切割的方法。所以，只有符合以下条件的金属才能气割。

①金属的燃点低于其熔点，能在固态下燃烧，以保证割口平整。否则，切割过程是熔割过程，割口很宽且不整齐。

②燃烧生成金属氧化物的熔点应低于金属本身的熔点，且流动性好，以便氧化物熔化后被吹掉。若氧化物的熔点高，就会在切口表面形成固态氧化物薄膜，阻碍氧气流与下层金属接触，导致切割难以进行。

③金属燃烧时应放出足够的热量，以加热下一层待切割的金属。

④金属的导热性要低，否则热量散失，不利于预热。

纯铁、低碳钢、中碳钢及普通低合金钢符合上述条件，可以切割。高碳钢熔点与燃点接近，铸铁燃点比熔点高，不符合上述条件，不可以切割。有色金属及其合金的导热性高，不可以气割。气割比一般机械切割效率高、成本低、设备简单，且可在各种位置进行切割，并可切割很厚（200 mm）的钢板及各种外形复杂的零件。

2.气割设备

气割所用的设备与气焊设备基本相同。差别在于气焊用焊炬，气割用割炬，割炬的外形如图 4-20 所示。割炬由割嘴、切割氧气管、切割氧阀门、乙炔阀门、预热氧阀门、预热焰混合气体管等部分组成。其中割嘴有两个通气通道，中心部分是纯氧气的通道，周围是氧气和乙炔的混合气体的通道。

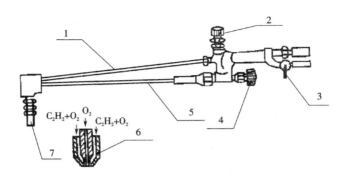

图 4-20　割炬
1—切割氧气管；2—切割氧阀门；3—乙炔阀门；4—预热氧阀门；
5—预热焰混合气体管；6—割嘴剖面图；7—割嘴

3.气割过程

切割可分为三个阶段。

①金属被预热到燃点。气割开始时,用氧乙炔中性焰将被切割处的表层金属加热,预热到燃烧温度(即燃点)。

②预热过的金属产生燃烧反应。当起割处预热到燃点后,即开启切割氧阀门,使起割处表层金属迅速燃烧。

③燃烧形成的氧化物被吹走。表层金属燃烧后,露出下层和前方的新金属,火焰即时将下层和前方的新金属加热到燃点,又在纯氧流作用下燃烧,生成的金属氧化物熔渣被切割氧吹除。这样的过程连续不断地进行直到形成割缝,完成切割过程。

注意气割必须从工件的边缘开始。如果要在工件的中部挖割内腔,则应在开始气割处先钻一个直径大于 $\phi 5$ 的孔,以便气割时排出氧化物,并使氧气流能吹到工件的整个厚度上。

4.5　电阻焊

电阻焊是利用电流通过焊件时在接触面所产生的电阻热,将焊件局部加热到塑性或熔化状态,并在压力下形成接头的焊接方法。图 4-21 展示了电阻焊的焊接原理。它是利用电极使工件在压力作用下通电,足够大的电流使工件接触处产生大量的电阻热,中心最热区域的金属很快达到塑性或熔化状态,形成一个透镜形的液态熔池。在继续保持压力下断电、冷却,在压力作用下使工件牢固地焊在一起。在点焊时,为避免将电极与工件焊在一起,保护电极不受损坏,可采用水冷式电极,电极始终用冷却水冷却。电极常用铜合金制作,具有良好的导电、导热性能,并能承受较大的压力。焊接前工件表面应干净光洁,以便减小电极与工件接触的电阻,产生较少的热量。

可见,电阻焊通常使用较大的电流。为了防止在接触面上产生电弧并且为了锻压焊缝金属,焊接过程中始终要施加压力。进行这一类电阻焊时,被焊工件的表面状态的优劣对于获得稳定的焊接质量是头等重要的。因此,焊前必须清理电极与工件以及工件与工件间的接触表

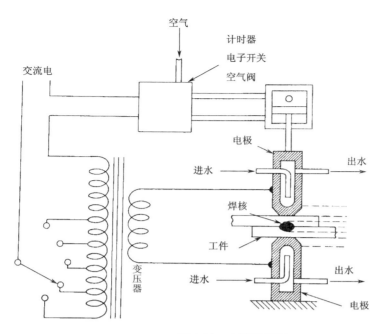

图 4-21　电阻焊原理

面。

　　电阻焊的优点是:焊接电压低(1~12 V),焊接电流大(几千至几万安培),热量集中,焊接变形小,通电时间短(通常在0.01 s内),效率高,不需要充填金属,节省材料,对操作者技术要求不高,易于实现机械化和自动化。因此电阻焊广泛应用于航空、航天、能源、电子、汽车、轻工等各工业部门,是重要的焊接工艺之一。不足之处是设备费用高,一些形状复杂的工件需要用特殊装备,如专用夹具等。电阻焊适于大批量生产,主要用于焊接厚度小于3 mm的薄板组件。各类钢材、铝、镁等有色金属及其合金、不锈钢等均可焊接。

　　按照工艺特点,电阻焊可分为点焊(图4-22)、缝焊(图4-23)及对焊(图4-24)。

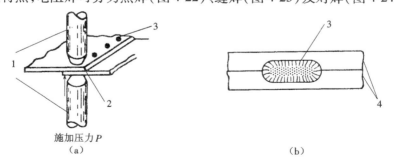

图 4-22　点焊示意图

(a)点焊接头;(b)焊点放大截面

1—电极;2—接头;3—焊核(熔化金属);4—母线金属

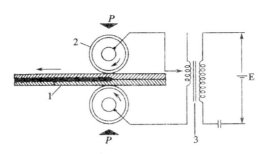

图 4-23 缝焊示意图

1—工件;2—电极;3—变压器

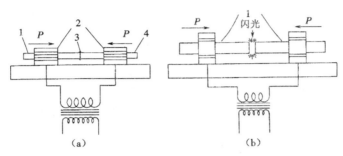

（a） （b）

图 4-24 对焊示意图

（a）电阻对焊;（b）闪光对焊

1、4—工件;2—卡具;3—接头

4.5.1 点焊

点焊是利用柱状电极加压通电,在搭接工件接触面之间焊成一个个焊点的焊接方法。由于点焊的焊点间有一定间距,所以只用于没有密封要求的薄板搭接结构和金属网、交叉钢筋结构件等的焊接。

4.5.2 缝焊

用旋转的圆盘状滚动电极代替柱状电极,圆盘状电极压紧工件并旋转（带动焊件向前移动）。缝焊主要用于有密封要求或接头强度要求较高的薄板搭接结构件的焊接,如油箱、水箱等。

4.5.3 对焊

对焊是在手动或自动的专用焊机上进行的焊接,焊件在它的整个接触面上被焊接起来。对焊可分为电阻对焊和闪光对焊。

1.电阻对焊

将两个工件端面稍加清理后装卡在对焊机的电极钳口中,施加预压力使两个工件端面接触,压紧,通电,接触处产生大量的电阻热,很快接触处的金属被加热到稍低于它的熔化温度（高塑性状态）,在顶锻压力 P 的挤压下,焊件被牢固地连接在一起。

电阻对焊的接头较光滑、无毛刺，在管道、拉杆以及小链环中采用较多。由于对接面易受空气侵袭，形成夹杂物而降低冲击性能，所以受力要求较高的焊件应在保护气（氮、氩等）下进行。

2. 闪光对焊

首先将两个工件装在对焊机的电极钳口中，接通电源并使两个工件轻微接触；由于是点接触，将迅速加热熔化，并以火花形式从接触处飞出而形成"火花"；继续送进焊件，保持一定的闪光时间，待端面全部被加热熔化时，迅速对工件施加顶锻力，并迅速切断电源（先通电，后加压）。闪光对焊常用于重要的受力对接件，如蜗轮轴、锅炉管道等。在实际生产中，闪光对焊比电阻对焊应用更为广泛。

4.6　等离子弧焊接与切割

等离子弧是受外部拘束条件的影响而使弧柱受到压缩的电弧。等离子弧弧区内的气体完全电离，能量高度集中，能量密度可达 $10^5 \sim 10^6$ W/cm^2，电弧温度可高达 18 000 ~ 50 000 K（一般自由状态的钨极氩弧焊最高温度为 20 000 K，能量密度在 10^4 W/cm^2 以下），能迅速熔化金属材料，可用来焊接和切割。

等离子弧发生装置如图 4-25 所示。它的原理是在钨极和工件之间加一较高电压，经高频振荡使气体电离形成电弧。此电弧通过具有细孔道的喷嘴，并在保护性冷气流的包围下被强迫压缩。可见，该电弧受下列三个压缩作用形成等离子弧。

①机械压缩效应（作用）。电弧经过有一定孔径的水冷喷嘴通道，使其截面受到拘束，不能自由扩展。

②热压缩效应。当通入一定压力和流量的氩气或氮气时，冷气流均匀地包围着电弧，使电弧外围受到强烈冷却，迫使带电粒子流（离子和电子）往弧柱中心集中，弧柱被进一步压缩。

③电磁收缩效应。定向运动的电子、离子流就是相互平行的载流导体，在弧柱电流本身产生的磁场作用下，产生的电磁力使弧柱进一步收缩。

电弧经过以上三种压缩效应后，能量高度集中在直径很小的弧柱中，弧柱中的气体被充分电离成等离子体，故称为等离子弧。

当采用小直径喷嘴，大的气体流量和增大电流时，等离子焰自喷嘴喷出的速度很高，具有很大的冲击力，这种等离子弧称为"刚性弧"，主要用于切割金属。反之，当将等离子弧调节成温度较低、冲击力较小时，该等离子弧称为"柔性弧"，主要用于焊接。

4.6.1　等离子弧焊接

用等离子弧作为热源进行焊接的方法称为等离子弧焊接。焊接时离子气（形成离子弧）和保护气（保护熔池和焊缝不受空气的有害作用）均为氩气。

等离子弧焊所用电极一般为钨极（与钨极氩弧焊相同，国内主要采用锆钨极和铈钨极，国外还采用锆极），有时还需填充金属（焊丝），但均采用直流正接法（钨棒接负极），故等离子弧焊接实质上是一种具有压缩效应的钨极氩弧焊。

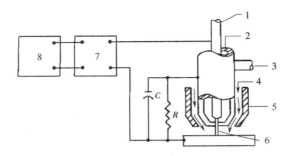

图 4-25　等离子弧发生装置原理

1—钨极;2—等离子气体;3—冷却水;4—保护气体;5—外保护壳;

6—等离子弧;7—高频发生器;8—焊接电源

等离子弧焊接不仅具有氩弧焊的优点,还具有以下特点:

①等离子弧能量密度大,弧柱温度高,穿透能力强,因此焊接 10 ~ 20 mm 厚度的钢材可以不开坡口,一次焊透双面成形。

②等离子弧焊接速度快,生产效率高,焊后焊缝宽度和高度均匀一致,焊缝表面光洁。

③电流小到 0.1 A 时,电弧仍能稳定燃烧,并保持良好的挺直度和方向性,故等离子弧焊可焊接很薄的箔材。

等离子弧焊需要应用专用的焊接设备和焊丝,设备比较复杂,气体消耗量大,只宜在室内焊接。

等离子弧焊可以焊接碳钢、不锈钢、铜合金、镍合金以及钛合金等。它广泛用于工业生产,特别是航空航天等军工和尖端工业技术所用的铜及铜合金、钛及钛合金、合金钢、不锈钢、钼等金属的焊接,如钛合金的导弹壳体,飞机上的一些薄壁容器等。

4.6.2　等离子弧切割

等离子弧切割是一种常用的金属和非金属材料的切割方法。它是依靠高温、高速和高能的等离子弧迅速加热熔化被切割的材料,并借助内部或外部的高速气(水)流,将熔化的材料排开,直至等离子气流束穿透工件而形成切口。切口呈八字形,随着割炬的移动而形成割缝,从而达到切割的目的。等离子弧柱的温度高,远远超过所有金属以及非金属的熔点。因此,等离子弧切割过程不是依靠氧化反应而是靠熔化来切割材料,因而它比气割方法的适用范围大得多,从原理上来说能切割所有材料。

各种等离子弧切割工艺参数的确定直接影响切割过程的稳定性、切割质量和效果。主要切割规范简述如下。

1. 空载电压和弧柱电压

等离子切割电源必须具有足够高的空载电压,才能容易引弧和使等离子弧稳定燃烧。空载电压一般为 120 ~ 600 V,而弧柱电压一般为空载电压的一半。提高弧柱电压,能明显地增加等离子弧的功率,因而能提高切割速度和切割更大厚度的金属板材。弧柱电压往往通过调节气体流量和增大电极内缩量来达到,但弧柱电压不能超过空载电压的65%,否则会使等离子弧不稳定。

2. 切割电流

增加切割电流同样能提高等离子弧的功率,但它受到最大允许电流的限制,过大的电流会使等离子弧柱变粗、割缝宽度增加、电极寿命下降。

3. 气体流量

增加气体流量既能提高弧柱电压,又能增强对弧柱的压缩作用,从而使等离子弧能量更加集中、喷射力更强,因而可提高切割速度和质量。但气体流量过大,反而会使弧柱变短,热量损失增加,使切割能力减弱,直至使切割过程不能正常进行。

4. 电极内缩量

所谓内缩量是指电极到割嘴端面的距离。合适的距离可以使电弧在割嘴内得到良好的压缩,获得能量集中、温度高的等离子弧,进而进行有效的切割;距离过大或过小,会使电极严重烧损、割嘴烧坏和切割能力下降。内缩量一般取 8 ~ 11 mm。

5. 割嘴高度

割嘴高度是指割嘴端面至被切割工件表面的距离。该距离一般为 4 ~ 10 mm。它与电极内缩量一样,距离要合适才能充分发挥等离子弧的切割效率,否则会使切割效率和切割质量下降或使割嘴烧坏。

6. 切割速度

等离子弧的切割速度常用一定厚度板材单位时间内切割的距离来表示。以上各种因素直接影响等离子弧的压缩效应,也就是影响等离子弧的温度和能量密度。而等离子弧的温度、能量决定着切割速度,所以上述的各种因素均与切割速度有关。在保证切割质量的前提下,应尽可能地提高切割速度。这不仅能提高生产效率,而且能减少被割零件的变形量和割缝区的热影响区域。若切割速度不合适,其效果相反,而且会使粘渣增加,切割质量下降。

4.7 钎焊

钎焊是金属的一种液-固态连接方法,是依靠液态钎料填满固态被焊工件之间的间隙并与之形成冶金结合而连接金属的方法。钎焊加热温度稍高于钎料熔化温度,而低于母材金属的熔点。

根据钎料的熔点不同,钎焊可分为硬钎焊和软钎焊两大类。

①硬钎焊钎料的熔点在 450 ℃ 以上,接头强度高。属于硬钎焊的钎料有铜基、银基和镍基钎料等。硬钎焊主要用于受力较大的钢铁和铜合金构件以及刀具的钎接。

②软钎焊钎料的熔点在 450 ℃ 以下,接头强度较低。常用的钎料是铅锡合金。软钎焊常用于受力不大的仪表、导电元件以及钢铁、铜合金等构件。

按照加热方式钎焊可分为烙铁钎焊、火焰钎焊、电阻钎焊、感应钎焊、浸渍钎焊及炉中钎焊等。

火焰钎焊是利用气焊的火焰将工件和钎料加热到高于钎料的熔化温度,液态钎料借助于毛细管的作用被吹入固态工件的接头间隙中,钎料和工件之间相互进行溶解和扩散,冷却凝固后形成钎焊接头。为了去除工件和钎料表面的氧化物,防止在加热过程中金属重新氧化,并改善钎料流入接头间隙的性能,钎焊时还需要添加钎焊熔剂。

钎焊熔剂也称为钎剂,其作用是清除待焊表面的氧化物和杂质,阻止焊接表面和钎料产生新的氧化层,改善钎料的润湿度。采用黄铜作钎料的硬钎焊常用硼砂、硼酸作钎剂。采用焊锡作钎料的软钎焊常用松香、氯化锌溶液作钎剂。

钎焊与熔焊相比具有以下特点:钎焊时加热温度比较低,故对工件材料的性能影响较小,焊件的应力变形也较小。钎焊可以用于焊接碳钢、不锈钢、高温合金、铝、铜等金属材料,还可以连接异种金属、金属与非金属,对于精密的、微型的以及复杂的多钎缝的焊件尤其适用,且生产效率高。但钎焊接头的强度一般比较低,耐热能力较差,焊前准备工作要求较高,所以适于焊接受载不大或常温下工作的接头。钎焊主要用于电子工业、仪表制造工业、航空航天和机电制造工业等。

复习思考题

1. 说明电焊条的组成及各组成部分的作用。

2. 指出 E5015、E5016、E4320 焊条型号中各字母及数字的含义。

3. 说明焊条电弧焊的主要工艺参数以及在实际应用中如何选择这些工艺参数。

4. 常用的焊接接头形式有哪些?对接接头中常见的坡口形式有哪几种?坡口的作用是什么?

5. 焊缝的空间位置有哪些?为什么尽可能安排在平焊位置施焊?

6. 气焊与焊条电弧焊比较有何优缺点?气焊火焰分几种?是否可用碳化焰焊接低碳钢和中碳钢?为什么?

7. 试说明气割、气体保护焊、等离子弧焊接与切割、电阻焊的工作原理。

8. 结合"创新设计与制造"活动,利用你掌握的焊接技术和实习中现有的材料,设计一种实用的工艺品或生活用品,并把它制造出来。

第5章 钢的热处理及表面工程技术

工业上很少使用纯金属,大部分使用两种或两种以上的金属或金属与非金属相互融合而具有金属特征的合金。合金比纯金属具有更优良的性能,而且价格低廉,性能调整较方便。铁碳合金主要是以铁和碳为主形成的合金。含碳量小于2.11%的铁碳合金称为钢。

金属材料的各种性能是由合金的成分和内部组织决定的。为了合理地选用黑色金属,必须首先了解铁碳合金的本质,了解合金成分、组织和性能之间的关系。

本章从铁碳合金讲起,重点介绍钢的热处理工艺,并在表面热处理的基础上,介绍表面工程技术。钢的热处理有实训内容,所以首先介绍热处理实习的安全知识。

5.0 热处理实习安全知识

5.0.1 热处理生产过程的危险因素

①有害气体、烟雾的危害。热处理过程中,由于控制气氛,易产生如一氧化碳、一氧化硫、二氧化硫等多种有害气体,这些气体会对人体产生不良影响。

②烧伤、烫伤和眼灼伤等。热处理过程大都伴有高温,热辐射可造成烧伤、灼伤等。同时,等离子体、电子射线、光学和其他类型的炉子除高温外还有强烈的光辐射,容易刺激眼睛或造成伤害。此外,使用熔融的金属盐时,在高温条件下与水相遇会产生喷溅现象,使人烫伤。

③触电事故。热处理使用的电加热设备大多采用高电压电源,稍有不慎或违章操作,均易引起触电危险。

④强电场、磁场危害。采用高频电炉时,产生的磁场可能对人体器官产生不良影响。

⑤爆炸及火灾危险。热处理中常用工业用油、变压器油、机油、石蜡油等作为淬火油,当温度较高使油过热时,油蒸气与空气能形成爆炸性混合物,易产生火灾或爆炸。

5.0.2 热处理实习安全操作守则

①操作前要熟悉热处理工艺规程和所要使用的设备。

②操作时必须穿戴好必要的防护用品,如工作服、手套、防护眼镜等。

③要在指导教师的指导下,严格按使用规程进行操作。各种热处理仪器设备未经指导教师允许,不得随意调整和使用。

④热处理用全部工具应当有条理地放置,不许使用残裂的、不合适的工具。

⑤不得随意触动电炉的电源导线、配电柜等,以免发生事故。

⑥加热设备和冷却设备之间不得放置任何妨碍操作的物品,以免发生意外。

⑦装取工件时,切勿触碰电热元件,以免损坏电热元件。

⑧工件经热处理后严禁马上用手去摸,严禁用嘴吹氧化皮,以免灼伤。

⑨使用硬度计测硬度时,试验面必须光滑,不应有氧化皮和污物。表面不平整、不光滑的工件不能用硬度计测量,防止损坏压头。

⑩硬度计加载前要检查加载手柄是否放在卸载位,加载时动作要轻稳,不要用力太猛。加载完毕,加载手柄应放在卸载位置,以免仪器长期处于负荷状态,发生塑性变形,影响测量精度。

⑪实习结束后要检查是否已切断电源,熄灭火种,要清理现场,将各种工具放回原处,确认安全后方可离开。

5.1 铁碳合金简介

铁碳合金是现代工业生产中应用最广泛的金属材料,各种钢材和铸铁都属于铁碳合金的范畴。铁碳合金既有优良的力学性能、物理性能和化学性能,又有较好的工艺性能。

5.1.1 铁碳合金的基本组织

1.金属的结晶

所有固态金属都是晶体结构,晶体的金属原子在三维空间呈规则的周期性重复紧密排列。为了研究方便,可以假设:原子处于静止状态,用许多空间直线把各原子中心连接起来构成空间格架,各原子位于空间格架的节点上。这种用来描述原子在晶体中排列形式的假想空间格架称为晶格。晶格中能代表晶体结构特征的最小几何单元称为晶胞。金属中最常见的晶格类型(用晶胞表示)有体心立方晶格(Cr、W、Mo、V、α-Fe 等)和面心立方晶格(Al、Cu、Au、Ag、γ-Fe 等),如图 5-1 所示。

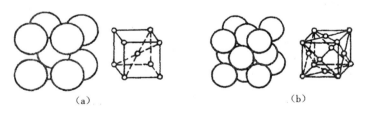

图 5-1 体心立方晶格和面心立方晶格
(a)体心立方晶格;(b)面心立方晶格

物质由液态转变为固态的过程称为凝固。若凝固后能形成晶体,则该过程又称为结晶。各种金属都有固定的结晶温度 T_0(理论结晶温度)。当液态金属到达此温度时,金属开始结晶,但此时液、固两相处于能量动平衡状态,结晶不能顺利进行,只有温度 T_n 处于理论结晶温度以下(实际结晶温度),才有可能继续结晶。理论结晶温度与实际结晶温度之差 ΔT 称为过冷度(图 5-2)。在液态金属凝固过程中,温度随时间变化的曲线称为冷却曲线。结晶开始后,在金属液内部产生部分细小的晶核。随着晶核长大,新的晶核又不断形成,晶体长大和晶核形成同时进行。当全部晶体长大到互相接触时,液态金属消失,结晶过程全部结束。每个晶核长大的晶体称为晶粒,晶粒与晶粒之间的交界称为晶界(图5-3)。因此,绝大多数金属都是多晶体构造。

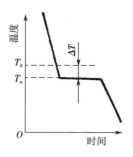

图 5-2　纯金属的冷却曲线

在生产过程中,过冷度越大,晶核生成便越多,晶粒越细小,晶界便越多。由于晶界处晶格排列方向紊乱,犬牙交错,使晶体产生变形和破坏更困难,所以金属结晶晶粒越细小,材料的力学性能越好。在结晶过程中,由液态金属内部自行成核形成的晶核称为自发晶核。有时为了得到细小晶粒,在金属凝固前,将一些高熔点物质撒入金属液内形成的晶核称为外来晶核,这种处理称为变质处理。

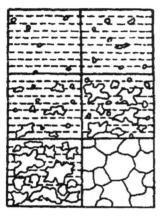

图 5-3　晶界示意图

结晶后多数金属的晶格类型不再发生改变,但 Fe、Ti、Mn 等少数金属在结晶以后,随着温度的变化晶格类型会发生变化。这种在固态下金属晶格类型随温度变化而产生转变的过程称为同素异构转变。其转变过程与液态金属结晶过程相似,也有成核和晶粒长大两个阶段,故又称为重结晶。图5-4 为纯铁的冷却曲线,在1 538 ℃时,液态金属结晶为体心立方晶格(δ-Fe),冷却到 1 394 ℃ 时,δ-Fe 又转变为面心立方晶格(γ-Fe),到912 ℃时,γ-Fe 又转变为体心立方晶格(α-Fe)。由于面心立方晶格原子排列比体心立方晶格排列紧密,所以纯铁从 δ-Fe 转变为 γ-Fe 时,体积要缩小,而 γ-Fe 转变为 α-Fe 时体积要增大。另外,金属的热处理也是利用同素异构转变原理来改变材料性能的。

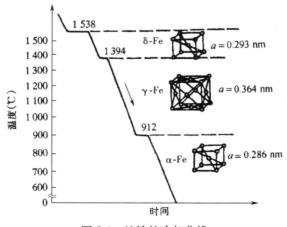

图 5-4　纯铁的冷却曲线

2. 合金的基本结构

1)固溶体

合金中以二元合金最为简单,其组成元素为两种。在液态时它们互相溶解,形成成分均匀

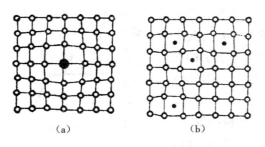

图 5-5　固溶体中的晶格畸变

（a）置换固溶体；（b）间隙固溶体

的液相。当液态金属结晶为固态时，如果这两种元素仍能互相溶解，即形成固溶体。固溶体具有溶剂组元的晶格类型。当溶质原子代替了部分溶剂原子所占据的节点时，称为置换固溶体（图 5-5（a））；当溶质原子直径小于溶剂原子直径的 59% 时，溶质原子易嵌入溶剂原子各节点之间的空隙内，形成间隙固溶体（图 5-5（b））。溶剂晶体中的间隙是有限的，所以溶解度不能很大。铁碳合金中碳溶解在 α-Fe 中的固溶体是间隙固溶体，称为铁素体。

固溶体中溶质原子的大小和性质与溶剂不同，迫使溶剂晶格产生畸变，使合金塑性变形阻力增大，表现为固溶体的强度和硬度增加，这种现象称为固溶强化。固溶强化是提高合金力学性能的一种方法。

2）金属化合物

它是由组元间按一定比例相互作用而结合成的新物质。其晶格结构较复杂，与原组元完全不同，具有明显的金属特性。金属化合物一般具有熔点高、硬度高、脆性大的特点。这些硬质点在合金中可以提高合金的强度、硬度和耐磨性，降低塑性和韧性。铁碳合金中的 Fe_3C 就是金属化合物，称为渗碳体。这种金属化合物在合金中可以看作是一个基本组元。

3. 铁碳合金的基本组织

1）铁素体

铁素体是碳溶解在 α-Fe 中的固溶体，用符号 F 表示。它仍然保持 α-Fe 的体心立方晶格。由于碳在 α-Fe 中的溶解度很小（室温时溶碳 0.006%，在 727 ℃时溶碳 0.02%），因此其性能与纯铁几乎相同，其强度（$\sigma_b = 250$ MPa）、硬度（80 HBS）都很低，而塑性很好，伸长率（$\delta = 45\% \sim 50\%$）较高。

2）奥氏体

奥氏体是碳溶解在 γ-Fe 中的固溶体，用符号 A 表示。它仍然保持 γ-Fe 的面心立方晶格。碳在 γ-Fe 中的溶解度较大，在 1 148 ℃时可溶碳 2.11%；在 727 ℃时能溶碳 0.77%。奥氏体的强度、硬度较低，塑性很好，所以钢常常加热到奥氏体区内进行锻造。

3）渗碳体

渗碳体是铁与碳形成的金属化合物 Fe_3C。其含碳量为 6.67%，具有八面体的晶格，结构复杂。渗碳体的硬度很高，塑性、韧性极差（$\delta \approx 0, \alpha_k \approx 0$）。渗碳体在钢中起强化作用。

4）珠光体

它是由铁素体和渗碳体组成的机械混合物，用符号 P 表示。软而韧的铁素体和硬的渗碳体层片相间，使珠光体既有较高的强度（$\sigma_b \approx 750$ MPa），又有较好的塑性（$\delta = 20\% \sim 25\%$）和韧性（$\alpha_k = 30 \sim 40$ J/cm^2）。

5）莱氏体

莱氏体是由珠光体和渗碳体组成的机械混合物，用符号 Ld′ 表示，也称低温莱氏体。在

727 ℃以上称为高温莱氏体,用符号 Ld 表示,它是由奥氏体和渗碳体组成的机械混合物。莱氏体硬度很高、塑性很差、脆性大,是形成白口铸铁的基本组织。

5.1.2 铁碳合金状态图

铁碳合金状态图是研究钢和铸铁的组织、性能的重要工具。它对于钢铁材料的应用以及制定热加工和热处理工艺具有重要的指导意义。状态图是通过实验建立的,是根据不同成分合金的冷却曲线将同类组织转变点连接而成的曲线图形。而图 5-6 是简化后的铁碳合金状态图。

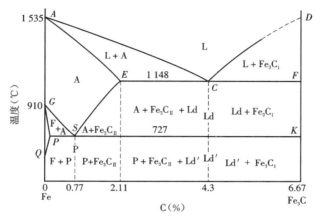

图 5-6　铁碳合金状态图

1. 状态图中点和线的意义

图 5-6 中主要点和线的意义如下:

①*ACD* 为液相线,所有成分的液态合金冷却到此线时开始结晶,该线以上为液态;

②*AECF* 为固相线,所有成分的合金冷却到此线时结晶完毕,该线以下为固体;

③*GS* 为铁素体析出线,代号为 A_3,奥氏体冷却到此线时开始析出铁素体;

④*ES* 为渗碳体析出线,代号为 A_{cm},奥氏体冷却到此线时开始析出渗碳体;

⑤*PSK* 为共析线,代号为 A_1,所有成分的合金冷却到此线时,同时析出铁素体和渗碳体的机械混合物,称为共析转变,转变产物为珠光体;

⑥*S* 为共析点,它是 A_3 与 A_{cm} 交点,含碳量为 0.77% 的奥氏体冷却到此点时析出渗碳体和铁素体的机械混合物——珠光体;

⑦*C* 为共晶点,共晶是指从一定成分的液态合金中同时结晶出两种不同晶体的转变。

在铁碳合金中,含碳为 4.3% 的液态合金在 *C* 点时结晶出奥氏体和渗碳体的机械混合物,成为莱氏体。因奥氏体在 727 ℃时要产生共析转变,转变为珠光体,故在室温时莱氏体是由珠光体和渗碳体组成的机械混合物。

2. 钢的组织转变

依据铁碳合金状态图,含碳量大于 2.11% 的铁碳合金为铸铁;而含碳量小于 2.11% 的为钢。根据含碳量可把钢分为含碳量等于 0.77% 的共析钢、含碳量小于 0.77% 的亚共析钢和含碳量大于0.77%的过共析钢。

　　钢液从高温冷却到液相线时,开始从液体中结晶出奥氏体,温度降到固相线结晶终止,金属液全部转变为奥氏体。在奥氏体区内组织不发生变化。

　　共析钢的温度降到PSK线(即S点)时,奥氏体发生共析反应,形成铁素体和渗碳体的机械混合物——珠光体。所以共析钢的室温组织为珠光体。

　　亚共析钢的温度降到GS线时,奥氏体中开始析出铁素体。由于铁素体溶碳量少,剩余奥氏体溶碳量增加。当温度到达PSK线时,铁素体析出量增多,剩余奥氏体溶碳量到达0.77%,并产生共析反应转变为珠光体。所以亚共析钢室温组织为铁素体加珠光体。

　　过共析钢的温度降到ES线时,奥氏体中开始析出渗碳体(Fe_3C_{II})。为了区别于直接从液态合金中结晶出的渗碳体(Fe_3C_I),从奥氏体中析出的渗碳体称为二次渗碳体。由于高碳相(Fe_3C_{II})的析出,剩余奥氏体溶碳量减少。当温度到达PSK线时,Fe_3C_{II}析出量增多,剩余奥氏体溶碳量达到0.77%,并产生共析反应转变为珠光体。所以过共析钢室温组织为珠光体加渗碳体。

5.2　钢的热处理

　　钢的热处理是将钢采用适当的方式加热、保温和冷却,以获得所需的组织结构与性能的工艺方法。通过热处理可以提高零件的使用寿命,扩大材料的使用范围,改善材料的切削加工性,所以很多零件需要进行热处理。

5.2.1　加热和保温

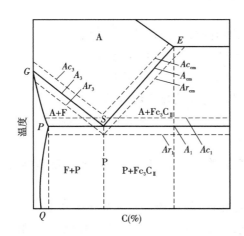

图5-7　加热与冷却时$Fe-Fe_3C_{II}$相图上各临界点的位置

　　加热是钢进行热处理的第一步,目的是使钢部分或全部组织转变成为均匀的奥氏体,并尽量保持其细小的晶粒。为了实现钢的奥氏体化,根据$Fe-Fe_3C_{II}$相图,必须将其加热到相应的临界点(图5-7中A_1、A_3、A_{cm})以上。但实际热处理对加热和冷却过程不可能极为缓慢,要有足够的能量保证组织变化顺利进行,存在过热和过冷现象,所以实际组织变化温度要偏离平衡状态的临界点。为了区别加热和冷却的临界点,一般加热临界点标为Ac_1、Ac_3、Ac_{cm};而冷却临界点标为Ar_1、Ar_3、Ar_{cm}(图5-7)。

　　奥氏体的形成过程也有成核和长大两个基本过程。在此过程中,必须产生铁、碳原子的扩散,才能完成碳原子的重新分配和铁原子晶格的重新改组,这需要有一个转变过程。因此,钢在热处理时需要有保温阶段。这不仅使工件表层与心部温度趋于一致,也为了获得成分均匀一致的奥氏体组织,以便冷却转变后得到良好的组织和性能。

刚刚形成的奥氏体晶粒往往是细小的,如果加热温度过高或保温时间过长,就会使奥氏体晶粒粗大,其中以加热温度的影响最大。冷却后钢的晶粒大小完全由奥氏体晶粒大小所决定,因此要严格控制工件的加热温度和保温时间,以便获得优质的产品。

加热速度(单位时间内升高的温度)也是一个重要因素。加热速度应根据工件的材料、形状的复杂程度确定。这样可避免因加热速度过快,使工件表面与心部、薄壁与厚壁处产生较大温差,造成热膨胀不均匀而产生变形和裂纹。如果加热速度过慢,会使生产率降低、成本提高。

5.2.2 热处理工艺

钢加热时的奥氏体化不是热处理的最终目的,而是为随后的冷却组织转变做好准备。钢的最终性能主要取决于奥氏体冷却转变后的组织,而决定最终组织的主要因素是冷却速度。

1. 退火

将钢加热到适当温度,保温一定时间,随后缓慢冷却以获得接近平衡状态组织的热处理工艺。根据钢被加热的温度不同,常见的退火工艺有完全退火,球化退火,均匀化退火,去应力退火和再结晶退火。

退火的目的如下:

①消除和改善铸、锻、焊等加工过程中形成的缺陷和不良组织,使组织细化,提高钢的强度、塑性和韧性;

②消除钢在热加工过程中,由于冷却速度过快造成的硬度过高和硬度不均现象,对于含碳量较高的钢材,通过退火降低硬度,改善切削加工性;

③消除零件在各种加工过程中由于冷却不均而形成的内应力,防止零件产生变形和裂纹。这种去应力退火的加热温度为 $500 \sim 600 \ ^\circ\text{C}$($Ac_1$ 线以下)。去应力退火不引起组织变化。

2. 正火

将钢加热到 Ac_3 线或 Ac_{cm} 线以上 $30 \sim 50 \ ^\circ\text{C}$,保温后出炉,在空气中冷却的方法称为正火。由于正火冷却速度比退火快,所以正火后工件晶粒较细小,强度、硬度比退火高。

正火的目的如下:

①低碳钢退火后韧性高,切削时易"粘刀",正火后可提高硬度,改善切削加工性;

②对于性能要求不太高的零件,正火后可作为最终热处理,以提高强度、硬度;

③过共析钢正火后可消除网状渗碳体,为球化退火做好组织准备。

正火比退火生产周期短,生产率高,在满足性能要求的情况下,应尽量采用正火。但含碳量较高的工件正火后硬度较高,难以切削加工;对于大型、形状复杂的工件,由于冷却速度快,容易产生内应力、变形和裂纹,应慎重选用正火。

3. 淬火

将亚共析钢加热到 Ac_3 线以上 $30 \sim 50 \ ^\circ\text{C}$,过共析钢加热到 A_1 线以上 $30 \sim 50 \ ^\circ\text{C}$,保温后在冷却介质中快速冷却的方法称为淬火。

淬火所用冷却介质分为水剂和油剂。水的冷却速度比油快,而且价格低廉,应用较广。水温一般控制在 $30 \ ^\circ\text{C}$ 以下。由于杂质、气泡和水温对淬火质量影响较大,可在水中加入适量

NaCl、NaOH 或 Na_2CO_3 等物质,以增强淬火效果。淬火后工件需要仔细清洗。碳钢常用水或盐水作为淬火剂。油质淬火剂主要是矿物油,应用最广的是 10 号机油。由于矿物油冷却速度较慢,工件产生裂纹倾向较小,常用于合金钢工件的淬火。

淬火时,工件冷却速度很快(达 1 200 ℃/s)。为防止因冷却不均匀而使工件产生变形和裂纹,对工件浸入冷却液的操作方式有一定要求。如图 5-8 所示,细长工件(如钻头、锉刀等)可垂直浸入;厚薄不均的工件,厚的部分先浸入;薄壁环形件,沿轴线垂直于液面方向浸入;薄而平的工件垂直快速浸入;截面不均的工件,应斜着浸入,以使工件各部分的冷却速度接近。

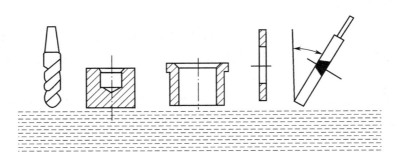

图 5-8　工件正确浸入淬火剂的操作方法

淬火时还要根据工件的大小和形状设计合适的夹具,以使操作方便,保证质量,提高效率。

由于冷却速度很快,经过淬火的工件的碳原子来不及从奥氏体中扩散出来,直接转变为含过饱和碳的 α 固溶体,叫作马氏体。这种组织内应力大、硬度高、脆性大,容易引起工件变形和裂纹,并且整个工件组织不平衡,因此淬火后的工件必须经过回火才能使用。

4. 回火

将淬火后的工件加热到 Ac_1 线以下某个温度,保温后再进行冷却的方法称为回火。根据工件要求的性能和组织的不同,回火有以下三种方法。

1)低温回火

低温回火的温度为 150 ~ 200 ℃。经低温回火后,可以减少工件淬火应力,降低脆性,提高韧性,但仍具有较高硬度(56 ~ 65 HRC)。低温回火广泛应用于要求硬度高、耐磨性好的零件,如量具、刃具、冷变形模具及表面淬火件等。

2)中温回火

中温回火的温度为 350 ~ 500 ℃。经中温回火可以使工件内应力进一步减小,使工件既具有很高的弹性,又具有一定的韧性和强度。中温回火主要应用于各类弹簧、高强度轴、轴套及热锻模具等。

3)高温回火

高温回火的温度为 500 ~ 600 ℃。经高温回火后,工件大部分内应力消除,使工件既具有良好的塑性和韧性,又具有较高的强度,因此具有优良的综合力学性能。淬火后再经高温回火的处理称为调质处理。对于大部分需要具有综合力学性能的重要机械零件(如轴、齿轮等),都必须经过调质处理。

5.2.3　钢的表面强化

许多机械零件在交变的弯曲、扭转载荷下工作,同时还承受摩擦和冲击,如曲轴、凸轮轴、齿轮、轧辊等。这些零件表面层承受的应力比心部大,零件表面层应有较高的硬度和耐磨性,而心部要有足够的塑性和韧性。如果选用高碳钢,虽能获得足够的硬度,但心部韧性不足;若选用低碳钢,心部韧性较好,但表面硬度低、不耐磨。为了满足上述要求,在工业上广泛采用表面强化热处理,即表面淬火和化学热处理。

1. 表面淬火

表面淬火主要分火焰加热表面淬火和感应加热表面淬火。

1)火焰加热表面淬火

火焰加热表面淬火是利用氧-乙炔火焰将工件表层迅速加热到淬火温度,热量还来不及向心部传递立即喷水冷却的热处理方法(图5-9)。这种淬火方法设备简单,操作方便,淬硬深度达 2~6 mm,但加热温度不易控制,硬度不均匀,淬火质量不如感应加热表面淬火。主要用于单件、小批生产及大型工件的表面淬火。

2)感应加热表面淬火

感应加热表面淬火是将工件放在感应加热器内(图5-10),感应器通有一定频率的交流电并产生交变磁场,在交变磁场作用下工件内产生感应电流。由于集肤效应,工件内的电流绝大部分集中在表面,使工件表面迅速加热,几秒钟内可使温度达到 800~1 000 ℃。加热后立即喷水冷却,使工件表面淬硬,而心部的温度较低,组织和性能没有发生变化。感应加热时,感应器内部通有冷却水,以保护感应器。工件表面淬硬层的深度主要取决于感应器的电流频率。频率越高,淬硬层越浅,故可通过改变电流的频率控制淬硬层深度。

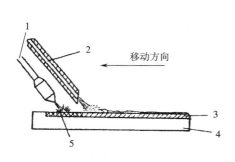

图5-9　火焰加热表面淬火示意图

1—烧嘴;2—喷水管;3—淬硬层;4—零件;5—加热层

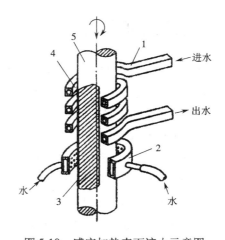

图5-10　感应加热表面淬火示意图

1—加热感应圈;2—淬火喷水套;
3—加热淬水层;4—间隙;5—工件

感应加热表面淬火的加热时间短,生产效率高,工件表面氧化、脱碳极少,工件变形小,淬硬层深度易控制,能获得高质量的表面层,操作过程也易实现机械化和自动化。

2.化学热处理

化学热处理是将钢件放在某种化学介质中加热、保温,使介质中的活性元素渗入到钢件表面,改变表层化学成分和组织的热处理方法。常用的化学热处理有渗碳、渗氮、碳氮共渗(氰化处理)以及其他元素的渗入。其目的是为了提高工件的表面硬度和耐磨性,也可提高工件的耐蚀性和耐热性。

渗碳处理常用气体或固体渗碳。气体渗碳是向装有工件的密封加热炉中通入煤气、液化石油气等;固体渗碳是将工件放入木炭粒和碳酸盐的渗碳剂中。渗碳温度为 $900 \sim 950$ ℃。渗碳时间越长,渗碳层越厚。渗碳零件材料一般为低碳钢,渗碳后的零件要进行淬火及低温回火处理。

渗氮亦称氮化处理,是向钢件表面渗入氮原子的过程。目的是提高钢的表面硬度、耐磨性、耐蚀性和疲劳强度。气体氮化工艺是将钢件放在氮化罐里加热到 $500 \sim 560$ ℃,并不断通入氨气,氨气分解出的活性氮原子渗入到钢表面形成一定深度(<0.8 mm)的氮化层。渗氮材料一般是含铬、钼、铝、钛、钒等元素的中碳合金钢,主要是为了形成稳定的氮化物。一般工件氮化前先进行调质处理,氮化后不需进行淬火。氮化处理温度低、变形小,但氮化处理时间长,$20 \sim 50$ h 才能使氮化层达到 $0.3 \sim 0.5$ mm。渗氮通常用于耐磨性和尺寸精度要求较高的零件,如发动机排气阀、精密机床丝杠、汽轮机阀门等。

碳氮共渗是使钢件表面同时渗入碳和氮的化学热处理方法,亦称氰化。高温碳氮共渗以渗碳为主,共渗温度为 $820 \sim 860$ ℃,保温 $1 \sim 2$ h 后渗层可达 $0.2 \sim 0.5$ mm。碳氮共渗后也需进行淬火和低温回火。低温碳氮共渗以渗氮为主,实质上是氮化。与渗碳相比,碳氮共渗工艺时间短、生产效率高、表面硬度高、变形小,但渗层较薄。碳氮共渗主要用于形状复杂、要求变形小的小型耐磨零件。

5.3　表面工程技术

表面工程是表面经过预处理后,通过表面涂覆、表面改性或多种表面工程技术复合处理,改变固体金属表面或非金属表面的形态、化学成分和组织结构,以获得所需要表面性能的系统工程。表面工程是以表面科学为理论基础,以表面和界面行为为研究对象,首先把相互依存、相互分工的零件基体与零件表面构成一个系统,同时又综合了失效分析、表面技术、涂覆层性能、涂覆层材料、预处理和后加工、表面检测技术、表面质量控制、使用寿命评估、表面施工管理、技术经济分析三废处理和重大工程实践等多项内容。

从成形原理上讲,表面工程技术是一种利用各种机械的、物理的、化学的、物理化学的、电化学的、冶金的方法和技术,使材料表面获得所期望的成分、组织结构和性能或绚丽的外观的工程技术。表面工程技术无须改变整体材质,就能获得原有材料所不具备的某些特殊性能,大大拓展了材料的应用领域。如:①可大幅提高现有零件的寿命;②可修复因磨损、腐蚀而失效的零件;③赋予材料特殊的物理、化学性能,有助于新型功能材料的开发;④改善和美化人类生活。可见表面工程技术对提高产品的性能、降低成本、节约资源具有十分重要的意义。

按照学科特点,表面工程技术可分为表面涂镀技术、表面改性技术和薄膜技术。

1. 表面涂镀技术

表面涂镀是将液态涂料涂覆在材料表面或将镀料原子沉积在材料表面,形成结构、成分、性能不同于基体材料的涂层或镀层的技术,包括热喷涂、有机涂装、电化学沉积(如电镀,电刷镀)、化学镀、热浸镀、气相沉积和堆焊等。

2. 表面改性技术

表面改性是利用机械处理、热处理、离子处理和化学处理等方法,改变材料表面性能的技术。包括:①表面形变强化,如喷丸;②表面相变强化,如表面淬火;③表面合金化,如化学热处理;④化学或电化学转化膜,如钢的氧化处理、钢的磷化处理、铝及铝合金的氧化处理等。

3. 薄膜技术

薄膜技术是利用各种方法在工件表面上沉积厚度为 100 nm 至数微米具有光、电、磁、热等功能薄膜的技术,主要包括溶胶 – 凝胶法、真空物理沉积和化学气相沉积等。

下面介绍几种常见的表面工程技术。

5.3.1 堆焊

堆焊是采用焊接方式将具有一定性能的合金材料熔敷堆集于工件表面而形成焊层的工艺方法。堆焊主要用于制造新零件和修复表面损坏的部件,对于延长零件的使用寿命、节约贵重金属、降低制造成本具有重大意义。采用堆焊技术通常可使工件寿命提高 30% ~300%,降低成本 25% ~75%,尤其对改进产品设计、合理使用材料和节约贵重金属具有重要意义。堆焊的应用非常广泛,几乎遍及所有的制造业,如矿山机械、航空航天、汽车维修、船舶电力、工具模具、机械制造、铸造等领域。

1. 堆焊的特点

堆焊的显著特点是堆焊层与基体具有典型的冶金结合,因此堆焊层在服役过程中的剥落倾向小,而且可以根据服役性能选择或设计堆焊合金,使零件表面具有良好的耐磨、耐蚀、耐高温、抗氧化、耐辐射等性能,在工艺上有很大的灵活性。堆焊层厚度一般为 2 ~30 mm,尤其适合于磨损严重的工况。

2. 堆焊的类型

根据使用目的堆焊有下列类型。

①耐蚀堆焊或称包层堆焊。为防止腐蚀而在工作表面上熔敷一定厚度的具有耐腐蚀性能金属层的焊接方法。

②耐磨堆焊。为减轻工作表面磨损和延长其使用寿命而进行的堆焊。

③增厚堆焊。为恢复或达到工件所要求的尺寸,需熔敷一定厚度金属的焊接方法。多属于同质材料之间的焊接。

④隔离层堆焊。在焊接异种金属材料或有特殊性能要求的材料时,为防止母材成分对焊缝金属的不利影响,保证接头性能和质量,而预先在母材表面或接头的坡口面上熔敷一定成分的金属层,又称隔离层。熔敷隔离层的工艺过程称为隔离层堆焊。

上述分类中以耐磨堆焊和耐蚀堆焊应用最多最广。

3. 堆焊技术实施中的问题

1）正确选用堆焊合金

必须清楚被堆焊零部件的材质、工作条件及对堆焊金属使用性能的要求,同时要熟悉现有的堆焊金属的种类、性能和适用条件。

正确选用相匹配的堆焊合金还需考虑以下因素:

①选用最佳的堆焊工艺方案,不必盲目追求高效率,要根据工件尺寸、数量、堆焊位置及现场施工条件进行综合考虑;

②当被堆焊基体的含碳量较高、抗裂性较差时,不仅要考虑采用预热等工艺措施,还要考虑是否选用过渡层堆焊合金;

③每一种堆焊合金只有在特定的工作环境下,针对某些特定的磨损条件才表现出较高的耐磨性,因此,必须根据磨损类型及介质环境特点来选用堆焊合金;

④需要进行表面修整的工件应考虑选用可以机械加工的堆焊合金,或选用可以热处理的合金系统,机械加工后再通过热处理来提高堆焊金属的耐磨性。

2）选定合适的堆焊方法及相应的堆焊工艺

必须掌握所选堆焊方法的工艺特点及其在堆焊中可能出现的技术问题,尤其要解决好堆焊合金与母材之间异种金属的结合问题。

5.3.2　喷丸强化

喷丸强化是将大量高速运动的弹丸连续喷射到零件表面,如同无数的小锤连续不断地锤击金属表面,使金属表面产生极为强烈的塑性变形,形成一定厚度的形变硬化层,通常称为表面强化层。根据工况要求,喷丸强化形变硬化层的深度一般控制在 $0.1 \sim 0.8$ mm。

零件的疲劳破坏通常是由于其承受了反复或循环作用的拉应力引起的,而且在任何给定的应力范围内,拉应力越大,破坏的可能性愈大,而喷丸在表面产生的残余压应力能够大大推迟其疲劳破坏。此外,由于弹丸的冲击,使表面结构要求数值略有增大,但却使切削加工的尖锐刀痕圆滑。上述这些变化能明显地提高材料的抗疲劳性能和应力腐蚀性能。

喷丸强化技术是以强化工件表面为目的,它与清理喷丸不同。清理喷丸或喷砂技术是用压缩空气将弹丸或砂子喷射到工件上,利用高速颗粒的动能除去部件表面的氧化皮、锈蚀或其他污物,还可以提高金属材料的抗疲劳性能。

1. 喷丸强化设备

喷丸强化设备一般称为喷丸机。根据弹丸获得动能的方式不同,可将喷丸机分为两种类型:气动式喷丸机和机械离心式喷丸机。与表面清理设备不同,两种喷丸机都必须具备以下主要功能:弹丸加速与速度控制机构;弹丸提升机构;弹丸筛选机构;零件驱动机构;通风排尘机构;强化时间控制装置。此外,对于不同类型的强化设备,还需具备其他一些辅助机构。

2. 弹丸材料

首先要求弹丸具备圆球形状,其次弹丸在具有一定冲击韧性的情况下,其硬度越高越好。经常使用的弹丸直径一般为 $0.05 \sim 1.5$ mm。根据材质不同,弹丸主要有铸铁丸、铸钢丸、不锈钢丸、弹簧钢丸、玻璃丸、陶瓷丸等。其中不锈钢丸和弹簧钢丸多由钢丝切割制成,所以又称为钢丝切割丸。黑色金属零件可选用铸钢丸、铸铁丸或玻璃丸,有色金属和不锈钢零件可选用玻璃丸或不锈钢丸。

3.喷丸强化应用

喷丸强化工艺适合于一切金属材料,可显著地提高金属在室温和高温工作时的疲劳强度,还可提高抗应力腐蚀开裂的能力。喷丸强化广泛应用于弹簧类、齿轮类、叶片类、轴类、链条类等零件的表面强化。如某单位生产的 NJD433 内燃机用 55CrSiA 气门弹簧,其疲劳寿命一直在 6×10^6 次,采用最佳工艺喷丸后,寿命达到 2.3×10^7 次,第一次达到国际规定的寿命;20 CrMn-Ti 渗碳齿轮在台架上进行试验,喷丸齿轮比未喷丸齿轮寿命延长 8 倍。

利用喷丸强化技术可细化晶粒,进而提高材料的耐蚀性。例如某洗衣机主轴采用铸造 Al-Si 合金,长时间在洗衣粉作用下发生腐蚀断裂。为了提高耐蚀性,对该材料试样进行喷丸处理。处理断面的表面最高显微硬度为 275HV,由表及里逐渐降低,基体显微硬度为 110HV,这说明经喷丸强化后的 Al-Si 合金表面的硬度有所提高。Al-Si 合金喷丸处理试样在碱性溶液中的耐蚀性是未喷丸处理试样的 2 倍,这也说明喷丸强化可以提高 Al-Si 合金的耐蚀性。

5.3.3 钢的化学氧化

钢的化学氧化是将含有氧化剂的溶液加热到适当温度,使其表面形成一层蓝色或黑色氧化膜的工艺,也称发蓝或发黑。氧化膜的成分为磁性氧化铁(如 Fe_3O_4),厚度 0.5 ~ 1.5 μm。单独的氧化膜的防锈能力较差,需经过皂化处理或重铬酸钾填充处理,或浸油处理,以提高其耐蚀性和润滑性。氧化处理工艺不影响零件的精度,常用于精密仪器、电子设备和武器装备等的防护装饰,但在使用过程中应定期维护。

氧化处理方法有碱性氧化法、无碱氧化法和酸性氧化法等。其中,碱性氧化法最为常用。酸性化学氧化与传统的碱性氧化法相比,具有氧化速度快,能在常温下成膜,膜层抗蚀性好,工艺简单,效率高、能耗小,成本低,污染少和劳动条件好等优点。缺点是槽液寿命短,不太稳定,膜层附着力稍差。发蓝液的主要成分是氢氧化钠和亚硝酸钠。

1.钢铁化学氧化基本原理

采用含有氧化剂与氢氧化钠的混合溶液在一定时间一定温度下对钢铁材料进行处理,使氢氧化钠、硝酸钠以及亚硝酸钠与金属铁作用,生成铁酸钠和亚铁酸钠,再由铁酸钠与亚铁酸钠相互作用生成四氧化三铁(氧化膜)。

2.钢的氧化工艺

钢的氧化工艺流程如下:化学去油,热水洗,流动冷水洗,酸洗,流动冷水洗,氧化,冷水洗,热水洗,补充处理,流动冷水洗,流动热水洗,干燥,检验,浸油。

影响氧化膜厚度的主要因素是氧化剂的浓度和温度。氧化剂含量越高,成膜速度越快,而且氧化膜牢固。溶液中碱的浓度适当增大,获得氧化膜的厚度将增大;含碱量过低,氧化膜薄而脆弱。溶液的温度适当升高,氧化速度加快,可以提高氧化膜厚度及致密度。

氧化处理时间主要根据钢件的含碳量和工件氧化要求来调整。

3.钢铁碱性化学氧化常见缺陷及处理方法

钢铁碱性化学氧化常见缺陷及处理方法详见表 5-1。

表 5-1　钢铁碱性化学氧化常见缺陷及处理方法

常见缺陷	产生原因及消除方法
氧化膜有红色挂灰	①前处理脱脂或浸渍后表面有灰未除净,可在除净挂灰后重新氧化。 ②NaOH 含量过高,降低 NaOH 浓度。 ③溶液中铁含量过大,稀释溶液使沸点降至约 120 ℃,部分铁酸钠水解成 Fe(OH)₃ 沉淀,除去沉淀,然后加热浓缩,使沸点上升至工艺条件;亦可加入甘油 5－10mL/L,将溶液加热至工作温度,捞去浮渣
氧化膜色泽不均、发花	①氧化时间不足。 ②NaOH 含量低,应补充 NaOH,将溶液沸点提高。 ③脱脂不彻底,应加强前处理
氧化膜附着力差	NaNO₂ 含量低,补充 NaNO₂
氧化膜很薄,甚至不生成氧化膜	①溶液太稀,应补充组分或蒸发水分,提高沸点。 ②NaOH 含量太低,应增加 NₐOH 量
局部不生成氧化膜或局部氧化膜脱落	①零件互相紧密接触,氧化时要经常翻动零件。 ②氧化前脱脂不彻底,加强前处理及清洗
零件表面出现白色挂霜	①氧化时间短,延长氧化时间。 ②氧化温度低,应调整溶液浓度,提高沸点。 ③氧化后清洗不彻底
零件氧化后经肥皂液处理时,氧化膜出现白色斑点	肥皂液水质硬,带腐蚀性,或氧化后清洗不净,应更换肥皂液,加强氧化后清洗
零件表面有黄绿色挂霜	①氧化温度过高,应补充水分,降低溶液沸点温度。 ②NaNO₂ 含量过高,应调整其含量

5.3.4　热喷涂

热喷涂技术是利用热源将喷涂材料加热至熔化或半熔化状态,并用热源自身动力或外加高速气流雾化,使熔滴以一定的速度喷射沉积到经过预处理的基体表面而形成涂层的方法。热喷涂技术是表面工程技术的重要组成部分,其应用比重约占表面工程技术的三分之一。根据所用热源不同,常用的热喷涂方法有火焰喷涂、电弧喷涂与等离子喷涂等。热喷涂具有以下特点。

①取材广泛。几乎所有的工程材料都可以作为喷涂材料,所有的固体材料都可以作为基体进行喷涂。

②工艺灵活。施工范围小到 10 mm 的内孔,大到铁塔、桥梁。从局部喷涂到整体喷涂,从真空或控制气氛中喷涂活性材料到野外现场作业都可进行。

③喷涂层厚度可调范围大。从几十微米到几毫米,而且表面光滑,加工量少。

④比电镀生产率高。热喷涂的生产率可达到每小时喷涂数千克喷涂材料,有些工艺方法甚至可高达 100 kg/h 以上。

⑤可赋予普通材料以特殊的表面性能。可使材料满足耐磨、耐蚀、抗高温氧化、隔热等性

能要求,以节约贵重材料,提高产品质量,满足多种工程和尖端技术的需求。

1. 热喷涂原理

热喷涂过程需经历4个阶段。首先喷涂材料被高温热源加热到熔化或半熔化状态;其次通过高速气流使其雾化,粉体材料直接在气流或热源射流作用下向前喷射;然后气流或热源射流推动雾化的熔滴向前喷射飞行;随着飞行距离的增加,粒子流的运动速度逐渐减慢,最后熔滴以一定的动能冲击基体表面,产生强烈碰撞,铺展成扁平状涂层并瞬间凝固。

喷涂层是由无数变形粒子互相交错堆叠组成的层状结构,如图5-11所示。颗粒间不可避免地存在一部分孔隙(4% ~20%),同时伴有氧化物夹杂和未熔化的颗粒,因此涂层的性能具有方向性,垂直和平行方向上的涂层性能不一致。对涂层进行适当处理(如重熔),既能使层状结构转变为均质结构,还可以消除涂层中的氧化物夹杂和气孔。

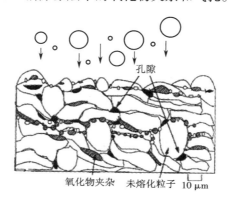

图 5-11　喷涂层结构示意图

2. 热喷涂工艺

热喷涂的一般工艺过程为:工件表面预处理→预热→喷涂→后处理。

1)工件表面预处理

为使喷涂粒子很好地浸润工件表面,并与微观不平的表面紧紧咬合,要求工件表面必须洁净并有一定的表面结构要求。因此工件表面预处理是一项十分重要的基础工序。具体包括表面净化和表面粗化两道工序。

①表面净化的目的是除油、除锈、去污等,以显露出新鲜的金属表面。一般采用酸洗或喷砂除锈、去除氧化皮,采用有机溶剂或碱水去除油污。对于多孔工件,可将工件加热到250 ~ 450 ℃,使微孔中的油脂挥发,再用喷砂去除表面残留的积碳。

②表面粗化可在很大程度上提高涂层和基体的结合强度。表面粗化一般采用车削、磨削、喷砂和拉毛等方法,最常用的方法是喷砂。一般情况下,喷砂后工件表面结构参数值应达到 $Ra = 3.2 ~ 12.5 \ \mu m$。实际工作中,常用肉眼观察判断喷砂后工件表面结构要求是否合格。在较强光线下从各个角度观察喷砂面均无反射亮斑时,即为合格。喷砂后,要用压缩空气将黏附在工件表面的碎砂粒吹净。由于喷砂后的工件表面活性较强,容易发生污染和氧化,因此应尽快进行喷涂。

2)预热

喷涂之前要对基材表面进行预热。预热的作用是:降低因涂层与基体表面的温度差而产生的内应力,防止涂层的开裂和剥落;去除工件表面的水分;提高工件表面与熔粒的接触温度,加速熔粒的变形和咬合,提高沉积速度。

预热处理可使用喷枪或电阻炉加热的方式。预热温度一般都不太高,对于普通钢材,一般控制在 100 ~ 150 ℃ 为宜。为了防止因表面预热不当产生的氧化膜对结合强度的不利影响,可将预热处理安排在工件表面预处理之前进行。

3)喷涂

经表面预处理后的工件要立即进行喷涂,以免表面再次氧化或污染,导致涂层结合强度下降。一般先在工件表面喷一层打底层(称过渡层),目的是提高涂层与基体的结合强度。尤其是工作层为陶瓷脆性材料,而基体为金属时,喷涂打底层的效果更明显。打底层厚度一般为0.10 ~ 0.15 mm,打底层不宜过厚,如果超过 0.2 mm,不但不经济,而且结合强度下降,常用的打底层采用 Mo、Ni-Al 复合材料、Ni-Cr 复合材料等。根据工件要求获得的表面性能来选择合适的喷涂材料,喷涂工作层。工作层最小厚度为 0.2 mm,工作层的质量和性能与具体的喷涂方法、工艺参数等有关。

4)后处理

喷涂后处理的主要目的是改善涂层的外观、内在质量和结合强度,包括封孔处理和加工处理。

①封孔处理。热喷涂涂层一般是有孔结构,在腐蚀条件下工作的涂层通常需要进行封孔处理,以防止腐蚀介质的渗入。耐热涂层经封孔处理后,可提高抗氧化性。常用的封闭剂有酚醛树脂、环氧树脂、某些油漆或油脂等。

②磨光和精加工。热喷涂涂层表面一般比较粗糙,对于特定的使用要求,可采用手工或机械方法加工涂层的表面,以获得所需尺寸和表面结构要求。

所有的热喷涂过程都取决于 4 个基本因素,包括设备(Machine)、材料(Materials)、工艺(Methods)和人员(Man),称为 4M 因素。严格控制 4M 因素,就可以获得质量优良的热喷涂涂层。

复习思考题

1. 纯铁从液态结晶到室温,其晶格类型有哪些变化?

2. 什么叫同素异构转变? 它和液态结晶过程有何异同?

3. 金属的结晶晶粒大小对金属力学性能有何影响? 为什么?

4. 铁碳合金的基本组织有哪些? 它们的性能有什么特点?

5. 铁碳合金状态图中的 *ES*、*GS*、*PSK* 线和 *S*、*C* 点的含义是什么? 分别阐述 40 钢、T12 钢和含碳量为 0.77% 的钢从液态到室温的组织变化过程。

6. 随着含碳量的变化,碳钢的组织和性能产生什么变化?

7. 简述普通碳素结构钢、优质碳素结构钢、碳素工具钢的牌号及应用。

8. 钢在热处理过程中加热、保温的目的是什么? 什么叫退火? 什么叫正火? 其目的是什么?

9. 淬火和回火的目的是什么? 锉刀、弹簧、机床主轴应如何进行热处理?

10. 钢的表面强化处理方法有哪些? 简述它们的工艺过程和应用。

第6章　车削加工

在车床上用车刀进行切削加工称为车削加工。它是切削加工中最基本、最常用的工种。工件的旋转为主运动,刀具的移动为进给运动。车削加工特别适于加工各种零件的回转表面,如图6-1所示。车床的加工范围较广,加工精度为 IT9～IT7,表面结构参数值可达 1.6 μm。

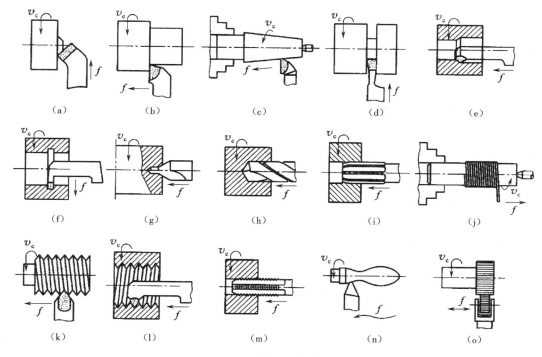

图 6-1　车削加工的应用

(a)车端面;(b)车外圆;(c)车外锥面;(d)切槽、切断;(e)车孔;(f)车内槽;(g)钻中心孔;
(h)钻孔;(i)铰孔;(j)绕弹簧;(k)车外螺纹;(l)车内螺纹;(m)攻丝;(n)车成形面;(o)滚花

图6-2 是车削外圆的情况,在加工过程中,自然地在工件上形成三个不断变化的表面,即待加工表面(工件上有待切除之表面)、已加工表面(工件上经刀具切削后产生的表面)和过渡表面(工件上由切削刃形成的那部分表面)。

车削时,切削用量包括以下三要素。

(1)切削速度 v_c

切削速度即切削刃某点相对于工件主运动的瞬时速度,单位为 m/s(或 m/min)。车外圆时,v_c 可按下式计算:

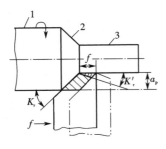

$$v_c = \pi d_w n \times 10^{-3}$$

式中：d_w——工件待加工表面直径，mm；

$\quad\quad n$——工件转速，r/s 或 r/min。

（2）进给量 f

工件每转一转刀具在进给运动方向上相对工件的位移量，单位为 mm/r。

（3）背吃刀量 a_p

背吃刀量是待加工表面和已加工表面之间的垂直距离，单位为 mm。车外圆时，a_p 可按下式计算：

$$a_p = (d_w - d_m)/2$$

图 6-2　切削用量

1—待加工表面；2—过渡表面；

3—已加工表面

式中：d_m——工件已加工表面直径，mm。

6.0　车削加工实习安全知识

6.0.1　车床操作危险因素

①车床的旋转部分（如工件、卡盘等），一旦与人的衣服、袖口、长发、围在颈上的毛巾、手上的手套等缠绕在一起，就会发生人身伤亡事故。

②操作者与机床相碰撞（如由于操作方法不当、用力过猛、使用工具规格不合适等），均可能使操作者撞到机床上造成伤害。

③飞溅的赤热切屑划伤或烫伤人体，崩碎的切屑易伤及人的眼睛。

④工作现场环境不好（例如照明不足、地面滑污、机床布置不合理、通道狭窄，以及工件、工具码放不合理等），均会造成操作者滑倒或跌倒致伤。

⑤冷却液对皮肤的侵蚀，噪声对人体危害等。

⑥车床接地不好或照明灯线裸露，易造成触电伤害。

6.0.2　车工实习安全操作守则

①参加实习，必须穿戴好劳动保护用品，上衣袖口要扎紧，女同学的长发或辫子必须全部塞入帽中。严禁戴手套、穿凉鞋、戴围巾操作。

②实习人员必须熟悉本设备的结构性能、使用特点和维修保修技术，严禁超负荷超范围使用设备。

③开车前应细心检查设备各部件完好状况，查看刀具与工件是否距离适当，以防开车时突然撞击而损坏车床。按规定将润滑部位注好油，查看油质，观看油路是否畅通。

④正确安装刀具，装卡工件必须牢固可靠。既要防止夹紧力过小松脱伤人，又要防止夹紧力过大损坏机件。加工大的工件产生偏心时，要加以平衡。

⑤装夹工件后，卡盘扳手应随手拿下，严禁扳手未拿走而开车启动车床。

⑥开车启动后，应低速空转 1－2 分钟，确认设备良好方可开始工作。严禁触摸任何旋转

部位,不允许测量或用丝织物擦拭旋转的工件。

⑦操作时,必须侧身站在操作位置,禁止身体正面对着转动的卡盘,严禁将头与工件靠得太近,以防切屑伤及身体。

⑧加工工件切削量和进刀量不宜过大,以免机床过载或卡住工件造成意外事故。

⑨禁止在机床导轨面上放置物品,不允许在卡盘上、机床导轨上敲击或校直工件。

⑩车床运转时,严禁变速。变速时,必须先停车,后换挡。停车时不允许用手刹住转动的卡盘。

⑪车床运转时,不准离开工作岗位。如需要离开时,应立即停车,将变速手柄扳到停车位置。不得由他人代开,不得远离操作,工作中发生停车时,必须拉开电闸,退出刀具。

⑫车内孔时,不准用锉刀倒棱角。用砂布打磨内孔时,不得将手指或手臂伸进去打磨。

⑬移动刀架、尾架或溜板箱时,必须保证其导轨面的清洁、润滑良好。使用中心架、跟刀架时应经常检查与工件接触部分润滑是否良好。

⑭手轮在机动时应与转轴脱开,以防其随轴转动打伤人。

⑮换刀时,刀架要远离卡盘及工件。

⑯磨刀时,人脸要对着砂轮侧面,避免砂轮高速飞出伤害身体。要戴好防护眼镜,不要被飞溅出来的铁屑烫伤和伤害眼睛。任何人不得站在砂轮正前方,以免发生意外。

⑰清除切屑时,严禁用手直接清除或用嘴吹,应使用专用铁钩或毛刷。

⑱实习结束时,应关闭电源,将机床擦净,在导轨上加注防锈油。将各操作手柄置于空挡,将大拖板、尾座摇至床尾。将所用工具、量具、刀具、夹具等清理整齐,有序放入工具箱中。最后,清扫场地,离开现场。

6.1 常用车床

车床的种类很多,常用的有卧式车床、立式车床、转塔车床、自动车床和数控车床等。本章以应用最广泛的卧式车床为例,介绍其结构和加工方法。

6.1.1 卧式车床型号举例

依据 GB/T 15375《金属切削机床型号编制方法》的规定,机床均用汉语拼音和数字按一定规律组合进行编号,以表示机床的类型和主要规格。例如在 C6132 车床型号中,字母和数字的含义如下所示:

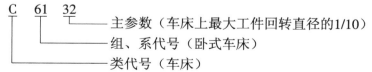

若是按 1959 年标准编号的 C616、C620 等车床, C 表示车床,6 表示普通车床,16、20 等表示车床主轴轴线距床身导轨面高度的 1/10。

6.1.2 卧式车床的结构

图6-3和图6-4分别为C6132车床的外形图和传动系统图。其主要组成部分及功用如下。

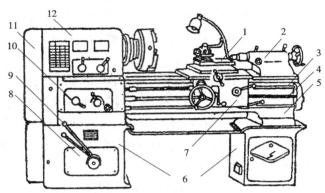

图6-3　C6132车床外形

1—刀架；2—尾架；3—丝杠；4—光杠；5—床身；6—床腿；7—溜箱板；8—变速箱；
9—变速手柄；10—进给箱；11—挂轮箱；12—主轴箱

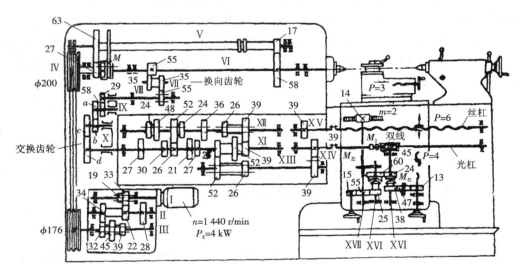

图6-4　C6132车床传动系统

1. 变速箱

变速箱内装滑动齿轮变速机构，通过变速手柄改变滑动齿轮位置，使不同齿数的齿轮啮合，从而改变轴的转速。

2. 主轴箱

主轴箱内装主轴及其变速机构，用来调整主轴转速，并使主轴的运动通过挂轮箱中的交换齿轮传至进给箱。

3. 进给箱

进给箱内装进给运动的变速机构,并将运动传至光杠和丝杠,用来调整进给量或螺距。

4. 光杠和丝杠

将进给箱的运动传至溜板箱,车削螺纹时用丝杠,车削其他表面时用光杠。

5. 溜板箱

它是进给运动的操作箱,可将光杠或丝杠的转动变为刀架的直线进给运动。

6. 刀架

用来夹持车刀并带动车刀作进给运动。如图 6-5 所示,刀架由大刀架(床鞍)、横滑板(横刀架)、转盘、小刀架和方刀架等组成。床鞍与溜板箱连接,可沿床身导轨作纵向移动。横滑板可沿床鞍上导轨作横向移动,其上的转盘可在水平面内扳转任意角度。小刀架可沿转盘上的导轨作短距离移动。方刀架最多可同时安装四把车刀,松开锁紧手柄即可转位,以便使用所需的车刀。

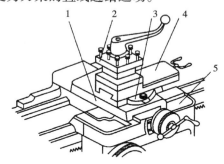

图 6-5　刀架

1—横刀架;2—方刀架;3—转盘;
4—小刀架;5—大刀架

7. 尾架

尾架可沿床身导轨移至所需位置。套筒内安装顶尖可支撑较长轴件,安装钻头、铰刀等可加工孔。

8. 床身和床腿

床身是连接各部件并保证它们之间相对位置正确的基础件;床腿用来支撑床身并安装在地基上。

6.1.3　C6132 车床传动简介

依据图 6-4 的传动系统图,可将该车床的传动路线简化为图 6-6 框图。

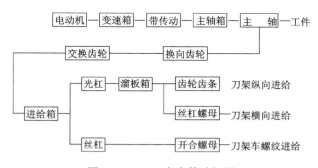

图 6-6　C6132 车床传动框图

主运动是由电动机至主轴之间的传动系统实现的,传动路线的传动链如下:

电动机—Ⅰ—$\left\{\begin{array}{c}\dfrac{33}{22}\\[4pt]\dfrac{19}{34}\end{array}\right\}$—Ⅱ—$\left\{\begin{array}{c}\dfrac{34}{32}\\[4pt]\dfrac{28}{39}\\[4pt]\dfrac{22}{45}\end{array}\right\}$—Ⅲ—$\dfrac{\phi176}{\phi200}$—

$\underbrace{\qquad\qquad\qquad\qquad\qquad\qquad\qquad\qquad\qquad\qquad}_{\text{变速箱}}$

Ⅳ—$\left\{\begin{array}{l}M_1(\text{左})\\[4pt]M_1(\text{右})—\dfrac{27}{63}—V—\dfrac{17}{58}\end{array}\right\}$—主轴Ⅵ

$\underbrace{\qquad\qquad\qquad\qquad\qquad\qquad\qquad\qquad\qquad}_{\text{主轴箱}}$

通过不同齿轮的搭配,主轴可获得 45～1 980 r/min 共 12 级转速。主轴的反转是由电动机反转实现的。

进给运动是由主轴至刀架之间的传动系统实现的,分析传动路线可仿照分析主运动的方法进行。

根据车床铭牌调整各操纵手柄的位置,可得到加工所需的主轴转速、进给量或螺距。

6.1.4 立式车床和转塔车床

1. 立式车床

立式车床(图 6-7)主要用于加工大型盘、套类零件,主轴处于垂直位置,安装工件用的卡盘(或花盘)处于水平位置。立刀架和横刀架分别装在横梁和立柱上,可沿垂直方向和横向移动。

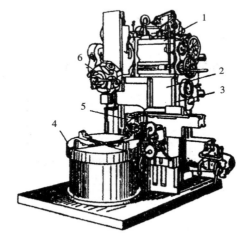

图 6-7　立式车床

1—横梁;2—立柱;3—横刀架导轨;

4—卡盘;5—横刀架;6—立刀架

2. 转塔车床

转塔车床(图 6-8)主要适用于成批加工外形复杂或具有孔及螺纹的中小型零件。可转位的六角刀架代替了卧式车床上的尾架,在它的六个面上可按加工要求分别安装钻头、铰刀、丝锥、板牙等,或者在刀架中安装多把车刀进行多刀加工。六角刀架每转位一次(60°),便更换一组刀具,并且可与方刀架上的刀具同时进行加工。机床上装有纵向定程装置,可控制刀具行程,操作方便迅速。

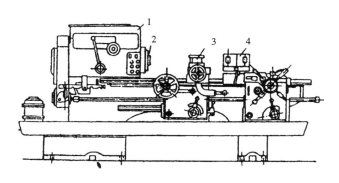

图 6-8　转塔车床
1—主轴箱;2—主轴;3—方刀架;4—六角刀架

6.2　车刀及其安装

6.2.1　车刀的种类和构造

1. 车刀的种类

为适应不同加工需要,车刀的种类很多。按用途可分为外圆车刀、端面车刀、镗刀、切槽刀、成形车刀和螺纹车刀等。常用的结构形式(图6-9)如下。

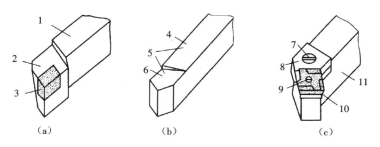

（a）　　　　　　　　（b）　　　　　　　　（c）

图 6-9　车刀的结构形式
（a)焊接式;(b)整体式;(c)机夹可转位式
1、4、11—刀柄;2、6—刀头;3、10—刀片;5—高速钢;7—压紧螺钉;8—楔块;9—圆柱销

①焊接式。将硬质合金刀片焊在刀柄上,根据加工的需要,可采用不同形状的刀片,常用于高速车削。

②整体式。高速钢车刀多采用整体式,一般用于低速精车。

③机夹可转位式。多边形刀片用机械的方法夹固在刀柄上,一个切削刃磨钝后,可将刀片

123

转位使用下一个切削刃,调整方便迅速。

2. 车刀的构造

1）车刀的组成

如图6-9(b)所示,车刀由刀头和刀柄组成。刀头用于切削,称切削部分;刀柄用于将车刀装夹在刀架上,称夹持部分。车刀的切削部分一般由三面、两刃、一尖组成。具体组成部分如下:

①前刀面是切屑流过的表面;

②主后刀面是与工件上过渡表面相对的表面;

③副后刀面是与工件上已加工表面相对的表面;

④主切削刃即前刀面与主后刀面的交线,它担负主要的切削工作;

⑤副切削刃是前刀面与副后刀面的交线,它担负少量的切削工作,主要对工件已加工表面起修光作用;

⑥刀尖即主、副切削刃连接处相当小的一部分切削刃,通常为一小段倒角或圆弧。

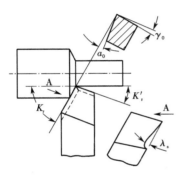

图6-10　车刀的主要角度

2）车刀的主要角度

从对切削加工的作用和影响分析,车刀切削部分有以下五个主要角度(图6-10)。

（1）主偏角 K_r

主偏角即主切削刃与进给方向之夹角,它主要影响刀尖强度、散热条件和切削分力的大小。如图6-11所示,在 a_p 和 f 相同的情况下,减小 K_r,刀尖强度增加,主切削刃参加工作的长度增大,切屑变宽变薄,散热条件改善,但会使背向力 F_p 增大(图6-12)。车刀常用的主偏角有 $45°$、$60°$、$75°$、$90°$ 等几种。

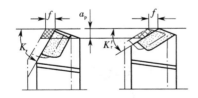

图6-11　主偏角对切屑截面形状的影响

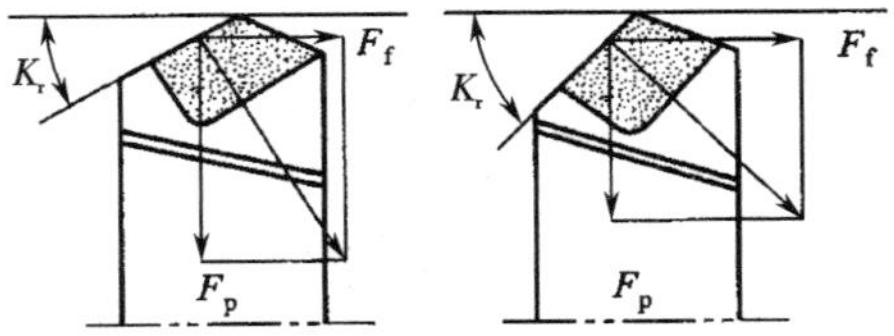

图6-12　主偏角对背向力的影响

（2）副偏角 K'_r

副偏角即副切削刃与进给反方向的夹角,它主要影响工件已加工表面与副后刀面的摩擦及表面结构。增大 K'_r,可减小摩擦,但会使已加工表面上残留面积增大(图6-13),致使表面结构参数值增大。一般车刀的副偏角为 $5°\sim15°$。

（3）前角 γ_0

前角即前刀面与水平面之夹角,它主要影响切削刃的锋利程度和强度。γ_0 越大,切削刃越锋利,使切削轻快。但过大的前角,会使切削刃强度不足,散热条件变差。用硬质合金车刀切削钢件时,γ_0 可取 $10°\sim25°$;切削铸铁件时,γ_0 可取 $5°\sim15°$。

（4）后角 a_0

后角即主后刀面与包含主切削刃的铅垂面之夹角。它主要影响主后刀面与工件之摩擦及切削刃的强度。增大 a_0，可减小摩擦，但强度变差。一般硬质合金车刀的 a_0 为 3° ~ 12°，粗车时取较小值，精车时取较大值。

（5）刃倾角 λ_s

刃倾角即主切削刃与水平面之夹角。它

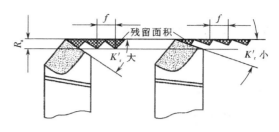

图 6-13 副偏角对残留面积的影响

主要影响切屑的流出方向（图 6-14）和切削刃的强度。粗车时为增加切削刃强度，λ_s 常取 $-5°$ ~ 0°；精车时为避免切屑划伤已加工表面，λ_s 多取 0° ~ 5°。

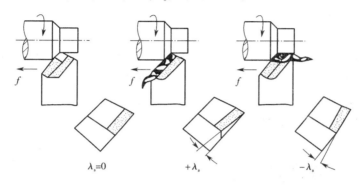

图 6-14 刃倾角对切屑流向的影响

以上介绍的五个主要角度是指车刀刃磨的角度。在加工过程中，由于车刀安装情况及进给运动的影响，实际起作用的工作角度会发生相应变化。

6.2.2 车刀的刃磨及安装

车刀用钝后，需要重磨以恢复切削刃锋利和原来的角度。一般在砂轮机上用手工刃磨。刃磨高速钢车刀或硬质合金车刀的刀柄用白色氧化铝砂轮；刃磨硬质合金刀片用绿色碳化硅砂轮。刃磨时，人要站在砂轮侧面，双手拿稳车刀，用力均匀且不要过大，防止砂轮破碎发生事故。注意应在砂轮圆周面上磨削，并左右移动以使砂轮磨耗均匀。刃磨高速钢车刀时，可在水中冷却以避免过热而软化；刃磨硬质合金车刀时，可将刀柄置于水中冷却，但应防止刀片沾水急冷而产生裂纹。根据车刀磨损情况，应重磨有关的刀面。重磨后，还应用油石磨光各刀面，以便进一步减小刀面及工件已加工表面的表面结构参数值。

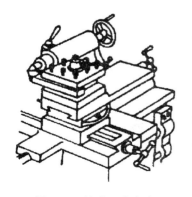

图 6-15 校准刀尖高度

车刀安装在方刀架上，可用图 6-15 所示方法校准刀尖，使其与主轴轴线等高。车刀伸出长度不宜过长（一般小于刀柄高度的 2 倍），垫片要平整，夹紧要牢固。

125

6.3 车床的主要附件

6.3.1 卡盘和花盘

1. 三爪卡盘

如图 6-16 所示,三爪卡盘的操作方法是转动插入小锥齿轮方孔中的扳手,带动大锥齿轮转动,其背面的方牙平面螺纹即可带动三个卡爪沿卡盘体上的径向槽同时移至(或远离)中心,从而夹紧(或松动)工件。

三爪卡盘一般用于安装形状比较规则的轴类工件或中小型盘、套类工件。三个卡爪联动且自动定心,安装工件比较方便。但夹紧力较小,定位精度不高(为 0.05 ~ 0.15 mm)。

2. 四爪卡盘

如图 6-17 所示,四个卡爪用扳手分别独立调整,适于安装截面是方形、长方形、椭圆或其他不规则形状的工件。由于夹紧力比三爪卡盘大,也常用来安装较重的圆形截面工件。为保证加工表面的位置精度,安装工件时要仔细找正。用划线盘找正,定位精度为 0.2 ~ 0.5 mm;用百分表找正,定位精度可达 0.01 ~ 0.02 mm。

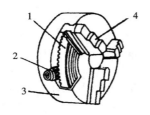

图 6-16 三爪卡盘
1—大锥齿轮;2—小锥齿轮;3—卡盘体;4—卡爪

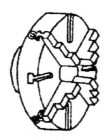

图 6-17 四爪卡盘

3. 花盘

在车床上加工形状较复杂的工件时,可用螺钉、压板将工件安装在花盘上(图 6-18)。有些形状比较复杂的工件,要求孔的轴线与安装基面平行时,可用花盘和弯板安装(图 6-19)。弯板和工件分别安装在花盘和弯板上,并都要仔细找正。

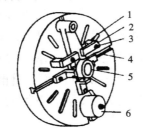

图 6-18 在花盘上安装工件
1—垫铁;2—压板;3—螺钉;
4—螺钉槽;5—工件;6—平衡块

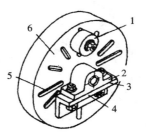

图 6-19 在花盘和弯板上安装工件
1—平衡块;2—工件;3—定位基面;
4—弯板;5—螺钉槽;6—花盘

用花盘或花盘和弯板安装工件,重心常偏向一边,为减小加工时的振动,需要在另一边加平衡块。

6.3.2 顶尖和心轴

1.顶尖

车削轴类工件时,常用顶尖、卡箍和拨盘安装(图6-20)。顶尖有死顶尖与活顶尖两种(图6-21)。前顶尖随主轴与工件一起转动,用死顶尖。后顶尖一般也用死顶尖,但高速车削时为防止后顶尖与工件摩擦过大,常用活顶尖。活顶尖结构复杂,旋转精度较低,多用于粗车和半精车。

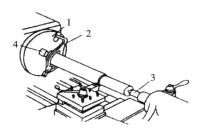

图6-20 用顶尖安装工件

1—拨盘;2—卡箍;3—后顶尖;4—前顶尖

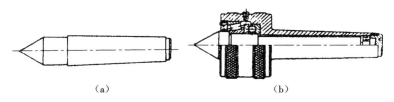

(a) (b)

图6-21 顶尖

(a)死顶尖;(b)活顶尖

用顶尖安装工件时,应在轴的两端先钻中心孔。常用的中心孔有两种形式,不同形式的中心孔采用相应的中心钻钻出。

为保证定位精度,前后顶尖应仔细校正对中性,否则将产生锥度误差。

2.心轴

车削盘、套类工件时,若用卡盘无法在一次安装中加工出外圆、内孔和端面,很难保证它们之间同轴度或垂直度的要求。为保证加工精度,常需将工件上的孔先精加工,然后利用心轴和顶尖安装(图6-22),再精车外圆和端面。心轴的种类很多,常用以下两种。

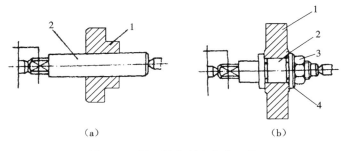

(a) (b)

图6-22 用心轴和顶尖安装工件

(a)锥度心轴;(b)圆柱心轴

1—工件;2—心轴;3—螺母;4—垫圈

1)锥度心轴

如图6-22(a)所示,心轴的锥度为1:2 000～1:5 000。当工件孔的长径比大于1～1.5时

127

常用这种心轴。它的定位精度高,装卸方便,但靠摩擦承受切削力,不宜承受过大的切削力,多用于盘、套类工件外圆和端面的精车。

2)圆柱心轴

当工件孔的长径比小于 1~1.5 时,常用圆柱心轴,如图 6-22(b)所示。圆柱心轴与工件孔配合有一定间隙,定位精度较锥度心轴低。用螺母锁紧,夹紧力较大,它可用于较大直径盘类工件外圆的半精车和精车。

6.3.3　中心架和跟刀架

车削细长轴时,为防止工件弯曲变形,常用中心架或跟刀架作为辅助支撑。

中心架安装在床身上(图 6-23),三个单独调整的支撑爪支撑在工件预先加工过的一段外圆面上,松紧程度要适当。它一般用于加工细长阶梯轴、长轴端面、轴面内孔和螺纹等。

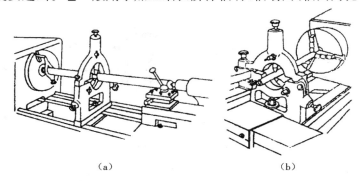

（a）　　　　　　　　　　　　　　　（b）

图 6-23　中心架的应用

（a）加工细长阶梯轴；（b）加工长轴的端面

跟刀架安装在床鞍上,随床鞍一起移动(图 6-24),常用于加工细长光轴或丝杠。使用跟刀架需先在工件右端车削一小段外圆,根据这段外圆调整支撑爪的位置和松紧度,然后车削工件全长。

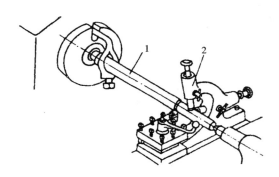

图 6-24　跟刀架的应用

1—工件;2—跟刀架

使用中心架或跟刀架时,工件转速不宜过高,并需在支撑处加机油润滑,以便减小工件与支撑爪间的摩擦。

6.4　车削加工

6.4.1　外圆和台阶面车削

根据工件的结构和形状,可采用不同的车刀加工(图 6-25)。尖刀主要用于车外圆;偏刀用于车削有垂直台阶的外圆,尤其适于加工细长轴。弯头刀既可车外圆,又可车端面,并可方便地倒角。

高度小于 5 mm 的台阶可用相应形状的车刀在车外圆时同时车出。高度大于 5 mm 的台

128

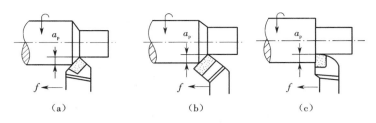

图 6-25　车削外圆

(a)尖刀车外圆;(b)弯头刀车外圆;(c)偏刀车端面

阶需进行分层车削,并在最后一次纵向走刀终了时将车刀横向退出,把台阶端面车平。

6.4.2　端面车削

　　端面车削方法及所用车刀如图 6-26 所示。车削时刀尖必须与工件轴线等高,不然会在工件端面中心处留下凸台并损坏刀尖。车端面时,切削速度由工件外圆至中心逐渐减小,使表面结构参数值变大。为减小表面结构参数值,切削速度应比车外圆时高。

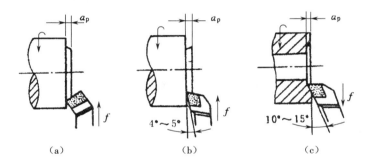

图 6-26　端面车削

(a)弯头刀车端面;(b)偏刀车端面(由外向中心);(c)偏刀车外圆(由中心向外)

6.4.3　孔加工

　　在车床上可加工工件上的孔。

1. 钻孔

　　在车床上钻孔(图 6-27)时,主运动为工件旋转,进给运动为钻头轴向移动。直柄麻花钻安装在尾架上的钻卡头中,锥柄麻花钻安装在尾架套筒的锥孔中。如锥柄号数小,要利用过渡锥套安装。

　　钻孔前应将端面车平,为了定心可先用中心钻钻出定位孔。钻孔过程中要加注切削液。孔较深时应经常退出钻头,以便排屑。

　　钻孔精度较低(IT10 以下),表面结构参数 Ra 可达 6.3 μm。若对孔的要求较高,则要进行扩孔或铰孔。

2. 扩孔和铰孔

　　扩孔和铰孔亦可在车床上进行。扩孔是用扩孔钻对已钻出的孔进行半精加工(图 6-28),

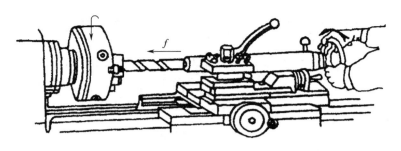

图 6-27　钻孔

加工精度为 IT10 ~ IT9,表面结构参数 Ra 可达 6.3 ~ 3.2 μm。

铰孔是用铰刀对孔进行精加工(图 6-29),加工精度为 IT8 ~ IT7,表面结构参数 Ra 可达 1.6 ~ 0.8 μm。

图 6-28　扩孔　　　　　　　　　　　图 6-29　铰孔

钻孔→扩孔→铰孔是中小直径孔的典型工艺方案,生产中广为应用。但对直径较大或内有台阶、环槽的孔,则要采用镗孔(见 7.2.3)。

6.4.4　切槽和切断

在车床上可以切外槽、内槽和端面槽(图 6-30)。对于宽度小于 5 mm 的窄槽,可用主切削刃与槽等宽的切槽刀一次切出;较宽的槽,则要分几次切削才能切成。

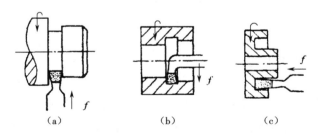

（a）　　　　　　　　（b）　　　　　　　　（c）

图 6-30　切槽
(a)切外槽;(b)切内槽;(c)切端面槽

切断与切槽类似,只是当切断直径较大的工件时,切断刀的刀头较长,强度和刚度较差,排屑困难。为避免刀头折断,常将刀头高度加大。要切断的工件一般安装在卡盘上,切断处应尽量靠近卡盘。切断实心工件时,要特别注意切断刀的主切削刃与工件轴线等高,否则在中心部位形成的凸台易损坏刀尖。

130

6.4.5 锥面车削

锥面的车削方法有如下几种。

1. 宽刀法(图6-31)

此法适于加工较短的任意角度的内、外锥面。此法方便迅速,但不宜加工细长的锥面。

2. 小刀架转位法(图6-32)

此法可加工任意角度的内、外锥面。调整方法简单方便,但加工锥面长度受小刀架行程限制,且只能手动进给,不易保证锥面的表面结构要求。

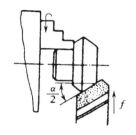

图 6-31　宽刀法

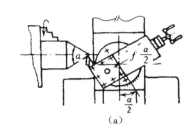

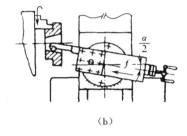

图 6-32　小刀架转位法
(a)车外锥面;(b)车内锥面

3. 尾架偏移法(图6-33)

此法将尾架中心偏离主轴轴线一个距离 $s\left(L\cdot\tan\dfrac{\alpha}{2}\right)$,使工件回转轴线与床身导轨的夹角等于工件锥面斜角 $\alpha/2$,车刀纵向进给即可车出所需的锥面。它适于车削锥面较小、较长的外锥面,能自动进给,锥面表面结构参数值较小,但不能加工锥角较大的锥面及锥孔。

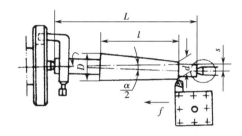

图 6-33　尾架偏移法

4. 靠模法

此法的原理与靠模法车成形面(图6-37)的原理类似,只要将成形面靠模改为斜面靠模即可,适于车削锥角较小、较长的内外锥面。它能自动进给,但不能加工锥角较大的锥面。因需附加靠模装置,故仅在成批和大量生产中才宜采用。

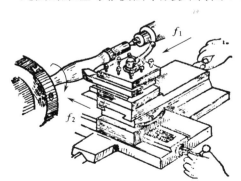

图 6-34　手控走刀法

6.4.6 成形面车削

在车床上加工成形面有以下几种方法。

1. 手控走刀法(图6-34)

该操作方法是利用双手同时控制车刀的纵向和横向进给,使刀尖所走的轨迹与所车成形面的曲线相符。车削过程中不断用样板检验,经多次车削修整,加工出所需的成形面。此法无须特殊的刀具与设备,简便易行。但对工人操作技术要求较高且生产效率低,仅用于单件小批生产中加工要求不高的成形面。

2. 成形刀法(图6-35)

车刀的切削刃与成形面相符,只需一次横向进给即可完成加工。此法生产效率高,且能获得一致的较准确的成形面。但此法刀具制造、刃磨较困难,车削时易产生振动,只适于在成批或大量生产中加工较短的、不太复杂的成形面。

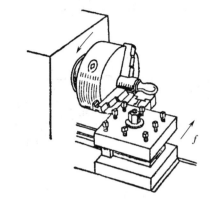

图6-35 成形刀法

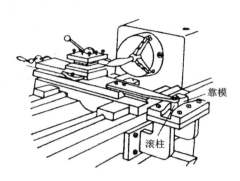

图6-36 靠模法

3. 靠模法(图6-36)

靠模装置安装在床身后面,刀架的横滑板与其丝杠脱开,前端连接板上装有滚柱。当床鞍纵向进给时,滚柱沿靠模曲面移动,从而带动横滑板及车刀沿曲线走刀,车出成形面。为调整车刀的横向位置和背吃刀量,小刀架应转成图6-36所示位置。此法所用刀具和操作方法简单,生产效率较高,但需增加靠模装置,只适用于大批量生产中加工较长、较简单的成形面。

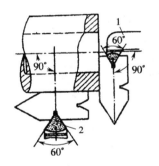

图6-37 用对刀样板对刀

1—内螺纹车刀;2—外螺纹车刀

6.4.7 螺纹车削

螺纹的用途不同,技术要求也不相同。车削螺纹时,必须使牙型角、螺距和螺纹中径三个基本要素符合要求才合格。

1. 保证正确的牙型角

牙型角取决于车刀的刃磨和安装。刃磨车刀时,必须使刀尖角等于螺纹的牙型角;精车时前角为零,粗车时可磨出一定前角以改善切削条件。

安装车刀时,必须使刀尖与工件轴线等高,刀尖角的平分线垂直于工件轴线。为保证车刀安装的正确性,要利用对刀样板对刀(图6-37)。

2. 保证工件的螺距

保证工件的螺距应注意如下几点。

1)用丝杠传动

丝杠本身的精度较高,由主轴到刀架的传动链较简单,环节少,产生的误差小,容易保证螺距精度。

2）正确调整机床

图 6-38 是车削螺纹时传动系统的示意图。为保证工件转一转车刀移动一个螺距（车单头螺纹），应保持如下传动关系：

$$n \cdot P = n_{丝} \cdot P_{丝}$$

式中：n、$n_{丝}$——工件与丝杠的转速，r/min；

P、$P_{丝}$——工件与丝杠的螺距，mm。

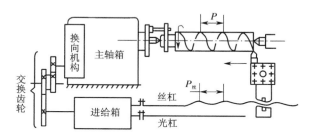

图 6-38　车削螺纹时的传动系统示意图

这一传动关系是通过更换交换齿轮和调整进给手柄位置实现的。车床的铭牌上标有车削不同螺距螺纹时所需交换齿轮的齿数及进给箱手柄的位置，按需要正确调整即可。

3）避免乱扣

螺纹需经多次走刀才能切成。若走刀过程中车刀不是处于已切出的螺纹槽内，将产生乱扣，使工件报废。当 $P_{丝}/P$ 为整数时，可任意打开开合螺母而不致乱扣。若 $P_{丝}/P$ 不是整数，则可能产生乱扣。因此，在每次走刀终了退刀后，不能打开开合螺母纵向摇回刀架，只能将主轴反转使刀架退回，即采用正反车法。此外，为避免乱扣，还应在整个车削过程中不能改变工件与主轴间的相对位置，磨刀或换刀后一定要重新对刀，确保车刀处于已切出的螺纹槽内。

3. 保证工件螺纹中径

螺纹中径是靠多次进刀的总切深量来控制的。一般是根据螺纹牙高由刻度盘作大致控制，并用螺纹量规进行检验。外螺纹用螺纹环规（图 6-39）检验；内螺纹用螺纹塞规（图 6-40）检验。

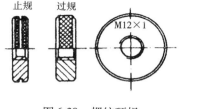

图 6-39　螺纹环规

图 6-40　螺纹塞规

复习思考题

1. 试说明车削加工的主运动和进给运动，以及切削用量三要素的名称、代号、单位和概念。切削速度、工件转速、进给量之间有何种关系？

2. 试说明 C6140 和 C618 机床型号中各字母和数字所表示的意义。

3. 卧式车床由哪几个主要部分组成？各起什么作用？

4. 如何获得车床主轴的不同转速？

5. 立式车床和转塔车床各适于加工何种零件？

6. 车削加工一般可达到何种精度和表面结构？

7. 车刀的结构形式主要有哪几种？

8. 试说明车刀切削部分的组成。主要角度有哪几个？各有什么作用和影响？

9. 试说明三爪卡盘、四爪卡盘的应用及主要优缺点。

10. 花盘适于安装何种工件？什么情况下需在花盘上再加弯板来安装工件？

11. 顶尖适于安装何种工件？两顶尖安装与一夹一顶安装工件有何不同？中心孔各部分的作用是什么？钻中心孔时工件转速应当高些还是低些？

12. 加工何种工件时用心轴安装？

13. 中心架和跟刀架都是为了增加细长轴的刚度，它们的应用有何不同？

14. 车细长轴的外圆时，应选用哪种车刀？为什么？若用车外圆的偏刀车端面，什么地方不合理？

15. 在工件端面钻孔时，为什么要先将端面车平？

16. 镗孔、切断与车外圆相比，有哪些不利之处？

17. 车削锥面和成形面主要有哪几种方法？各适于加工何种工件？有何特点？

18. 车削螺纹时，如何保证牙型角和螺距的正确性？

第 7 章　钳工

钳工是以手工操作为主,使用各种工具完成制造、装配和修理等工作的一个工种。钳工使用的工具简单,加工灵活多样,可以完成机械加工不便或不能完成的工作。虽然生产效率较低,对工人技术要求较高,但在机械制造和维修工作中仍是必不可少的重要工种。

钳工的基本操作有划线、锯切、锉削、攻丝、套扣、刮研和装配等,这些操作多数是在虎钳和钳工工作台上进行的。

工作台(图 7-1)和虎钳(图 7-2)是钳工的常用设备。虎钳是夹持工件的工具,分回转式和固定式两种。前者结构复杂,钳口可根据需要改变方向;后者结构简单,但有时操作不便。

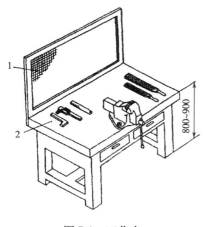

图 7-1　工作台

1—防护网;2—量具单独放置

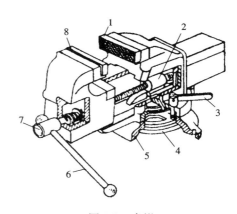

图 7-2　虎钳

1—固定钳口;2—螺母;3—夹紧手柄;4—夹紧盘;
5—底座;6—手柄;7—丝杠;8—活动钳口

7.0　钳工实习安全知识

钳工操作是技术知识、技能技巧和力量的结合,要自觉遵守纪律,要有吃苦耐劳的精神,严格按照每个工种的操作要求进行操作。

①按规定穿戴劳保用品。

②操作前应先检查工作场地及工具是否安全,若有不安全之处及损坏现象,应及时清理和修理,并安放妥当。

③使用台虎钳时要先看一下是否坚固。如果要用来装夹细长工件,最好是夹住中心点或

把未装夹的一部分用东西垫住,以防止工件松动伤人。

④使用锤子时应先查验锤子的手柄是否有松动的情况,手柄不能沾有油污,握榔头的手不准带手套,以防锤子滑脱伤人。

⑤使用手锯锯切工件时,锯条不可装得太松或太紧。手锯往返必须在同一直线上,用力不要过猛,当心锯条折断伤人。

⑥工件一定要夹紧牢靠,以免因工件松动折断锯条伤人。

⑦工件将要锯断时,不可用力过大,防止工件脱落砸伤足部。

⑧不得使用无木柄或木柄松动的锉刀,锉刀不得当作手锤或撬棍使用,使用锉刀不可用力过猛,以防折断伤人。

⑨锉屑不可直接用嘴吹或用手清除,以防伤害眼睛或手。

⑩严禁戴手套钻孔打眼。

⑪拆卸钻头要在钻床停止转动后进行,要用专用钥匙,不准用其他物件敲打钻夹头。

⑫小零件钻孔要用虎钳夹牢,大零件钻孔要用压板压实,防止钻孔时因零件松动发生伤人事故。

⑬不准用手清除铁屑,以防伤手。

⑭工件必须牢固地固定在夹具或卡具上,应尽量使工件中心线置于水平或竖直位置,以便攻丝或套扣操作时容易判断丝锥或板牙轴线是否与工件的中心线同轴。

⑮攻丝时工件端面孔口要有倒角,套扣时工件端部要有倒角。

⑯攻丝或套扣操作时,应经常反转丝锥或板牙,以使切屑碎断后容易排出,并可减少切削刃因粘屑而卡住丝锥。

⑰当丝锥折断时,不要用手去触摸折断处。用样冲或錾子剔出断丝时必须要戴好防护镜。

⑱使用卡钳测量时,卡钳一定要与被测工件的表面垂直或平行。

⑲使用游标卡尺、千分尺等精密量具测量时,均应轻而平稳,不可在毛坯等粗糙表面上测量,不许测量尚在发热的工件,以免损坏量具。

⑳使用水平仪时,要轻拿轻放,不要碰击,接触面未擦净前不准摆上水平仪。

㉑拆装设备时,应了解设备的性能以及各部件、零件的作用和重要性,按顺序拆装。特别注意有弹性的零件,防止这些零件突然弹出伤人。

㉒使用扳手时,必须注意可能碰到的障碍物,防止碰伤手部。

㉓工作完毕后,所用过的设备和工具都应按要求进行清理或擦拭,并放回原来位置。工作场地要清扫干净,清除地上的油污、积水,以防滑倒伤人。铁屑等污物要送往指定地点。

7.1 钳工的基本操作

7.1.1 划线

根据图纸要求,在毛坯或半成品上划出加工图形或加工界限的操作称为划线。

1. 划线的种类和作用

划线可分为平面划线和立体划线两种（图 7-3）。平面划线是在工件的一个平面上划线；立体划线是在工件几个不同方位的表面上划线。

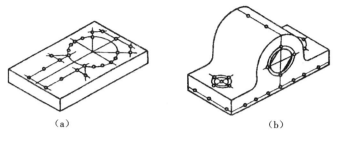

图 7-3　划线的种类

（a）平面划线；（b）立体划线

划线的作用是：通过划线检查毛坯的形状和尺寸是否合格；合理分配毛坯表面的加工余量，以保证它们之间的相互位置精度；划好的线是加工或安装工件的依据。

2. 划线的基准

划线基准是划线时用于确定工件各加工表面位置的点、线或面，因此必须正确地选择。

如可能应选择已加工过的表面作为划线基准，以保证各加工面间的位置精度和尺寸精度。如毛坯尚未加工过，则要选择重要孔的轴线为基准，没有重要孔时，可选择较大的平面为基准。

3. 常用划线工具

①划线平板（图 7-4）。划线平板是划线的基准工具，上平面是划线的基准平面，有较高的平面度和较小的表面结构参数值，不允许碰撞和敲击，要保持清洁。

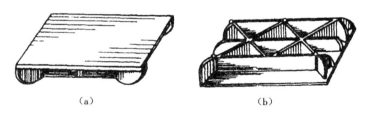

图 7-4　划线平板

（a）正面；（b）背面

②千斤顶（图 7-5）。千斤顶用以在平板上支撑较大或不规则的工件。通常使用三个千斤顶，以便调整高度，找正工件。

③方箱（图 7-6）。方箱用于夹持较小的工件，通过翻转方箱，可在工件表面上划出相互垂直的线。

④V 形铁（图 7-7）。V 形铁用于支撑圆形工件，使工件轴线与平板平行，便于找中心与划出中心线。

⑤划针（图 7-8）。划针用于在工件表面上划线。

⑥划卡（图 7-9）。划卡用于确定轴或孔的中心，也可用来划平行线。

⑦划规（图 7-10）。划规用于划圆、量取尺寸和等分线段等。

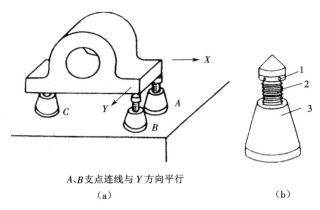

A、B支点连线与Y方向平行

（a）   （b）

图7-5 千斤顶及其应用

（a）千斤顶支撑工件；（b）千斤顶结构

1—扳手孔；2—丝杠；3—千斤顶座

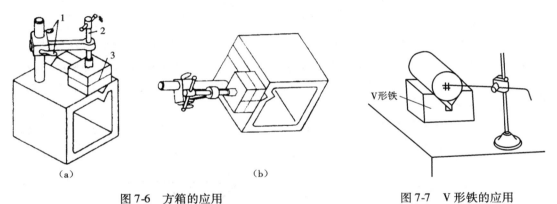

（a）   （b）

图7-6 方箱的应用   图7-7 V形铁的应用

（a）将工件压紧在方箱上，划水平线；（b）翻转90°划垂直线

1—紧固手柄；2—压紧螺柱；3—划出的水平线

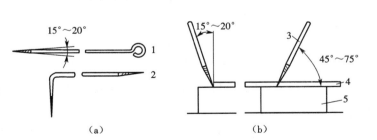

（a）   （b）

图7-8 划针及其应用

（a）划针；（b）用划针划线

1—直划针；2—弯头划针；3—划针；4—钢尺；5—工件

⑧划线盘（图7-11）。划线盘用于立体划线。将划针调节到一定高度，在平板上移动划线盘，即可在工件上划出与平板平行的线。划线盘还可用于对工件找正。

138

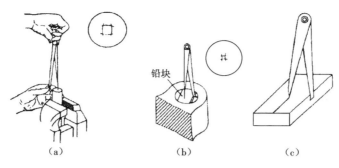

图 7-9 划卡的应用

（a）定轴心；（b）定孔中心；（c）划平行直线

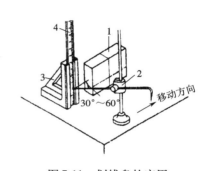

图 7-10 划规

（a）普通划规；（b）弹簧划规

图 7-11 划线盘的应用

1—工件；2—划线盘；3—高度尺架；4—钢尺

⑨游标高度尺（图 1-15）。游标高度尺用于半成品（光面）划线，是精密工具，不能用它在毛面上划线，以防碰坏硬质合金划线脚。

⑩样冲（图 7-12）。用来在工件表面已划好的线上打出样冲眼（图 7-13），以备所划的线模糊后仍能找到原线的位置。

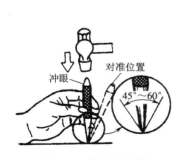

图 7-12 样冲的应用

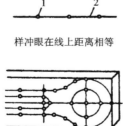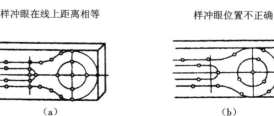

图 7-13 划线打样冲眼

（a）正确；（b）不正确

1—样冲眼；2—划线

4. 划线方法

平面划线与平面作图的方法相似,只是所用的工具不同。平面划线用钢直尺、90°角尺、划针和划规等。

立体划线主要用直接翻转工件法,可以对工件进行全面检查,并能在任意表面上划线。其缺点是调整或找正困难,工作效率低,劳动强度大。图 7-14 为轴承座的立体划线具体步骤。

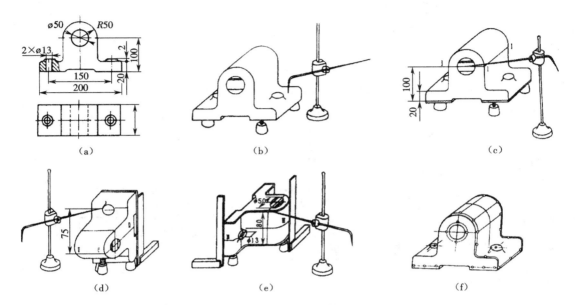

图 7-14 轴承座的立体划线

(a)轴承座零件图;(b)根据大孔及上平面调节千斤顶,使工件水平;(c)划底面加工线和大孔的水平中心线;

(d)翻转 90°,用角尺找正,划大孔的垂直中心线及螺钉孔中心线;

(e)再翻转 90°,用角尺两个方向找正,划螺钉另一方向的中心线及大端面的加工线;(f)打样冲眼

7.1.2 锯切

锯切是用手锯(图 7-15)把工件锯断或锯出沟槽的操作。手锯由锯弓和锯条组成。在锯弓上安装锯条时,锯齿必须向前,锯条安装不能过紧或过松,否则容易折断。

1. 锯条的种类及应用

锯条按锯齿的大小(每 25 mm 长度内的齿数)分为粗齿(14 ~ 18 齿)、中齿(24 齿)和细齿(32 齿)。粗齿适于锯铜、铝等软金属及厚工件;中齿用于加工普通钢、铸铁及中等厚度工件;细齿适于锯硬钢、板料及薄壁管。

2. 锯切的方法

工件夹持在虎钳上,伸出钳口不应过长,以免锯切时产生振动。夹持圆管或圆形工件时,应用带有 V 形槽的夹块(图 7-16)。

锯切时应注意起锯、锯切压力和往返长度。开始时往返行程要短,压力要轻,速度要慢,锯条要与工件表面垂直。锯成锯口后,往返行程要长,返回时不要施压。快锯断时,用力要轻,速度要慢,行程要短。

140

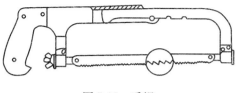

图 7-15　手锯

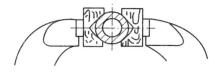

图 7-16　圆形工件的夹持

7.1.3　锉 削

锉削是用锉刀对工件表面进行加工的操作。它多用于锯切之后,加工各种各样的表面,如平面、内外曲面、形孔和沟槽等。

1. 锉刀的种类及应用

锉刀(图 7-17)是由碳素工具钢制成的,根据工作部分长度划分规格,常用的有 100 mm、150 mm、200 mm、250 mm、300 mm 等几种规格。锉刀的齿形如图 7-18 所示。

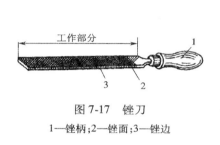

图 7-17　锉刀
1—锉柄;2—锉面;3—锉边

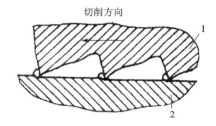

图 7-18　锉刀齿形
1—锉刀;2—工件

锉刀锉纹多制成交错排列的双纹,以便锉时省力,锉面不易堵塞。

锉刀的粗细是以锉面上每 10 mm 长度锉齿数来划分的。粗齿锉(4~12 齿)的齿距大,不宜堵塞,适于锉铜、铝等软金属;中齿锉(13~24 齿)齿距适中,适于粗锉后加工;细齿锉(30~40 齿)适于锉光或锉硬金属;油光锉(50~62 齿)只用于修光平面。

根据形状不同,普通锉刀分为平(板)锉、半圆锉、方锉、三角锉及圆锉等(图 7-19)。

除普通锉刀外,还有整形锉(亦称什锦锉)和特种锉(图 7-20)等。

2. 平面锉削方法

锉平面是锉削中最基本的操作。要锉出平直的平面,必须使锉刀的运动保持水平。平直是在锉削过程中逐渐调整两手的压力来达到的。粗锉时可用交叉锉法(图 7-21(a)),这样不仅锉得快,而且在工件锉面上能显示出高低不平的痕迹来,因此容易锉出平直的平面。粗锉后用顺锉法(图 7-21(b))锉出单向锉纹并锉光。

顺锉法是一种常用的锉削方法,用于锉削不大的工件和最后精锉。如果工件表面狭长或加工表面前有凸台,可用推锉法(图 7-21(c)),但效率低,主要用于提高工件表面的光滑程度和修正尺寸。

检验工件尺寸用钢直尺或游标卡尺。检验平面的平面度和垂直度用 90°角尺。图 7-22 为

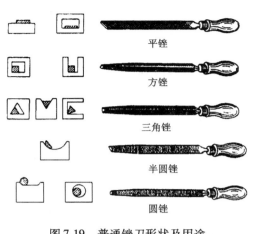

图 7-19　普通锉刀形状及用途

平锉

方锉

三角锉

半圆锉

圆锉

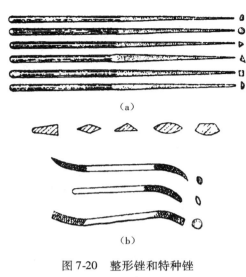

图 7-20　整形锉和特种锉

(a)整形锉;(b)特种锉

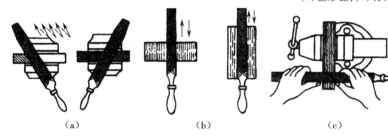

(a)　　　　　　(b)　　　　　　(c)

图 7-21　平面锉削方法

(a)交叉锉法;(b)顺锉法;(c)推锉法

用90°角尺检验平面度的方法。

7.1.4　刮削

刮削是用刮刀(图7-23)从工件表面刮去很薄一层金属的操作。刮削多在切削加工之后进行,刮去表面突出的高点,改善工件表面质量,使两配合表面均匀接触,并形成油膜,减少摩擦。

1.刮刀的种类及应用

常用刮刀有平面刮刀和三角刮刀,它们由碳素工具钢或轴承钢制成。平面刮刀的端部在砂轮上磨出刃口再用油石磨光,主要用于刮削平面,如工作台台面、导轨面等。刮削时右手握住刀柄,推动刮刀;左手放在靠近刮刀端部的位置,引导刮削方向并加压(图7-24)。刮刀作直

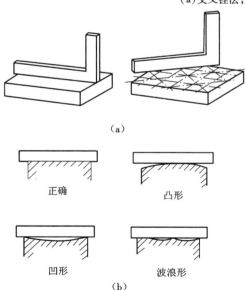

(a)

正确　　　　　　凸形

凹形　　　　　　波浪形

(b)

图 7-22　锉削平面的检验

(a)用90°角尺检验;(b)检验结果

线运动,推出去是切削,收回是空行程。刮削时用力要均匀,刮刀要拿稳。

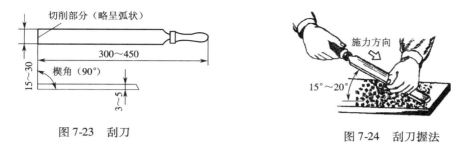

图 7-23　刮刀　　　　　　　　　　　图 7-24　刮刀握法

三角刮刀用于刮削滑动轴承的轴瓦(图 7-25),以达到与轴颈的良好配合。

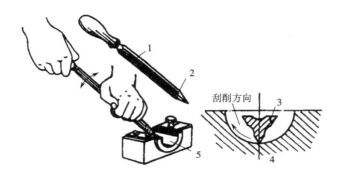

图 7-25　用三角刮刀刮削轴瓦
1—三角刮刀;2—切削部分;3—刮刀切削部分;4—工件;5—轴瓦

2. 刮削精度和检验方法

刮削精度通常用研点法检验(图 7-26),所用工具为标准平板。在工件表面均匀地涂上一层很薄的红丹油,然后将工件放在标准平板上配研。配研后,工件表面上的高点因磨去红丹油而显出亮点(即贴合点)。刮去亮点再配研。这样反复进行,直到满足精度要求为止。

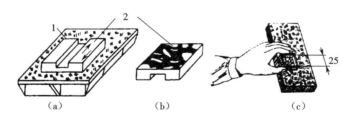

图 7-26　研点法
(a)配研;(b)显出的贴合点;(c)精度检验
1—标准平面;2—工件

刮削表面的精度是以 25 mm × 25 mm 内均匀分布的研点数来表示的。普通机床导轨面要求 8 ~ 10 个点,更精密的为 12 ~ 15 个点。研点越多,表示工件表面的接触精度越高。

3. 刮削方法

平面刮削分粗刮和精刮两种。当工件表面有显著的加工痕迹或加工余量较大时,要先进

143

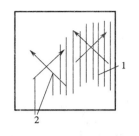

图 7-27　粗刮方向

1—切削加工刀痕；2—刮削方向

行粗刮,这样可以避免研点时刮伤平板。粗刮时,刮削痕迹要连成片,刮削方向与残留刀痕方向成45°左右,多次刮削的方向要交叉(图 7-27)。当切削加工刀痕刮除后,即可研点子。直到工件表面上的贴合点增至(在 25 mm×25 mm 内)4~5 个后,开始精刮。

精刮时用较窄的刮刀把已经贴合点的点子一个一个刮去,使一个点变成几个点,从而增加贴合点的数目,直至达到要求为止。刮削后的平面应该有细致而均匀的网纹,不应有刮伤和落刀的痕迹。

曲面刮削与平面刮削一样,用标准心轴在曲面(如轴瓦)上研点子,直到刮削部位符合要求为止。

7.1.5　攻丝

攻丝是用丝锥加工内螺纹的操作。

1. 丝锥和铰杠

丝锥(图 7-28)的工作部分由切削部分和校准部分组成。切削部分的作用是切去孔内螺纹牙间的金属;校准部分的作用是修光螺纹和引导丝锥。M8~M24 的手用丝锥一般是两支为一组,小于 M8 和大于 M24 的多制成三支一组,分别称头锥、二锥和三锥。头锥的作用是进行主要切削,将螺纹加工到接近尺寸;二锥、三锥的作用主要是进行螺纹的校准和修光,加工到应有的尺寸和精度。

铰杠(图 7-29)是扳转丝锥的工具,常用的铰杠为可调式,以便夹持各种不同尺寸的丝锥。

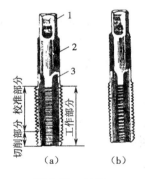

图 7-28　丝锥

(a)头锥;(b)二锥

1—方头;2—柄;3—槽

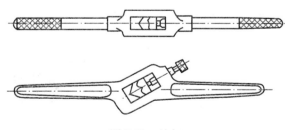

图 7-29　铰杠

2. 攻丝方法

攻丝前要先钻孔,钻头直径 d_0 可以查表或根据下列公式计算:

$$d_0 = D - P（加工钢料等塑性金属时）$$

$$d_0 = D - 1.1P（加工铸铁等脆性金属时）$$

式中: D——内螺纹大径,mm;

　　　P——螺距,mm。

144

攻不通孔的螺纹时,因丝锥不能攻到孔底,所以孔底深度要大于螺纹长度,不通孔深度可按下式计算:

$$孔底深度 = 螺纹长度 + 0.7D$$

攻丝时,将头锥头部垂直放入孔内,转动铰杠,适当加压,直至切削部分全部进入后,可以用两手平稳地转动铰杠,每转 1 ~ 2 圈倒转 1/4 圈,以便断屑(图 7-30)。在钢件上攻丝要加机油润滑,在铸铁件上攻丝可以加煤油润滑,然后依次用二锥、三锥攻制螺纹(先用手将丝锥旋入孔内,旋不动时再用铰杠,此时不必施压)。

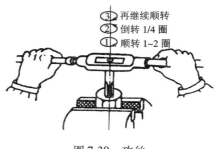

图 7-30 攻丝

7.1.6 套扣

套扣是用板牙切出外螺纹的操作。

1. 板牙和板牙架

板牙有固定式和开缝式(可调式)两种。开缝式板牙(图 7-31)的螺纹孔径的大小可作微量调节。孔两端有 60°锥度,主要起切削作用。中间一段是校准和导向部分。

套扣时用板牙架(图 7-32)夹持板牙,并带动其旋转。

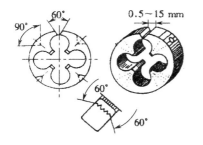

图 7-31 开缝式板牙

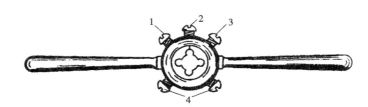

图 7-32 板牙架

1、3—调整板牙螺钉;2、4—紧固板牙螺钉

2. 套扣方法

套扣前应检查圆杆直径的大小。在钢料上套扣时,圆杆直径可用下式计算:

$$d_w = d - 0.2P$$

式中:d_w——圆杆直径,mm;

d——外螺纹大径,mm;

P——螺距,mm。

圆杆端部套扣必须有倒角。套扣时板牙端面与圆杆垂直,开始转动板牙时稍加压力,套入几扣后只转动不加压,时常倒转,以便断屑(图 7-33)。钢件套扣时,应加机油润滑。

145

图 7-33　套扣

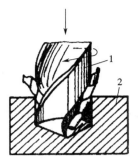

图 7-34　钻削运动
1—钻头;2—工件

7.2　孔加工

孔是组成零件的基本表面之一,孔的加工方法主要有钻孔、扩孔、铰孔和镗孔。直径小、位置精度要求不高的孔在钻床上加工;直径大、位置精度要求高的孔在镗床上加工。

7.2.1　钻孔

用钻头在实体材料上加工孔称为钻孔。钳工钻孔在钻床上进行。钻头旋转为主运动,钻头沿轴向移动为进给运动(图7-34)。钻孔的精度约为 IT12,表面结构参数 Ra 可达 12.5 μm。

1.常用钻床

常用钻床有台式钻床、立式钻床和摇臂钻床。

1)台式钻床(图7-35)

台式钻床简称台钻,常用来钻削直径 12 mm 以下的小孔。钻头通过钻夹头装在主轴上,由电机经带传动带动旋转。通过改变传动带在带轮上的位置,可以使主轴得到不同的转速。进给运动由手动完成。台钻小巧灵活,多用于加工小型工件上的小孔,在钳工和装配中用得较多。

2)立式钻床(图7-36)

立式钻床简称立钻,规格用最大钻孔直径表示,有 25 mm、35 mm、40 mm 和 50 mm 等几种,它常用于钻中型工件上的孔。立式钻床主要由机座、立柱、主轴变速箱、进给箱、主轴、工作台和电动机等组成。主轴变速箱和进给箱与车床类似,用来改变主轴的转速和进给量。钻小孔时,转速高;钻大孔时,转速低。钻孔时,工件安装在工作台上,通过移动工件位置使钻头对准孔的中心。

3)摇臂钻床(图7-37)

此钻床用于加工大型或多孔工件上的孔。由于摇臂能绕立柱回转和沿立柱上下移动,主轴箱可以在摇臂上水平移动,因而能方便地调整刀具的位置,以对准被加工孔的中心,而工件不需移动。

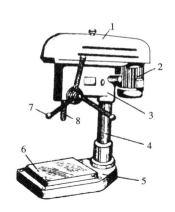

图 7-35 台式钻床

1—带罩;2—电动机;3—主轴架;4—立柱;5—机座;
6—工作台;7—进给手柄;8—主轴

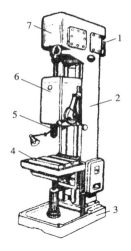

图 7-36 立式钻床

1—电动机;2—立柱;3—机座;4—工作台;
5—主轴;6—进给箱;7—主轴变速箱

2. 麻花钻和钻夹头

麻花钻(图 7-38)是常用的钻孔工具。由钻柄和工作部分组成,直径小于 12 mm 时为直柄,直径大于 12 mm 时为锥柄。工作部分包括切削部分和导向部分。切削部分有两个对称的主切削刃(图 7-39),两刃间的夹角 $2\phi \approx 116° \sim 118°$。两个主后刀面的交线为横刃,切削条件很差,常用修磨的方法缩短横刃。导向部分有两条刃带和螺旋槽,刃带的作用是引导钻头,螺旋槽的作用是容屑和排屑。

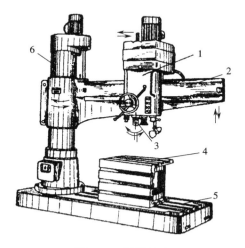

图 7-37 摇臂钻床

1—主轴箱;2—摇臂;3—主轴;
4—工作台;5—机座;6—立柱

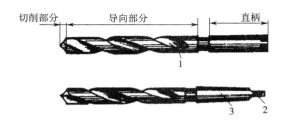

图 7-38 麻花钻

1—螺旋槽;2—扁头;3—锥柄

直柄钻头经常用钻夹头(图 7-40)安装。锥柄钻头可以直接装入主轴锥孔内,较小的钻头可以通过过渡锥套安装。

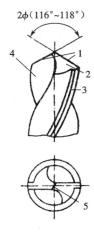

图 7-39 麻花钻的切削部分
1—主切削刃;2—主后刀面;3—刃带;
4—螺旋槽;5—横刃

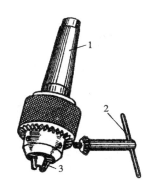

图 7-40 钻夹头
1—与钻床主轴锥孔配合;2—紧固扳手;
3—自动定心夹爪

7.2.2 扩孔和铰孔

对于精度和表面结构要求较高的孔,在钻孔之后还要进行扩孔或铰孔。

1. 扩孔

扩孔是用扩孔钻(图 7-41)将已钻出、铸出或锻出的孔进行扩大或提高精度的加工(图 7-42)。扩孔可作为孔的最后加工,也可作为铰孔前的预加工。

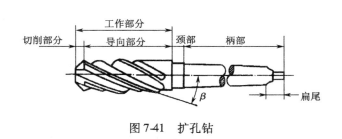

图 7-41 扩孔钻

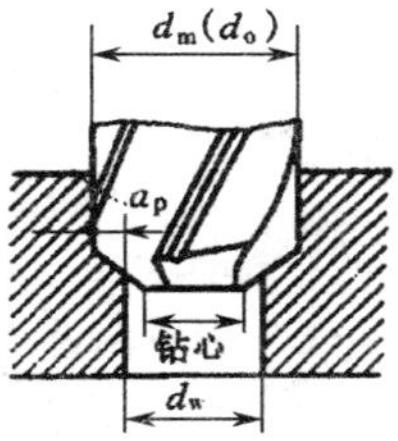

图 7-42 扩孔

扩孔钻有 3~4 个切削刃,没有横刃,钻心粗,刚度好,导向性好,切削平稳。因此,加工精度比钻孔高,可达 IT10~IT9;表面结构参数值比钻孔小,表面结构参数 Ra 可达 6.3~3.2 μm。

2. 铰孔

铰孔是用铰刀对孔进行精加工。加工精度可达 IT7~IT6,表面结构参数 Ra 可达 1.6~0.8 μm。

铰刀(图 7-43)有较多的切削刃,每个切削刃的负荷较轻。铰刀分手用铰刀和机用铰刀两种。手用铰刀为直柄,工作部分长;机用铰刀多为锥柄,可装在车床、钻床或镗床上。铰刀的工作部分是由切削部分和修光部分组成。切削部分呈锥形,担负切削工作;修光部分起导向和修

148

光作用。

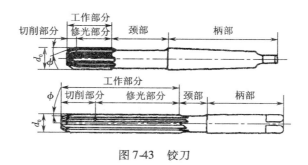

图 7-43 铰刀

铰孔时用较低的切削速度、合适的切削液,可减小孔底表面的结构要求。

麻花钻、扩孔钻、铰刀都是定尺寸刀具,孔底尺寸主要由刀具保证。钻孔→扩孔→铰孔为中小尺寸孔加工的典型工艺。若加工直径较大的孔或孔内有环槽,则要用镗孔。

7.2.3 镗孔

1. 卧式镗床和镗刀

卧式镗床(图 7-44)主要用来加工大型工件上的孔和孔系(有相互位置精度要求的多个孔),容易保证这些孔的位置精度。镗孔的精度可达 IT8 ~ IT7,表面结构参数 Ra 为 $1.6 \sim 0.8 \mu m$。

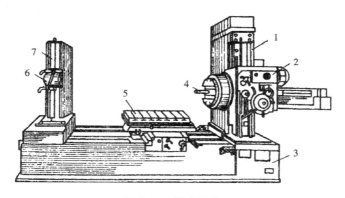

图 7-44 卧式镗床

1—立柱;2—主轴箱;3—床身;4—主轴;5—工作台;6—镗杆支撑;7—尾架

常见的卧式镗床主要由床身、立柱、主轴箱、主轴、工作台和尾架等组成。立柱固定在床身上,尾架可沿床身导轨水平移动,主轴箱可在立柱导轨上升降,尾架上的镗杆支撑也可上下移动,以便与主轴配合来适应不同高度工件的需要。主轴可以旋转和轴向移动,用来安装镗刀杆。工件安装在工作台上。工作台滑座既可沿导轨作横向移动,也可沿床身导轨作纵向移动(图 7-45)。

镗孔时,主运动为主轴带动刀具的旋转运动,进给运动为工作台带动工件移动或主轴带动刀具的横向移动。

被加工工件的结构及孔的形状决定了选用镗刀的形式。常用的有单刃镗刀和多刃镗刀。

149

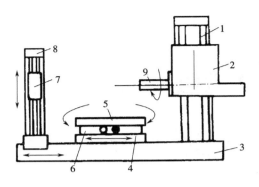

图 7-45 卧式镗床的运动

1—立柱;2—主轴箱;3—床身;4—滑座;5—工作台;6—滑板;7—镗杆支撑;8—尾架;9—主轴

单刃镗刀(图 7-46)的外形像一把内孔车刀,其中斜装的为盲孔镗刀,直装的为通孔镗刀。镗孔时,由于切削刃少,因而生产效率较低。

装配式浮动镗刀块(图 7-47)是多刃镗刀的一种,用它镗孔可提高生产效率和加工质量。安装在镗刀杆长方孔中的刀块能轻微地浮动,以弥补因镗刀杆径向跳动而产生的加工误差。刀片嵌在刀体中,刀块的尺寸可以由调节螺钉及带有斜面的垫板调整,然后用螺钉夹紧。

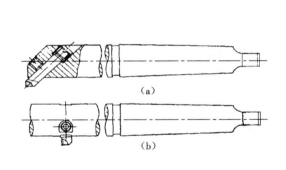

图 7-46 单刃镗刀

(a)盲孔镗刀;(b)通孔镗刀

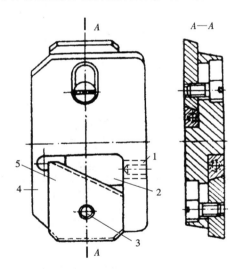

图 7-47 装配式浮动镗刀块

1—尺寸调节螺钉;2—斜面垫板;

3—刀片夹紧螺钉;4—刀体;5—刀片

2. 镗孔方法

1)镗削同轴孔(图 7-48)

镗削短孔时,用较短的镗刀杆从一个方向进行加工。镗削轴向距离较大的同轴孔时,用主轴锥孔和尾架共同支撑镗刀杆。另一种方法是用短镗刀先加工一端的孔,然后将工作台旋转 180°,再镗削另一端的孔。孔的同轴度由工作台的定位精度保证。

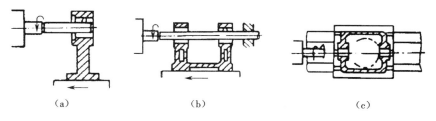

图 7-48　镗削同轴孔的方法

(a)用短镗杆镗短孔;(b)用长镗杆镗同轴孔;(c)用回转工作台法加工同轴孔

2)镗削平行孔

平行孔除要求孔轴线间的平行度外,还要求孔之间距离要有足够的尺寸精度。在单件小批生产中,镗平行孔可以按划线找正的方法进行加工。如果生产批量较大,可以利用镗模加工,这样既能保证质量,又能提高生产率。

3)镗削垂直孔

利用工作台的回转精度来保证两个孔的垂直度。先加工一个孔后,将工作台回转 90°再加工另一个孔。

除了镗孔外,在镗床上还能完成其他一些工作(图 7-49)。

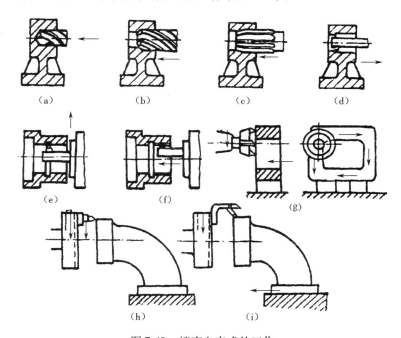

图 7-49　镗床上完成的工作

(a)钻孔;(b)扩孔;(c)铰孔;(d)镗孔;(e)镗内槽;(f)车螺纹;(g)铣平面;(h)车端面;(i)车外圆

7.3 机器的装配

1.装配

任何一台机器都是由多个零件组成的。将零件按部件组装、总体组装的顺序连接成机器,并经调整、试验使之成为合格产品的过程称为装配。

装配质量的好坏直接决定了产品的质量。产品设计时的各项技术指标必须由合格的零件和正确的装配工艺保证。

1)装配中的可拆卸连接

可拆卸连接是指拆开连接时零件不会损坏,重新安装后仍可使用的连接形式。生产中常用的可拆卸连接有螺纹连接(图 7-50(a))、键连接(图 7-50(b))和销连接(图 7-50(c))等。

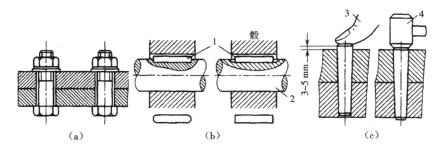

图 7-50　可拆卸连接

(a)螺纹连接;(b)键连接;(c)销连接

1—键;2—轴;3—手指;4—铜锤

拆卸连接在装配中被广泛采用。装配成组的螺钉、螺母时,应按图 7-51 所示的顺序分 2～3 次旋紧,以保证零件贴合面受力均匀,贴合可靠。对于受交变载荷或在振动条件下工作的零件,应采用防松装置(图 7-52)。

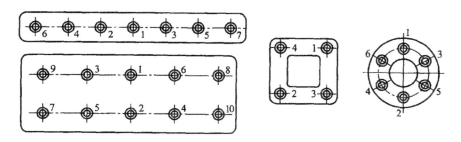

图 7-51　成组螺钉的拧紧顺序

传动轴与齿轮、皮带轮、蜗轮等带毂零件间的圆周方向的固定和转矩的传递是通过键连接实现的。装配中应注意掌握好键与键槽之间的配合松紧程度。

销连接主要是用来传递不大的载荷或固定零件的相互位置,它是组合加工和装配时的重要连接形式。

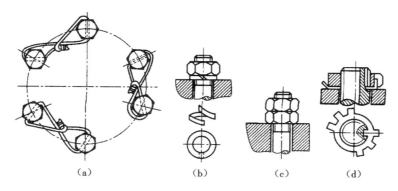

图 7-52　螺母连接的防松装置

(a)钢丝防松;(b)弹簧垫圈防松;(c)自锁螺母防松;(d)带翅垫圈防松

2）常用的装配方法

生产批量、配合性质不同时,所采用的装配方法也不同。常用的装配方法有完全互换法、选配法、修配法和调整法等。

（1）完全互换法

完全互换法所用零件或部件必须具有互换性。互换性是指在同一规格的一批零件或部件中任取一个,不需任何附加修配(如用钳工)就能装在基础零件上,并能达到规定的技术要求。完全互换法的装配精度由零件的加工精度来保证。它适合于专业产品的成批生产和流水线作业,如汽车、拖拉机、轴承、摩托车、自行车及多种家电产品的装配。

（2）选配法

它是为了降低生产成本,设计时可适当加大零件的尺寸公差值,装配前按实际尺寸将一批零件分成若干组,然后按对应的分组配合件进行装配的方法,故又称为分组装配。选配法的装配精度取决于零件的分组数,组数分得越多,装配精度就越高。它适用于成批生产、组成零件数量少且加工精度不很高,但需获得很高装配精度的地方,如柱塞泵的柱塞和柱塞孔底配合、车床尾座与套筒的配合等。

（3）修配法

这种方法在装配时修去某一配合表面的预留量,如装配车床时前后顶尖中心不等高,通过精磨或修刮尾架底座来达到装配精度的要求(图 7-53)。修配法对零件的加工精度要求不高,有利于降低生产成本,但却造成装配工序增多,时间延长,故修配法只适用于装配精度要求高的单件、小批量生产。

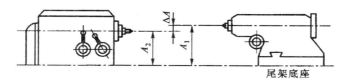

尾架底座

图 7-53　修配法

（4）调整法

该方法通过调整一个或几个零件的位置或尺寸来达到装配要求,如用楔铁调整机床导轨间隙等。装配时零件不需任何修配加工就能获得较高的装配精度,故在成批或单件生产中均可采用此法。调整法特别适用于因磨损引起配合间隙变化而需恢复精度的地方。

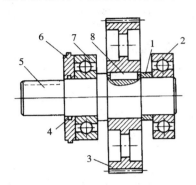

图 7-54 减速箱组件的装配
1—垫圈;2—右轴承;3—齿轮;4—毡圈;
5—传动轴;6—透盖;7—左轴承;8—键

3）装配实例

（1）减速箱组件的装配

图 7-54 为减速箱组件的装配。减速箱装配的顺序如下:

①配键,即将键装入轴上的键槽内;

②压装齿轮,即键装入齿轮毂中,实现轴与齿轮的连接;

③大轴右端装入垫圈,压装右轴承;

④压装左轴承;

⑤毡圈放进透盖槽中,将透盖装在轴上。

（2）滚珠轴承的装配方法

在机械产品中,滚珠轴承广泛用于旋转件(如传动轴)和静支撑件(如箱体、支架)之间的连接。滚珠轴承常用的装配方法有以下三种。

①冷压法。冷压法常用压力机或手锤施力。为了使轴承圈受力均匀,需采用垫套加压。轴承压到轴颈上时,应通过套筒施力于内圈端面(图 7-55(a));轴承压到箱体孔中时,应施力于外圈端面(图 7-55(b));当轴承同时压到轴颈上和机体孔中时,则内外圈端面应同时加力(图 7-55(c))。

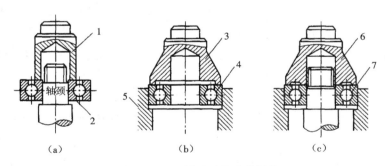

图 7-55 压配轴承时的套筒衬垫
(a)内圈与轴颈的装配;(b)外圈与轴承孔的装配;(c)内外圈同时压入轴颈与轴承孔
1、3、6—套筒;2—内环;4、7—外环;5—座孔

②热压法。当轴承与轴颈间采用较大过盈配合,用冷压法难于压装,或需要换大吨位压力机才能进行冷压装配时,可将轴承吊在 $80 \sim 90 \ ^\circ\text{C}$ 的油中加热,使其内孔尺寸膨胀(图 7-56),然后趁热将其迅速压入轴颈中,故又叫热套。

③冷缩法。冷缩法是将轴在干冰(固态 CO_2)或液氮中冷却,使其尺寸缩小后迅速装入轴承中的方法,又叫冷配。

154

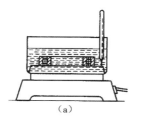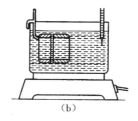

（a）　　　　　　　　　　　（b）

图 7-56　轴承在油浴中加热

（a）在网格上加热;（b）在吊钩上加热

很显然,热压法和冷缩法都是利用温差原理来改变装配零件的尺寸,从而实现装配。

2. 机器的拆卸

与装配过程一样,拆卸机器前应先读图,了解机器的结构,然后再确定拆卸方法和步骤。

拆卸的过程应按与装配相反的顺序进行。从装配图上了解机器的装配顺序后,应按后装先拆,先装后拆的顺序拆卸零、部件。

3. 装配自动化

单件及中小批量生产中的装配主要采用手工或手工辅以机械的方法来进行,较大批量或大批量生产中的装配则采用具有生产效率高、质量稳定、人工参与少、劳动强度低、工作环境好等优点的流水线生产。随着计算机技术（如数控技术、网络技术、工业机器人技术等）、自动控制技术（如光控技术、电控技术等）以及自动检测技术的应用,对产品的变更具有快速、多变的适应能力,自动化程度极高的先进装配流水线,已在各种车辆装配、家用电器装配、电机装配等领域获得了很广泛的使用。

复习思考题

1. 划线的作用是什么? 何谓平面划线、立体划线?

2. 什么是划线基准? 如何选择?

3. 锯条的种类有几种? 怎样选择?

4. 锉铜、铝等金属应选择何种锉刀? 为什么?

5. 如何检验刮削后表面的精度?

6. 攻盲孔螺纹时,怎样确定孔底深度?

7. 套扣前圆杆的直径和攻丝前钻孔的直径如何确定?

8. 装配和拆卸的顺序有什么不同?

9. 常用的钻床有哪几种? 分别用在什么场合?

10. 为什么扩孔和铰孔的精度比钻孔高?

第8章 铣削加工

在铣床上用铣刀对工件进行切削加工的方法称为铣削加工。为完成铣削加工,刀具与工件之间的相对运动称为铣削运动。它是由铣刀绕自身轴线的高速旋转运动(主运动)、工件的移动和转动、刀具的移动和转动组合而成。铣削加工的尺寸精度为 IT8 ~ IT7,表面结构参数 Ra 为 6.3 ~ 1.6 μm。若以高的切削速度,小的背吃刀量对非铁金属进行精铣,则表面结构参数 Ra 为 0.4 μm。铣削的加工范围广泛,可加工各种平面、沟槽、轮齿、螺纹、花键轴以及比较复杂的型面,还可以进行切断、分度、钻孔、铰孔、镗孔等工作。图 8-1 为几种典型铣削加工。

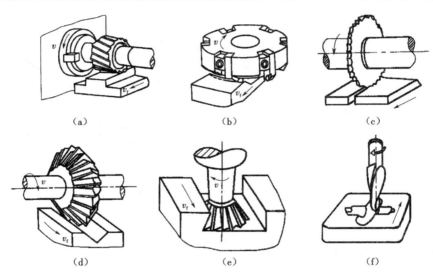

图 8-1 铣削加工范围

(a)圆柱平面铣刀铣平面;(b)端铣刀铣平面;(c)锯片铣刀切断

(d)角度铣刀铣 V 形槽;(e)燕尾槽铣刀铣燕尾槽;(f)球头铣刀铣成形面

铣削加工具有生产效率高、应用范围广等特点。在切削加工中,铣床的工作量仅次于车床。在成批大量生产中,除加工狭长的平面外,铣削几乎代替刨削。

8.0 铣削加工实习安全知识

8.0.1 铣床操作危险因素

①铣床的旋转部件一旦与人的衣服、袖口、长发、围在颈上的毛巾、手上的手套等缠绕在一

起,就会发生人身伤亡事故。

②刀具伤人。刀具装卡不牢或刀具有缺陷可造成刀具飞出伤人,误碰高速旋转的铣刀会伤及手指或手臂。

③工件伤人。工件装卡不牢,可造成工件突然飞出伤人。

④飞溅的赤热切屑易划伤或烫伤人体,或伤及眼睛。

⑤铣床接地不良或电线裸露易造成触电伤害。

8.0.2 铣工实习安全操作守则

①实习时,要穿紧口工作服,要戴工作帽(长头发装进工作帽内)。不允许戴手套、围巾、围裙。严禁穿短裤、裙子、凉鞋、拖鞋。

②开动铣床前,要检查铣床手柄是否放在正确位置,工件装卡是否牢固。

③对铣床的各润滑部位要按时注油润滑,开动机床后查看机床运行是否正常。如有异常,应及时停机检查。

④变换转速前一定要停车,在铣床运行时不准扳动变速手柄。

⑤在铣床上铣削工件时,所使用的工具及量具必须放置在安全位置,严禁置于机床导轨上,不准用手触摸工件和测量工件,切勿用手清理切屑。

⑥铣刀旋转时,头和手不能靠近铣刀及工件。

⑦铣床加工工件时,一般不用顺铣只用逆铣。不允许使用快速进给,不允许两个方向同时进行机动进给,严禁随意调整和拆除机床限位。

⑧铣床在机动进给时,其在所作进给方向的紧固手柄应松开。工作台快速进给时,应注意手动手柄是否脱开,以免伤人。

⑨操作位置要正确,一定要避开刀具、工件和切屑可能飞出的方向,以防发生人身事故。

⑩使用扳手时,用力方向不能指向铣刀,以免打滑造成工伤。

⑪开动铣床后,精神要集中,不能擅自离开,如需离开应关停铣床。若发现异常情况,应立即停机检查。

⑫工作结束后,应清理机床卫生,将有关操作手柄放回正确位置,并切断机床电源。

8.1 铣床

8.1.1 铣床的种类

铣床的种类很多,依据国标 GB/T 15375—2008 铣床类机床分为 10 组,分别是 0 组仪表类铣床、1 组悬臂及滑枕铣床、2 组龙门铣床、3 组平面铣床、4 组仿形铣床、5 组立式升降台铣床、6 组卧式升降台铣床、7 组床身铣床、8 组工具铣床、9 组其他铣床。每组铣床中包含不同的系。如 X6132 表示万能卧式升降台式铣床,工作台面的宽度为 320 mm。

升降台铣床用于加工各种中小型零件,应用最广。依据主轴与工作台面的关系不同,分为卧式、立式两大组。立式铣床主轴与工作台面是垂直的,见图 8-2。卧式铣床的主轴与工作台面是平行的,见图 8-3。

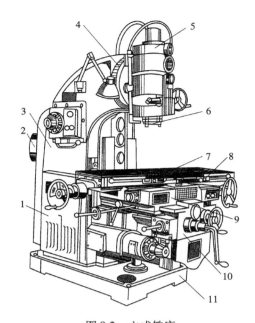

图 8-2　立式铣床

1—床身;2—主电动机;3—主轴箱;
4—主轴头架旋转刻度盘;5—主轴头;6—主轴;7—工作台;
8—转台;9—横向滑座;10—垂直升降台;11—底座

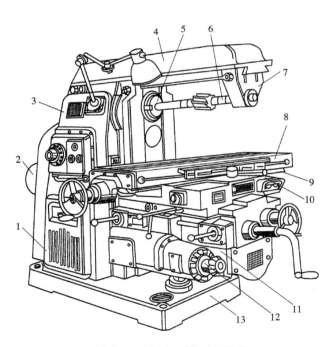

图 8-3　X6132 型万能卧式铣床

1—床身;2—主电动机;3—主轴箱;4—横梁;5—主轴;6—铣刀心轴;7—刀杆支架;
8—纵向工作台;9—转台;10—横向工作台;11—垂直升降台;12—进给箱;13—底座

8.1.2 卧式升降台铣床的组成及其作用

①床身。床身是铣床的主体,它可以用来连接和支撑铣床上的所有部件,床身内部有主传动变速机构和主轴。

②横梁。横梁与床身上部的水平导轨连接,它可沿床身的水平导轨移动,调整其伸出长度,在刀轴最外端与横梁之间安装吊架可加强刀轴的刚性与强度。

③主轴。铣床主轴是一根空心轴,它的前端有7:24的精密锥孔,其作用是安装铣刀和刀轴,并带动铣刀旋转。

④纵向工作台。纵向工作台的台面上有三条T形槽,用于安装工件或机床附件。纵向工作台与转台的导轨连接,它可以沿纵向导轨作纵向移动,以带动工件作纵向进给。

⑤转台。转台能带动纵向工作台在水平面内扳转角度,其扳转角度的最大值为±45°,转台又安装在横向工作台上。

⑥横向工作台。横向工作台位于升降台的水平导轨上,它可带动转台和纵向工作台一起作横向进给。

⑦升降台。升降台可使整个工作台沿床身的垂直导轨上下移动,以调整工作台面上的工件与铣刀的距离,升降台的内部装有进给变速机构,可将进给电机的运动传给各工作台。

8.2 铣刀及其安装

8.2.1 铣刀的种类及用途

铣刀的种类很多,可以从不同方面进行分类。

1. 按铣刀的结构分类

按铣刀的结构可分为整体型和镶嵌型。

①整体型铣刀(图8-4(a))。整体型铣刀刀齿与刀体是由同一种材料制成的。此类刀具直径较小,刀柄通常为圆柱形。

②镶嵌型铣刀(图8-4(b)、(c))。镶嵌型铣刀刀齿与刀体是由两种不同材料制成的。刀片与刀体通过焊接或机夹方式连接在一起。

2. 按铣刀的安装方式分类

按铣刀的安装方式可分为带孔铣刀和带柄铣刀。

①带孔铣刀。带孔铣刀是安装在卧式铣床的刀轴上使用的一种铣刀,能加工各种表面,应用范围较广,如圆柱平面铣刀、三面刃铣刀、锯片铣刀等。

②带柄铣刀。带柄铣刀有直柄和锥柄之分。一般直径小于20 mm的较小铣刀做成直柄,直径较大的铣刀做成锥柄。此类铣刀直接安装于铣床主轴上,或用过渡套将铣刀装于铣床主轴上。

3. 按铣刀的形状和用途分类

此种分类方法应用较多。

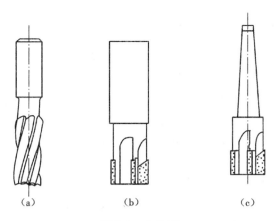

图 8-4　立铣刀

(a)整体型;(b)镶嵌型直柄;(c)镶嵌型锥柄

①圆柱平面铣刀。它用于卧式铣床上加工平面。这种铣刀如图 8-5(a)所示,仅在刀具的圆柱表面上有切削刃,其齿形有直齿和螺旋齿两种。直齿在切削过程中会产生振动,而螺旋齿在铣削过程中工作平稳,但加工时会产生一定的轴向力。

②端铣刀。其刀齿分布在铣刀的端面和圆柱面上,多用在立铣床上加工平面,也可用于卧式铣床上来铣削工件的侧面。硬质合金镶齿端铣刀如图 8-5(b)所示,可用于高速铣削,其生产效率较高。

③立铣刀。它是一种带柄铣刀,如图 8-5(c)所示,在圆周上最少有三个切削刃,端面切削刃没有交于铣刀中心,故在铣削工件时不能沿铣刀轴向进给,一般多用于铣削小平面、端面、斜面、台阶面、直槽和 V 形槽等。

④三面刃铣刀。其圆周和两端面有切削刃的铣刀,称三面刃铣刀,如图 8-5(d)所示。它可以用在卧式铣床上加工直角沟槽、台阶面和较宽的侧面等。

⑤角度铣刀。分单角铣刀和双角铣刀两种,而双角铣刀又有对称双角铣刀和不对称双角铣刀,图 8-5(f)是单角铣刀,图 8-5(g)是对称双角铣刀。角度铣刀根据刀具角度的不同,可以在卧式铣床上对各种不同角度的工件进行加工,如螺旋槽、V 形槽等。

⑥锯片铣刀。只有圆周上有切削刃,呈盘状,较薄,可以在卧式铣床上铣削窄槽和切断工件,如图 8-5(e)所示。

⑦键槽铣刀。它是一种带柄铣刀,有直柄和锥柄两种形式。它的圆周上只有两个切削刃,两个端面切削刃相交于刀具中心,如图 8-5(h)所示,在对工件的加工过程中可沿刀具的轴向进给,故用键槽铣刀铣封闭键槽时钻孔、铣槽一次完成。

⑧T 形槽铣刀。它是一种专用铣刀,可以将铣完直槽的工件铣成 T 形槽,如图 8-5(i)所示。

⑨燕尾槽铣刀。它是角度铣刀的一种特例,专用于加工燕尾槽,如图 8-5(j)所示。

⑩成形铣刀。其切削刃呈各种特性曲线,可加工与切削刃形状相对应的表面,如图 8-5(k)、(l)所示圆弧形铣刀。齿轮铣刀是成形铣刀的一个特例,可以加工齿轮齿形,如图 8-5(m)所示。

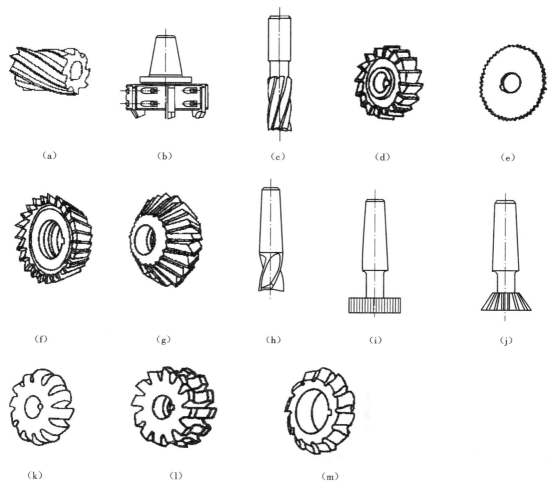

图 8-5　铣刀种类

(a)圆柱平面铣刀;(b)硬质合金镶齿端铣刀;(c)立铣刀;(d)三面刃铣刀;(e)锯片铣刀
(f)单角铣刀;(g)双角铣刀;(h)键槽铣刀;(i)T 形槽铣刀;(j)燕尾槽铣刀
(k)凸圆弧铣刀;(l)凹圆弧铣刀;(m)齿轮铣刀

8.2.2　铣刀的装夹

1. 带孔铣刀的装夹

带孔铣刀要采用铣刀杆安装。刀杆安装于铣床的主轴上。刀杆一端为锥体,先将铣刀杆锥体插入主轴锥孔中,并用拉杆螺钉穿过机床主轴将刀杆拉紧。主轴的动力通过锥面和前端的键带动刀杆旋转。通过套筒调整铣刀的合适位置,然后把刀杆另一端用吊架支撑。支撑好后,拧紧刀杆端部螺母,如图 8-6 所示。

在安装铣刀时要注意以下几点:

①铣刀安装前应先将刀轴、铣刀垫圈擦干净;

②铣刀应尽可能靠近机床主轴或支架,以使刀具在切削工件时刀轴不易弯曲变形;

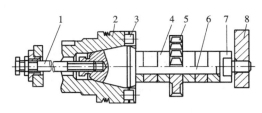

图 8-6 带孔铣刀的装夹

1—拉杆;2—主轴;3—端面键;4—套筒;
5—铣刀;6—刀杆;7—螺母;8—吊架

③铣刀和刀轴间一般有键连接;

④拧紧刀杆端部螺母前必须先装好吊架以防刀轴变弯。

2. 直柄铣刀的装夹

直柄铣刀要通过弹簧夹头来安装。安装前应先将铣刀和弹簧夹头擦干净,再将弹簧夹头安装于铣床主轴锥孔中,最后把铣刀放入弹簧套内,收紧螺母,使弹簧套作径向收缩而将铣刀的刀柄夹紧,如图 8-7 所示。

3. 锥柄铣刀的装夹

当铣刀锥柄尺寸与主轴端部锥孔相同时,可直接将铣刀安装于铣床主轴中,并用拉杆拉紧。否则要通过过渡锥套来安装,如图 8-8 所示。

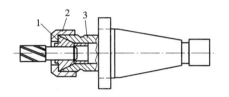

图 8-7 直柄铣刀的装夹

1—弹簧套;2—螺母;3—夹头体

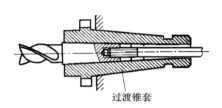

图 8-8 锥柄铣刀的装夹

8.3 工件的安装

工件在铣床上的安装方法主要有三大类。

1. 用通用夹具装夹

平口钳、分度头和回转工作台都可以用于安装工件。

2. 压板安装

当工件较大或形状特殊时,可以用压板、螺栓、垫铁和挡块把工件直接固定在工作台上进行铣削,如图 8-9 所示。

3. 用专用夹具或组合夹具装夹

当生产批量较大时,可采用专用夹具或组合夹具安装工件,这样既能提高生产效率,又能保证工件的加工质量,如图 8-10 所示。

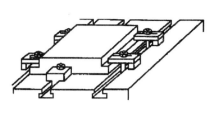
图 8-9 用压板安装工件

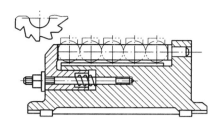
图 8-10 用专用夹具安装工件

8.4 铣削工艺

在用铣床加工工件之前,首先应根据零件余量、精度、待加工表面的形状,正确选择铣削用量、铣削方式、铣削顺序、刀具、夹具等。本节介绍铣削用量、铣削方式和典型表面的铣削。

8.4.1 铣削用量

铣削时切削用量由铣削速度 v_c(或主轴转速 n)、进给量 f(或每分钟进给量 v_f、每齿进给量 f_z)、铣削深度(又称背吃刀量)a_p、铣削宽度(又称侧吃刀量)a_e 四要素组成。

1. 铣削速度 v_c(m/min)

铣削速度即铣刀最大直径处的线速度,可由下列公式计算:

$$v_c = \pi \cdot d \cdot n / 1\,000$$

式中:d——铣刀直径,mm;

n——铣刀转速,r/min。

2. 进给量 f

进给量为铣削时工件在进给方向上相对于刀具的移动量。由于铣刀是多齿形的刀具,所以有以下三种度量方法:

①每齿进给量 f_z,即铣刀转过一个齿向角,工件在进给方向移动的距离(mm/齿);

②每转进给量 f,即铣刀每转一转,工件在进给运动方向上的距离(mm/r);

③每分钟进给量 v_f,即每分钟工件在进给方向上的移动距离(mm/min)。

可见,f_z 与 f 之间有下列关系:

$$v_f = f \cdot n = f_z \cdot z \cdot n$$

式中:z——铣刀齿数。

3. 铣削深度 a_p

铣削深度是指平行于铣刀轴线方向测量的切削尺寸(mm),如图 8-11 所示。

4. 铣削宽度 a_e

铣削宽度是指垂直于铣刀轴线方向测量的切削尺寸(mm),如图 8-11 所示。

8.4.2 铣削方式

根据铣刀在切削时对工件作用力的方向与工件移动方向的区别,分为顺铣和逆铣。铣刀

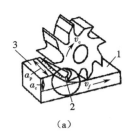 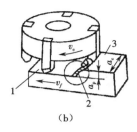

（a） （b）

图 8-11　铣削用量

（a）周铣；（b）端铣

1—已加工表面；2—过渡表面；3—待加工表面

旋转方向与工件进给方向相同时的铣削称为顺铣（图 8-12（a））；刀具旋转方向与工件进给方向相反时的铣削称为逆铣（图 8-12（b））。

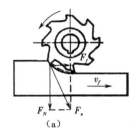 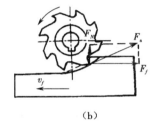

（a） （b）

图 8-12　顺铣和逆铣

（a）顺铣；（b）逆铣

逆铣时，每个刀齿的切削层厚度是从零增大到最大值。由于铣齿刀刃口处总有圆弧存在，而不是绝对尖锐的，所以在刀齿接触工件的初期，不能切入工件，而是在工件表面上挤压、滑行，使刀齿与工件之间的摩擦加大，加速刀具磨损，同时也使表面质量下降。顺铣时，每个刀齿的切削层厚度是由最大减小到零，从而避免了上述缺点。

逆铣时，铣削力上抬工件；顺铣时，铣削力将工件压向工作台，减少了工件震动的可能性，尤其铣削薄而长的工件时，更为有利。

由上述分析可知，从提高刀具耐用度和工件表面质量、增加工件夹持的稳定性等观点出发，一般以采用顺铣法为宜。但是，顺铣时忽大忽小的水平分力与工件的进给方向是相同的，因工作台进给丝杠与固定螺母之间一般都存在间隙，而容易引起工件颤动，所以在一般铣床尚没有消除工作台丝杠与螺母之间间隙的机构的情况下，仍多采用逆铣法。可见，顺铣的优点很多，但当铣床工作台丝杠的传动间隙没有消除时是不能使用顺铣的。

8.4.3　典型表面的铣削

1. 铣平面

平面的加工是铣削加工中最常见、最基本的工作。平面包括水平面、垂直面、斜面、阶梯面等。

1）铣水平面

水平面可以在卧式铣床上用圆柱平面铣刀加工，也可以在立式铣床上用端铣刀加工，如图8-1（a）、（b）所示。

2）铣垂直面

较大的垂直面可在卧式铣床上用端铣刀加工（图8-13），较小的垂直面可用三面刃铣刀加工或在立式铣床上用立铣刀加工。立铣刀加工范围广泛，还可进行各种内腔表面的加工，如图8-14所示。

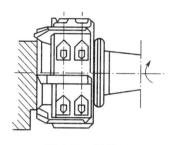
图8-13 铣端面

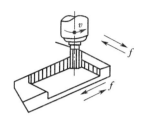
图8-14 立铣刀铣内腔

3）铣台阶面

利用三面刃铣刀可以在卧式铣床上进行台阶面的铣削，如图8-15（a）所示；也可以用大直径的立铣刀在立式铣床上铣削，如图8-15（b）所示。在加工成批量台阶面时，可利用组合铣刀同时铣削几个台面，从而提高加工效率，易于保证相对位置精度，如图8-15（c）所示。

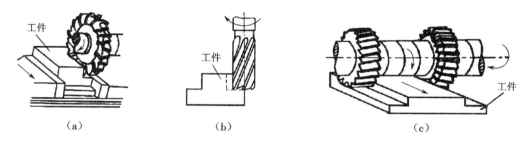

（a）　　　　　　　　　　（b）　　　　　　　　　　（c）

图8-15 铣台阶面

（a）三面刃铣刀铣台阶面；（b）立铣刀铣台阶面；（c）组合铣刀铣台阶面

4）铣斜面

斜面的铣削方法主要有以下几种。

①把工件倾斜所需角度。将工件要加工的斜面进行划线，然后按划线在工作台、平口钳上通过垫斜铁校平工件，夹紧后即可铣出斜面，如图8-16（a）所示；也可利用可回转的平口钳、分度头等带动工件转一角度铣斜面，如图8-16（b）所示。

②把铣刀倾斜所需的角度。调整立铣头，使铣刀倾斜角度与工件斜面角度相同，然后即可铣削斜面，如图8-17所示。

③用角度铣刀铣斜面。选择与工件斜面角度相同的铣刀，可对较小宽度的斜面进行铣削，如图8-18所示。

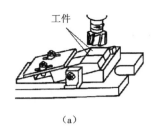
（a）

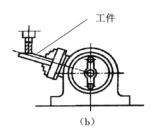
（b）

图 8-16　工件倾斜铣斜面

（a）垫斜铁铣斜面；（b）用分度头铣斜面

图 8-17　旋转立铣头铣平面

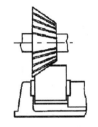

图 8-18　角度铣刀铣斜面

2. 铣沟槽

常见的沟槽有键槽、圆弧槽、T 形槽、燕尾槽和螺旋槽等。

1）铣键槽

常见的键槽有封闭式和敞开式两种。加工单件封闭式键槽时，一般在立式铣床上进行，用平口钳装夹工件，工件的装夹方法如图 8-19（a）所示，但需找正。成批量加工封闭式键槽时，则在键槽铣床上进行加工，用抱钳夹紧工件，工件的装夹方法如图 8-19（b）所示。加工敞开式键槽可以利用三面刃铣刀在卧式铣床上铣削，如图 8-19（c）所示。

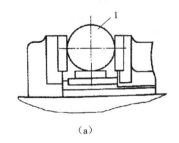
（a）

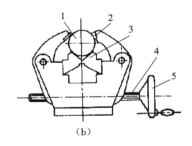
（b）

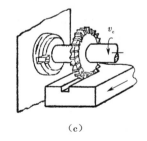
（c）

图 8-19　铣键槽

（a）铣单件键槽；（b）成批加工封闭键槽；（c）三面刃铣刀铣键槽

1—工件；2—夹紧爪；3—V 形定位块；4—左右旋丝杠；5—压紧手轮

2）铣圆弧槽

铣圆弧槽可用立铣刀在立式铣床上进行铣削，工件用压板螺栓直接装在回转工作台上。

3）铣 T 形槽和燕尾槽

铣削 T 形槽与燕尾槽的基本步骤相似，应分两步进行，即先用立铣刀或三面刃铣刀铣出

166

直槽,然后在立式铣床上用T形槽或燕尾槽铣刀最终加工成形,如图8-20所示。

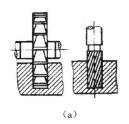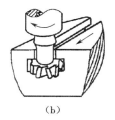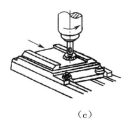

（a） （b） （c）

图 8-20　铣 T 形槽和燕尾槽

(a)铣直槽;(b)铣 T 形槽;(C)铣燕尾槽

4）铣螺旋槽

铣螺旋槽通常在万能卧式铣床上与分度头配合进行。铣削时,铣刀作旋转运动,工件沿轴线匀速直线移动的同时在分度头的带动下作匀速旋转运动。可见,要铣出一定导程的螺旋槽,必须保证工件纵向移动一个导程时工件恰好转过一周。通过铣床丝杠和分度头之间的交换齿轮实现这一运动要求。

3. 铣成形面

在铣床上可以用成形铣刀加工成形面,如图8-21所示;也可以用铣床各轴之间的联动关系加工不同的成形面。

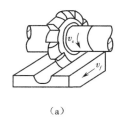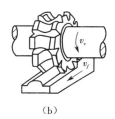

（a） （b） （c）

图 8-21　成形铣刀加工成形面

(a)凹圆弧表面;(b)凸圆弧表面;(c)模数铣刀铣齿形

在铣床上利用分度头可以铣削花键、直齿圆柱齿轮、斜齿圆柱齿轮和蜗轮。铣齿轮齿形是一种成形面加工方法,所用刀具的形状与齿轮法截面的形状相同,利用刀具与工件之间的配合运动加工出不同的齿轮。下一节将要详细讲述齿形的加工。

4. 铣床镗孔

镗孔通常在车床或镗床上进行。在铣床上只适宜镗削中小型工件上的孔,其尺寸公差可达 IT8～IT7,表面结构参数 Ra 可达 3.2～1.6 μm。

在卧式铣床上镗孔的方法如图8-22所示,孔的轴线应与定位面平行。可将镗刀刀杆外锥面直接装入主轴锥孔内镗孔,如图8-22(a)所示。若刀杆过长,可用吊架支撑,如图8-22(b)所示。

在立式铣床上镗孔,如图8-23所示,孔的轴线与定位面应互相垂直。

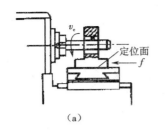
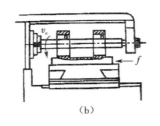
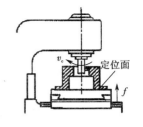

图 8-22　在卧式铣床上镗孔　　　　　　　　　图 8-23　在立式铣床上镗孔
（a）刀杆直接插入主轴锥孔；（b）利用吊架支撑

8.5　齿形加工

　　齿轮是传递运动和动力的重要零件,在机械、仪器、仪表中应用非常广泛。齿轮的承载能力、工作性能、使用寿命及工作精度都与其质量有关。齿形加工是齿轮加工的核心和关键。

　　齿轮齿形的种类很多,此处只限于研究渐开线齿形。根据轮齿形成原理的不同,齿形加工分为成形法和展成法两类。

　　成形法是利用与被加工齿轮齿间截形完全相符的成形刀具直接切出齿轮齿形的加工方法,例如在铣床上铣齿,或用成形砂轮磨齿等。

　　展成法是利用齿轮刀具和被加工齿坯间的相互啮合运动来加工出齿轮齿形的方法。加工时由机床保证刀具与工件间有一定的相对运动,刀具切削刃在连续切削的过程中所形成的包络线即为齿轮的齿形。例如在插齿机上插齿、在滚齿机上滚齿、在剃齿机上剃齿等。

　　本节仅介绍渐开线直齿圆柱齿轮的铣齿、插齿和滚齿。

8.5.1　铣齿

　　在铣床上铣齿,工件安装在心轴上,心轴一端夹紧在分度头的三爪卡盘上,一端用后顶尖支撑,用成形齿轮铣刀进行铣削,如图 8-24 所示。每铣完一个齿间,刀具退出,依据齿轮齿数对工件进行分度,再继续铣下一个齿间。每铣好一个齿间都要重复消耗一段切入、切出、退刀和分度的时间,因此加工效率较低。铣齿主要用于加工特殊齿形的仪表齿轮。

　　铣齿用的铣刀称为齿轮铣刀或模数铣刀。该铣刀有两种形式:一种是盘状模数齿轮铣刀;一种是指状模数齿轮铣刀,如图 8-25 所示。立铣加工齿轮时用指状模数齿轮铣刀,一般适于加工模数大于 $10(m \geqslant 10)$ 的齿轮。卧铣加工齿轮时所用的刀具为盘状模数齿轮铣刀,一般适于加工模数小于 $10(m \leqslant 10)$ 的齿轮。

　　由于渐开线形状与齿轮的模数 m、齿数 z 和压力角 α 有关。通常 $\alpha = 20°$,是标准值,因此,从理论上讲每一种模数和齿数的渐开线形状都是不一样的,故在加工某一种模数和齿数齿形时,都需要一把相应的成形模数铣刀。

　　生产中若每个齿数和模数都用各自的专用铣刀加工齿形是非常不经济的,所以铣刀在同一模数中分成 n 个号数,每号铣刀允许加工一定范围齿数的齿形。铣刀的形状是按该号范围中最小齿数的形状来制造的。这就造成了成形铣齿时的理论误差,造成铣齿的加工精度较低,

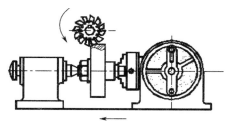

图 8-24　铣齿

（a）

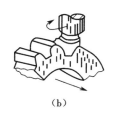

（b）

图 8-25　铣刀

（a）盘状模数齿轮铣刀；（b）指状模数齿轮铣刀

一般可达 9～11 级。最常用的是一组 8 把的模数铣刀。表 8-1 是一组 8 把铣刀号数及适用的齿数范围。选刀时,应先选择与工件模数相同的一组铣刀,再按所需铣齿轮齿数从表中查得铣刀号数即可。

表 8-1　模数铣刀的刀号及铣削加工范围

刀号	1	2	3	4	5	6	7	8
加工齿数范围	12～13	14～16	17～20	21～25	26～34	35～54	55～134	135 及以上齿条

8.5.2　插齿

插齿是插齿刀在插齿机上进行的加工。插齿刀按展成法加工直齿、斜齿齿轮和其他齿形件,主要用于加工多联齿轮和内齿轮。插齿刀和工件相当于一对圆柱齿轮作无间隙的啮合运动,将齿形加工出来。同一模数的插齿刀可以加工同一模数的各种齿数的齿轮。

1. 插齿机的结构

常见的渐开线插齿机主要有两类结构,一类是由刀具完成径向进给,如图 8-26（a）所示;另一类是由工件完成径向进给,如图 8-26（b）所示。插齿机主要由四部分组成。

①床身。连接机床各部件。图 8-26（b）机床的床身由底座和立柱两部分组成。

②工作台。装有心轴（或夹具）用于安装工件。

③横梁。用于安装刀架,使刀架带动刀具沿导轨作进给运动。

④刀架。用于固定刀轴,刀具安装在刀轴上。

2. 插齿运动

如图 8-27 所示,在插齿加工中,插齿机需要下面的切削运动。

①主运动,即插齿刀的上下往复直线运动。

②展成运动,即插齿刀与被加工齿轮的啮合运动,它由工件旋转和插齿刀旋转组成,两者保持下列关系:

$$n_{\mathrm{w}}/n_0 = z_0/z_{\mathrm{w}}$$

式中:n_{w}——工件转速;

n_0——刀具转速;

169

图 8-26　插齿机

（a）刀具径向进给；（b）工件径向进给

1—横梁；2—刀架；3—工作台；4—床身；5—立柱；6—底座

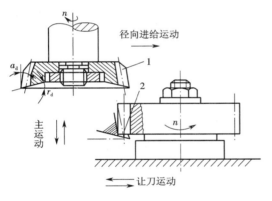

图 8-27　插齿运动

1—插刀；2—齿坯

z_w——工件齿数；

z_0——刀具齿数。

③径向进给运动。为使插齿刀逐渐切至工件齿的全深，插齿刀必须沿工件作径向相对进给运动。

④让刀运动。为避免插刀返回时与工件表面摩擦，在插齿刀返回时工件让开，而当插齿刀工作行程时工件恢复原位，这个运动就是让刀运动。

8.5.3　滚齿

滚齿是用齿轮滚刀在滚齿机上进行的齿形加工。它是用滚刀按展成法粗、精加工直齿轮、斜齿轮、人字齿轮和蜗轮等，加工范围广，可达到高精度或高生产率。滚刀和工件相当于一对蜗轮和蜗杆作无间隙的啮合运动而切出齿形。每一把滚刀可以加工出同一模数的各种齿数的齿轮。

1. 滚齿机的组成

滚齿机主要由床身、工作台、立柱、刀架等部分组成，如图 8-28 所示。

①床身。连接机床各部件，并有垂直和水平导轨。

②工作台。装有心轴用来安装工件。

③立柱。支撑和安装刀架。

④刀架。刀架上装有刀轴和齿轮滚刀。它可以旋转一定的角度，并可沿立柱的垂直导轨上下移动。

170

⑤支撑架。与工作台配合,安装工件。

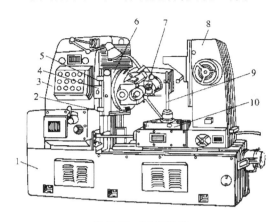

图 8-28　滚齿机床
1—床身;2、5—挡铁;3—立柱;4—行程开关;6—刀架;
7—刀杆;8—支撑架;9—工件心轴;10—工作台

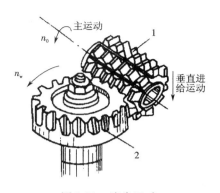

图 8-29　滚齿运动
1—滚刀;2—齿轮坯

2. 滚齿运动

如图 8-29 所示滚切直齿圆柱齿轮时有以下运动。

①主运动,即齿轮滚刀的旋转运动。

②展成运动,即工件与刀具的强制啮合运动。它是保证滚齿刀和被切齿轮的转速必须符合所模拟的蜗轮蜗杆的啮合运动,即

$$n_w/n_0 = K/z$$

式中:n_w——工件转速;

n_0——刀具转速;

K——滚刀头数;

z——工件齿数。

③轴向进给运动。为切出整个齿宽 b,滚刀必须沿工件轴向作进给运动(即滚刀的垂直移动)。

8.5.4　铣齿、插齿和滚齿的特点和应用

1. 特点

①铣齿可在通用铣床上加工。其刀具简单,加工成本低,同时生产效率和精度也低。

②插齿与滚齿两者的精度相当,都比铣齿高。

③插齿的齿面表面结构参数值较小。插齿的生产效率低于滚齿,但高于铣齿。

2. 应用

①滚齿加工应用最广,可加工直齿、斜齿圆柱齿轮和蜗轮等,但不能加工内齿轮和相距很近的多联齿轮。

②插齿加工应用较广,可加工直齿、斜齿圆柱齿轮和内齿轮以及多联齿轮和带有台肩的齿轮。但插齿生产效率没有滚齿高。所以,插齿多用于加工那些用滚齿难于加工的内齿轮、多联

齿轮和带有台肩的齿轮。

③插齿、滚齿的设备、刀具比较复杂、成本高,但由于加工精度高、生产效率高等优点,广泛应用于批量生产和单件小批量中精度要求较高的齿轮加工。

④铣齿主要用于修配或单件生产某些精度要求不高的齿形。

复习思考题

1. 铣床能加工哪些表面?如何加工?

2. 铣刀的种类及作用是什么?

3. 铣制 45 个齿的直齿圆柱齿轮,其压力角为 20°,模数为 2 mm,应选用哪种铣刀?并说明如何调整分度头。

4. 试述齿形加工的原理和方法。

第9章 刨削及磨削

9.0 刨削及磨削加工实习安全知识

9.0.1 刨床和磨床操作危险因素

①站在牛头刨床或平面磨床运动部件的运动范围内,就可能被牛头刨床滑枕或平面磨床工作台撞伤。

②飞溅的磨料或崩碎的切屑会伤及人的眼睛。

9.0.2 刨床实习安全操作守则

①实习期间要穿好工作服,长头发同学要戴好工作帽,不允许戴手套、围巾,不准穿短裤、裙子、拖鞋、凉鞋进行操作。

②开机前必须认真检查机床电器与转动机构是否良好、可靠,油路是否畅通,润滑油是否加足。检查各手柄是否放在正确位置,机床调整行程后要及时将手柄取下。

③装夹工件、刀具要牢固,刀杆及刀头尽量缩短使用。

④机床开动后精神要集中,不能擅自离开机床,若发现机床有异常情况,应立即停机检查。

⑤实习人员应站在工作台侧面,不要正对刨刀行进方向,以免切屑飞入眼中,头部和手在任何情况下不能靠近刀的行程,以免碰伤。机床工作时其行程内不准站人。

⑥加工过程中不允许用手触摸机床的各运动部位,也不准用手触摸和测量工件。刨下的铁屑不可用手拿或嘴吹,要用专用工具清扫并在停车后进行。

⑦使用自动走刀时,不能离开工作岗位。

⑧变换转速前一定要先停车后调整,机床运行时不准搬动变速手柄,以免损坏机床。

⑨工具、量具不要放在机床上。

⑩实习结束时应关闭电源。将所有操作手柄和控制旋钮都扳到空挡位置,然后清理工作台上的切屑,清扫场地,擦拭润滑机器。

9.0.3 磨床实习安全操作守则

①磨床上所有回转件(如砂轮、电动机、皮带轮和工件头架等)必须安设防护罩。防护罩应固定牢靠,其连接强度不得低于防护罩强度。平面磨床工作台的两端或四周应设防护栏板,以防被磨工件飞出伤人。

②磨床磁性工作台的吸力要充分可靠。带电动、气动或液压夹紧装置的磨床,应设有联锁装置,即夹紧力消失时应同时停止磨削工作。

③使用切削液的磨床应设有防溅挡板,以防止切削液飞溅到操作人身上和周围的地面上。干磨时应配除尘装置。

④工件加工前,应根据工件的材料、硬度、精磨、粗磨等情况,合理选择适用的砂轮。

⑤调换砂轮时,要按砂轮机安全操作规程进行,必须仔细检查砂轮的粒度和线速度是否符合要求,表面无缝,声响要清脆。

⑥安装砂轮时,须经平衡试验,开空车试运转 10 min,确认无误后方可使用。

⑦磨削时,先将纵向挡铁调整紧固好,使往复灵敏。人不准站在正面,应站在砂轮的侧面。

⑧进给时,不准将砂轮一下就接触工件,要留有空隙,缓慢地进给,以防砂轮突然受力后爆裂而发生事故。

⑨砂轮未退离工件时,不得中途停止运转。装卸工件、测量工件均应停车,将砂轮退到安全位置,以防磨伤手。

⑩干磨的工件不准突然转为湿磨,防止砂轮碎裂。湿磨工件冷却液中断时,要立即停磨。

⑪平面磨床一次磨多件时,加工件要靠紧垫妥,防止工件飞出或砂轮爆裂伤人。

⑫外圆磨床用两顶针夹持工件时,应注意顶针是否良好。用卡盘夹持的工件要夹紧。

⑬内圆磨床磨削内孔时,用塞规或仪表测量,应将砂轮退到安全位置,待砂轮停转后方能进行。

⑭工具磨床在磨削各种刀具、花键、键槽等有断续表面工件时,不能使用自动进给,进刀量不宜过大。

⑮不是专门用的端面砂轮,不准磨削较宽的平面,以防止碎裂伤人。

⑯定期调换冷却液,防止污染环境。

9.1 刨床

刨床主要用于刨削各种平面和沟槽。刨削可分为粗刨和精刨。精刨后的表面结构参数 Ra 可达 $3.2 \sim 1.6\ \mu m$,两平面之间的尺寸精度可达 IT9 ~ IT7,直线度可达 $0.12 \sim 0.04\ mm/m$。

常用的刨床有牛头刨、龙门刨。牛头刨主要用于加工中小型零件,龙门刨则用于加工大型零件或同时加工多个中型零件。

9.1.1 牛头刨床

图 9-1 为牛头刨床外形图。在牛头刨上加工时,工件一般采用平口钳或螺栓压板安装在工作台上,刀具装在滑枕的刀架上。滑枕带动刀具的往复直线运动为主切削运动,工作台带动工件沿垂直于主运动方向的间歇运动为进给运动。刀架后面的转盘可绕水平轴线扳转角度,这样在牛头刨上不仅可以加工平面,还可以加工各种斜面和沟槽,如图 9-2 所示。

由于牛头刨床只能单刀加工,且在刀具反向运动时不加工,加工主运动速度不能太高,所以牛头刨床的经济效益和生产效率较低。它主要适用于单件、小批量生产,在大批量生产中被

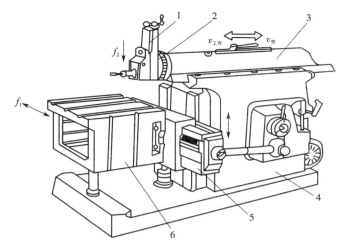

图 9-1　牛头刨床外形图

1—刀架；2—转盘；3—滑枕；4—床身；5—横梁；6—工作台

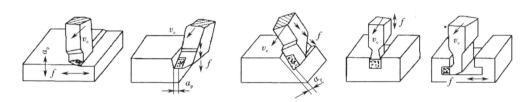

图 9-2　在牛头刨上加工平面和沟槽

铣床所代替。

9.1.2　龙门刨床

图 9-3 为龙门刨床外形图。在龙门刨床上加工工件一般用螺栓压板直接安装在工作台上或用专用夹具安装，刀具安装在横梁上的垂直刀架上或工作台两侧的侧刀架上。工作台带动工件的往复直线运动为主切削运动，刀具沿垂直于主运动方向的间歇运动为进给运动。各刀架也可以绕水平轴线扳转角度，故同样可以加工平面、斜面及沟槽。

9.1.3　刨刀

刨刀的结构与车刀相似，其几何角度的选取原则也与车刀基本相同。但是由于刨削过程有冲击力，所以刨刀的前角比车刀要小（一般小于 5°～6°），而且刨刀的刃倾角也应取较大的负值，以便刨刀切入工件时所产生的冲击力不是作用在刀尖上，而是作用在离刀尖稍远的切削刃上。为了避免刨刀扎入工件，一般做成弯头结构。

175

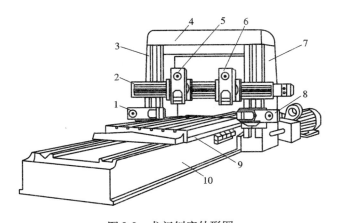

图 9-3　龙门刨床外形图

1—左侧刀架;2—横梁;3—左立柱;4—顶梁;5—左垂直刀架;

6—右垂直刀架;7—右立柱;8—右侧刀架;9—工作台;10—床身

9.2　磨床

　　用磨料磨具(砂轮、砂带、油石、研磨料)为工具进行切削加工的机床统称为磨床。磨削是一种被广泛使用的切削加工方法,主要用于零件的精加工。磨削后可达到加工精度 IT6~IT4,表面结构参数 Ra 可达 1.25~0.02 μm。它除了能磨削普通材料外,还常用于一般刀具难以切削的高硬度材料的加工,如淬硬钢、硬质合金等。磨削加工能磨削外圆、内孔、平面、螺纹、花键、齿轮、导轨和成形面等各种表面。

　　磨床主要分为三大类,分别用代号 M,2M,3M 表示。一类磨床为普通磨床,为适应磨削各种表面、工件形状和不同工艺要求,分为十组,分别是仪表磨床,外圆磨床,内圆磨床,砂轮机,坐标磨床,导轨磨床,刀具刃磨床,平面及端面磨床,曲轴、凸轮轴、花键轴及轧辊磨床和工具磨床;二类磨床为精密加工类磨床,主要包括超精机,珩磨机,研磨机,抛光机等;第三类磨床,根据被加工零件的特殊要求,分为汽车、拖拉机修磨机床,气门、活塞及活塞环磨削机床,钢球加工机床,滚子加工机床,叶片磨削机床等。

9.2.1　机床结构

　　由于磨床种类繁多,本章以常用的 M4132A 型万能外圆磨床为例介绍磨床的结构。

　　M4132A 型万能外圆磨床是普通精度级万能外圆磨床。它主要用于磨削 IT6~IT7 级精度的圆柱形、圆锥形的外圆和内孔,还可磨削阶梯轴的轴肩、端平面等。磨削表面结构参数 Ra 可达 1.25~0.08 μm。

　　这种机床通用性较好,但磨削效率不高,而且自动化程度较低,适用于工具车间、机修车间和单件、小批量生产车间。

　　图 9-4 所示为 M4132A 型万能外圆磨床外形图,其主要组成部分如下。

176

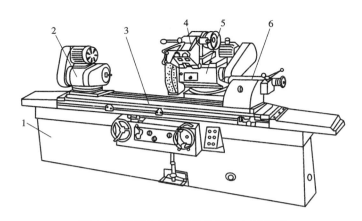

图 9-4　M4132A 型万能外圆磨床外形图

1—床身;2—头架;3—工作台;4—内圆磨具;5—砂轮架;6—尾架

1. 床身

它是磨床的基础支撑件,在其上面装有工作台、砂轮架、头架、尾座及横向滑鞍等部件,使它们在工作时保持准确的相对位置。床身的内部用作液压油的油池。

2. 头架

它用于安装和夹持工件并带动工件旋转。因此,头架主轴及其轴承部分应具有高的旋转精度、刚度及抗震性。

3. 工作台

它由上下两层组成。上工作台可绕下工作台在水平面内回转一个角度(±10°),用于磨削锥度较小的长圆锥面。工作台上装有头架和后座,它们随工作台一起作纵向往复运动。

4. 内磨装置

它主要由支架和内圆磨具两部分组成。内圆磨具是磨内孔用的砂轮主轴部件,它做成独立部件安装在支架的孔中,可以很方便地进行更换。通常每台万能外圆磨床备有几套尺寸与极限工作转速不同的内圆磨具。

5. 砂轮架

它用于支撑并传动高速旋转的砂轮主轴。当磨削短锥面时,砂轮架可以在水平面内调整至一定角度(±30°)。

6. 尾座

它和头架的前顶尖一起支撑工件。

9.2.2　砂轮

砂轮是最重要的一类磨具。它用结合剂把磨粒黏结起来,经压坯、干燥、焙烧及修整而成。它的特性主要由磨料、粒度、结合剂、硬度、组织和形状、尺寸等因素决定。

1. 磨料

磨料是砂轮中的主要成分。目前常用的固结磨具磨料可分为刚玉系、碳化硅系和高硬磨料系三类。几种常用磨料的分类、代号、主要成分、特性及适用范围见表 9-1。

表 9-1　常用磨料的种类、代号、特性及适用范围

类别	名称	代号	主要特性	适用范围
刚玉	棕刚玉	A	棕褐色,硬度较低,韧性较好	磨削碳钢、合金钢、可锻铸铁、硬青铜等
	白刚玉	WA	白色,硬度比棕刚玉高,磨粒锋利,但韧性差	磨削淬硬的碳素钢、合金钢、高速钢等
碳化硅	黑碳化硅	C	黑色带光泽,硬度比刚玉高,导热性好,但韧性差	磨削铸铁、黄铜、铝及非金属材料
	绿碳化硅	GC	绿色带光泽,硬度比黑碳化硅更高,导热性好,但韧性较差	磨削硬质合金、宝石、光学玻璃等
高硬磨料	人造金刚石	D	白色、淡绿色、黑色,硬度高,韧性差	磨削硬质合金、宝石、光学玻璃、陶瓷等高硬度材料
	立方氮化硼	CBN	棕黑色,硬度略低于金刚石,磨粒锋利,韧性较金刚石好	磨削不锈钢等高硬度、高韧性的难加工材料

2. 粒度

粒度是指磨料颗粒的大小。粒度分为磨粒和微粉两类。对于用机械筛分法来区分的较大磨粒,粒度号为 F4 ~ F220,对于用显微镜测量来区分的微细磨粒(称作微粉),其粒度号为 F230 ~ F2000。粒度号越大,颗粒尺寸越小。

砂轮粒度选择的准则如下。
①精磨时,应选用磨料粒度号较大或颗粒较细的砂轮,以减小已加工表面的结构参数值。
②粗磨时,应选用磨料粒度号较小或颗粒较粗的砂轮,以提高磨削生产效率。
③砂轮速度较高或砂轮与工件接触面积较大时,选用颗粒较粗的砂轮,以减少同时参加磨削的磨粒数,避免发热量过大而引起工件表面烧伤。
④磨削软而韧的金属时,用颗粒较粗的砂轮,以免砂轮过早堵塞;磨削硬而脆的金属时,选用颗粒较细的砂轮,以增加同时参加磨削的磨粒数,提高生产效率。

3. 结合剂

砂轮的结合剂将磨粒粘合起来,使砂轮具有一定的形状。砂轮的强度、硬度、抗腐蚀性、耐热性、抗冲击性和高速旋转而不破裂的性能主要取决于结合剂的性能。常用的结合剂的代号、性能和适用范围见表 9-2。

表 9-2　常用的结合剂的代号、性能和适用范围

结合剂	代号	性　能	适用范围
陶瓷	V	黏结强度优于树脂结合剂,耐热性、耐腐蚀性好,气孔率大,不易堵塞,但脆性大	最为常用,适用于各类磨削,但不宜制作切断砂轮
树脂	B	强度高,弹性好,具有一定抛光作用,但耐热性差,气孔率小,易堵塞,耐腐蚀性差	多用于切断、开槽等工序使用的薄片砂轮
橡胶	R	与树脂结合剂相比,具有更好的弹性和强度,抛光作用好,气孔小,易堵塞,耐热性更差	用于无心磨的导轮以及切断、开槽、抛光等用的砂轮,不宜用于粗加工
金属	M	结合强度高,有一定韧性,但自锐性差,修整困难	用于制造金刚石砂轮

4. 砂轮的硬度

砂轮的硬度是指砂轮上磨粒受力后从砂轮表层脱落的难易程度,也反映磨粒与结合剂的粘固程度。砂轮磨粒难脱落时就称硬度高,反之就称硬度低。可见,砂轮的硬度主要由结合剂的黏结强度决定,而与磨粒的硬度无关,切勿将两者混淆。

参考 GBT 2484—2006,砂轮的硬度分级见表 9-3。

表 9-3 砂轮的硬度分级

等级	极软				很软			软			中级			硬				很硬	极硬
代号	A	B	C	D	E	F	G	H	J	K	L	M	N	P	Q	R	S	T	Y
应用	磨未淬硬钢选用 L~N,磨淬火合金钢选用 H~K,高表面质量磨削时选用 K~L,刃磨硬质合金刀具选用 H~J																		

砂轮硬度的选用原则如下。

①工件材料越硬,应选用越软的砂轮。这是因为硬材料易使磨粒磨损,需用较软的砂轮以使磨钝的磨粒及时脱落。但是磨削有色金属(铝、黄铜、青铜等)、橡胶、树脂等软材料时,却也要用较软的砂轮。这是因为这些材料易使砂轮堵塞,选用软些的砂轮可使堵塞处较易脱落,露出锋锐的新磨粒。

②砂轮与工件磨削接触面积大时,磨粒参加切削的时间较长,较易磨损,应选用较软的砂轮。

③半精磨与粗磨相比需用较软的砂轮,以免工件发热烧伤。但精磨和成形磨削时,为了使砂轮廓形保持较长时间,则需用较硬一些的砂轮。

④砂轮气孔率较低时,为防止砂轮堵塞,应选用较软的砂轮。

⑤由于树脂结合剂砂轮不耐高温,磨粒容易脱落,所以选择树脂结合剂砂轮的硬度要比陶瓷结合剂砂轮的硬度高 1 级~2 级。

5. 砂轮的组织

磨粒在磨具中占有的体积百分数(即磨粒率),称为磨具的组织号。磨料的粒度相同时,组织号从小到大,磨粒间距由窄到宽,即砂轮的气孔率由小到大。砂轮组织的分类见表 9-4。

表 9-4 砂轮组织的分类

组织号	0	1	2	3	4	5	6	7	8	9	10	11	12	13	14
磨粒率/%	62	60	58	56	54	52	50	48	46	44	42	40	38	36	34
应用	成形磨削,精密磨削			磨削淬火钢,刃磨刀具			磨削硬度不高的韧性材料				磨削热敏性高的材料				

紧密组织的砂轮适用于成形磨削和精密磨削;中等组织的砂轮适用于一般的磨削工作,如淬火钢的磨削及刀具刃磨等;疏松组织的砂轮适用于平面磨削、内圆磨削以及热敏材料和薄壁零件的磨削。

6. 砂轮的形状与尺寸

为了适应在不同类型的磨床上磨削各种形状和尺寸工件的需要,砂轮有许多种形状和尺寸。几种常用砂轮的形状、代号和用途见表9-5。

表9-5　常用砂轮的形状、代号和用途

砂轮名称	代号	断面简图	基本用途
平行砂轮	1	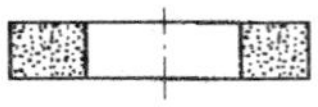	磨外圆、内孔,无心磨,周磨平面,刃磨工具
筒形砂轮	2		端磨平面
碗形砂轮	11	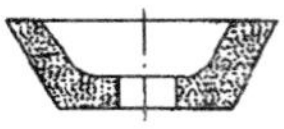	端磨平面,刃磨工具
碟形一号砂轮	12a	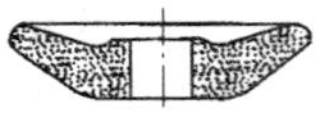	刃磨工具

砂轮的标志印在砂轮端面上,其顺序是形状代号、尺寸、磨料、粒度号、硬度、组织号、结合剂、线速度。例如:外径300 mm、厚度50 mm、孔径75 mm、棕刚玉、粒度F60、硬度L、5 号组织、陶瓷结合剂,最高工作线速度为35 m/s 的平行砂轮标志为:砂轮 1—300×50×75—A60L5V—35 m/s。

9.2.3　磨削原理

磨削加工是用高速回转的砂轮或其他磨具以给定的背吃刀量对工件进行加工的方法。

砂轮表面分布着无数磨粒,每个磨粒的棱角相当于一个刀具的切削刃口,当砂轮高速转动时,磨粒就从工件表层切去一条条细微的金属切屑,切屑数量很大,但厚度很小。因此,磨削过程可以被看成类似于密齿切削工具的超高速切削过程。

磨削与车削、铣削等加工方法一样,切削时刀刃使得工件表面发生弹性和塑性变形,产生切削作用和摩擦作用。磨削时,产生的切屑在显微镜下仔细观察,也可以看到带状切屑、节状切屑。磨削时看到的火花是切屑在离开工件后氧化、燃烧的现象。

1. 磨削运动

外圆、内圆和平面磨削时的切削运动如图9-5 所示,所需要的各种运动如下。

1)主运动

砂轮的旋转运动是主运动,砂轮旋转的线速度为磨削速度 v_c,单位为 m/s。

2)进给运动

对于外圆、内圆磨削,一种是工件旋转进给运动,进给速度为工件被加工表面的切线速度 v_w,单位为 m/min;另一种是工件相对砂轮的轴向进给运动,其大小用轴向进给量 f_a 表示。f_a 是

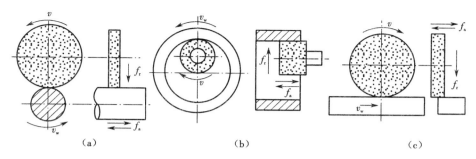

图 9-5　外圆、内圆和平面磨削时的切削运动

(a)外圆磨削;(b)内圆磨削;(c)平面磨削

指工件每转一转,相对于砂轮在轴线方向的移动量,单位为 mm/r。

对于平面磨削,一种是工件纵向进给运动,即工作台的往复运动,用运动速度 v_w 表示,单位为 m/min;另一种是砂轮相对于工件的横向进给运动,用工作台每单行程砂轮的横向移动量 f_a 表示,单位为 mm/单行程。

3）切入运动

在外圆、内圆和平面磨削时,为得到所需的工件尺寸,除上述成形运动外,在加工中砂轮还需沿其径向作切入运动,其大小用工作台(或工件)每单行程砂轮沿其径向的切入深度 f_r 表示,单位为 mm/单行程。

2. 磨削工艺

因被加工工件的形状和加工要求不同,砂轮及砂轮和工件之间的相对运动也会发生改变。下面以外圆磨削为例,学习一下磨削的加工方法。

外圆磨削是用砂轮外圆周面来磨削工件的外回转表面的,如图 9-6 所示。它不仅能加工圆柱面,还能加工圆锥面、端面(台阶部分)、球面和特殊形状的外表面等。这种磨削方式按照不同的进给方向又可分为纵磨法、横磨法、综合磨法和无心磨法。图 9-7 是在外圆磨床上磨外

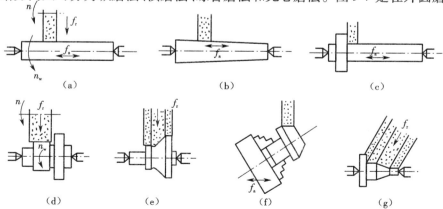

图 9-6　外圆磨削加工的各种方式

(a)圆柱面磨削;(b)圆锥面磨削;(c)端面磨削;(d)阶梯轴磨削;

(e)成形面磨削;(f)圆锥面磨削;(g)特殊形状表面磨削

181

圆,图 9-8 是在无心外圆磨床上磨外圆。

1）纵磨法

如图 9-7（a）所示,磨削外圆时,砂轮的高速旋转为主运动。工件作圆周进给运动,同时随工作台沿工件轴向作纵向进给运动。每单次行程或每往复行程终了时,砂轮作周期性的横向进给,从而逐渐磨去工件径向的全部磨削余量。纵磨法适用于磨削长度与砂轮宽度之比大于 3 的工件,采用纵磨法每次的横向进给量少,磨削力小,散热条件好,并且能以光磨的次数来提高工件的磨削精度和表面质量,因而加工质量较高,是目前生产中使用最广泛的一种磨削方法。

2）横磨法

如图 9-7（b）所示,横磨法又称切入磨法。采用这种磨削形式磨削外圆时,砂轮宽度比工件的磨削宽度大,工件不需作纵向进给运动,砂轮以缓慢的速度连续或断续地沿工件径向作横向进给运动,直至磨到工件尺寸要求为止。横磨法因砂轮宽度大,一次行程就可完成磨削加工过程,所以加工效率高,同时它也适用于成形磨削。然而,在磨削过程中砂轮与工件接触面积大,磨削力大,必须使用功率大、刚性好的磨床。此外,磨削热集中、磨削温度高,势必影响工件的表面质量,必须给予充分的切削液来降低磨削温度。

3）综合磨法

如图 9-7（c）所示,综合磨法是横磨法和纵磨法的综合应用,先用横磨法将工件分段粗磨,相邻两段间搭接 5～10 mm,工件上留有 0.01～0.03 mm 的精磨余量,最后用纵磨法将精磨余量磨去。此法兼有横磨法生产效率高和纵磨法加工精度高的优点,适于在成批生产中磨削刚性工件的较长的外圆柱表面。

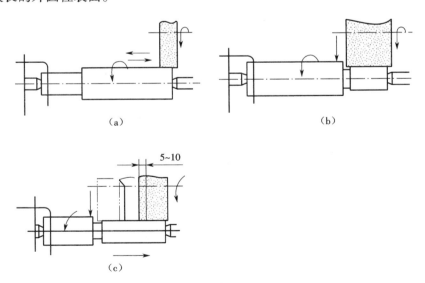

图 9-7　在外圆磨床上磨外圆
（a）纵磨法；（b）横磨法；（c）综合磨法

4）无心磨法

如图 9-8 所示,无心磨外圆是在无心外圆磨床上进行加工的,工件两端不用顶尖支持,放在磨削轮和导轮之间的托板上。导轮轴线相对于砂轮轴线倾斜一角度 α;工件轴线略高于磨

削轮和导轮的轴线 h ,由导轮带动旋转的同时自动向前送进。

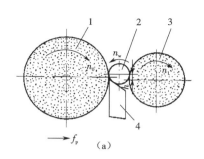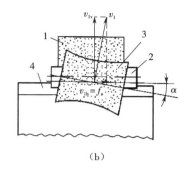

图 9-8　在无心外圆磨床上磨外圆
1—磨削砂轮；2—工件；3—导轮；4—托板

工件置于砂轮和导轮之间的托板上,以工件自身外圆为基准。当砂轮以转速 n_0 旋转,由于工件受到导轮摩擦力对工件的制约作用,使砂轮和工件之间形成很大的速度差,据此产生磨削作用。改变导轮的转速,便可以调整工件的圆周进给运动。

为了减小工件的圆度和加快成圆过程,工件的中心需高于导轮和砂轮的中心连线。一般 $h=(0.15\sim0.25)d$, d 为工件直径,使工件与砂轮和导轮之间的接触点相对于工件中心不对称。从而使工件上某些凸起表面在多次转动中能逐次磨圆。

在无心外圆磨削过程中,由于工件是靠自身轴线定位,因而磨削出来的工件尺寸精度与几何精度都比较高,表面结构参数值小。如果配备适当的自动装卸料机构,就易于实现自动化。但是,无心外圆磨床调整费时,只适于大批大量生产。当工件外圆表面不连续(如有长键槽)或与其他表面有较高的同轴要求时,不适宜采用无心外圆磨削。

3. 砂轮的磨损和修整

砂轮上的磨粒磨刃在切下工件材料的同时逐渐被磨钝、磨平,磨屑连同其他污物也有可能进入砂轮表面磨粒之间的空隙,或粘附在砂轮的工作表面,堵塞砂轮,逐渐降低磨削能力。此时,砂轮的自砺作用也受磨削过程的某些条件限制而减弱,甚至终止。由于砂轮不断磨损,砂轮工作面的形状精度受损,磨削能力和磨削效率下降,致使工件表面质量降低,磨削无法继续进行,这时需要对砂轮进行修整。

砂轮修整的目的:一是去除已经磨损或被磨屑堵塞的砂轮表层,使里层锐利的磨料显露出来参与切削;二是保证砂轮工作面的形状精度。修正后使砂轮具有足够数量的有效切削刃,以提高砂轮的耐用度和减小工件表面的结构参数值。

修整砂轮常用的工具有金刚石笔、金刚石滚轮等。应用最广的是用金刚石笔以车削法修整砂轮,它常用于修理普通圆柱形砂轮或形面简单、精度要求不高的成形砂轮。

复习思考题

1. 比较牛头刨床与龙门刨床加工零件的优缺点。

2.磨削外圆的方法有哪几种？具体过程有何不同？

3.砂轮的特性受哪些因素的影响？砂轮的硬度与磨粒的硬度有何不同？

4.磨料的粒度说明什么？应如何选择？

5.为什么软砂轮适合磨削硬材料？

第 10 章　先进制造

先进制造相对于传统制造是一个模糊概念,其内涵也一直处于发展变化中。先进制造包含了先进制造技术、先进制造系统和先进制造管理等相辅相成、紧密联系的三个方面。

先进制造技术是一个涵盖整个制造过程和跨多学科且高精度、复杂的集成技术。比较常见的定义为:先进制造技术是制造业不断吸收机械、电子、信息(计算机与通信、控制理论、人工智能等)、材料、能源及现代管理等方面的成果,并将其综合应用于产品开发、制造、检测、管理、销售、使用、服务乃至回收的全过程,以实现优质、高效、低耗、清洁、灵活的生产,提高对动态多变的产品市场的适应能力和竞争能力,取得理想技术经济效果的制造技术的总称。

先进制造系统是指基于先进的制造技术,能够在时间(T)、质量(Q)、成本(C)、服务(S)和环境性(E)等方面很好地满足市场需求,获取系统投入的最大增值,同时具有良好社会效益的制造系统。

先进制造系统没有一个固定的模式,需要适应不同的社会生产力水平、市场需求和社会需求。但从当前的制造业形势分析,各种先进制造系统存在系统集成、以顾客为中心、快速响应、质量保障、绿色环保等许多共同特点。因此,基于信息化、网络化的先进技术,结合集成化、柔性自动化、智能化和绿色环保的制造技术,是构建先进制造系统的主要手段。

先进制造管理可以看成是一个覆盖整个制造过程,支持制造系统应用先进制造技术快速响应和满足市场的需求,取得理想的经济效益和社会效益的制造管理模式、管理方法与技术以及管理系统的总称。

先进制造管理模式是一种在生产和制造领域中应用的新的生产方式和方法,围绕企业的价值链、依据不同的环境通过有效组织各种要素,在特定环境中达到良好效果的先进生产、制造和管理方法的集成体。近几十年来,先进制造管理模式层出不穷,如精益生产、计算机集成制造、敏捷制造、供应链管理等。

先进制造管理方法与技术是在先进制造管理模式下为使先进制造系统实现 T、Q、C、S、E的目标而采取的具体的管理方法和技术。与先进制造管理模式相适应,近几十年来出现了准时制(JIT)、看板管理、成组技术、六西格玛(6δ)、并行工程、产品数据管理(PDM)等众多的先进制造管理方法与技术。

先进制造管理系统可以看成是支持先进制造管理模式实施和先进制造管理方法与技术运作的信息系统。如企业资源计划(ERP)、产品数据管理(PDM)、制造执行系统(MES)等。

总之,先进制造管理是以信息系统为手段,以顾客为核心,调动企业的一切积极因素,实现柔性化生产,提高企业的市场竞争力,取得尽可能高的经济效益和社会效益。

先进制造涉及专业面广,内容极为丰富。本章仅对与机械工程训练教学相关的知识进行简要介绍。

10.0　先进制造实习安全知识

先进制造技术的基础是数控加工,因此,本文仅就数控加工实习安全知识简述如下。

10.0.1　数控机床操作危险因素

①切削时没有关好机床拉门,高速旋转部件甩出物体(如铁渣飞出)伤人。

②编程出错,或者手动操作错误,撞刀,导致事故发生。

③机床执行部件(如夹具或卡具)松动、脱落,砂轮的固有缺陷及各类限位与联锁装置的不完善或不可靠,可导致事故发生。

④机床接地不良或电线裸露,易造成触电伤害。

⑤切削液长期接触,容易产生皮肤过敏。

10.0.2　数控机床实习安全操作守则

①实习期间务必穿好工作服、安全鞋,否则不许进入车间。衬衫要系入裤内,工作服的衣领、袖口要系好。不得穿凉鞋、拖鞋、高跟鞋、背心、裙子进入车间,以免发生烫伤。禁止戴手套和围巾操作机床,若长发要戴帽子或发网。

②所有实验步骤必须在实训教师指导下进行,未经指导教师同意,不许开动机床。

③机床开动期间严禁离开工作岗位进行与操作无关的事情。严禁在车间内嬉戏、打闹。机床开动时,严禁在机床间穿梭。

④应在指定的机床和计算机上进行实习。未经允许,其他机床设备、工具或电器开关等均不得触动。

⑤某一项工作如需要俩人或多人共同完成时,应注意相互间的协调一致。

⑥开机前应对数控机床进行全面细致的检查,包括操作面板、导轨面、卡爪、尾座、刀架、刀具等,确认无误后方可操作。

⑦机床开始工作前要有预热,认真检查润滑系统工作是否正常,如机床长时间未开动,可先采用手动方式向各部分供油润滑。

⑧未经指导教师确认程序正确前,严禁融摸操作箱上已设置好的"机床锁住"状态键。

⑨拧紧工件,保证工件牢牢固定在工作台上。

⑩启动机床前,应检查是否已将扳手、楔子等工具从机床上拿开。

⑪数控机床通电后,检查各开关、按钮和按键是否正常、灵活,机床有无异常现象。

⑫输入程序后,应仔细核对代码、地址、数值、正负号、小数点及语法是否正确。

⑬正确测量和计算工件坐标系,并对所得结果进行检查。

⑭未装工件前,空运行一次程序,看程序能否顺利进行,刀具和夹具安装是否合理,有无超程现象。

⑮试切进刀时,在刀具运行至工件30~50 mm处,必须在保持进给下,验证 Z 轴和 X 轴坐

标剩余值与加工程序是否一致。

⑯不允许2人或多人同时操作一台数控车床。围观人员不允许动手。

⑰必须在确认工件夹紧后才能启动机床,必须关闭机床防护门,才能自动加工。

⑱主轴旋转时不允许手伸进机床,严禁工件转动时测量、触摸工件。

⑲操作中出现工件跳动、打抖、异常声音和夹具松动等异常情况时,必须停车处理。

⑳紧急停车后,应重新进行机床"回零"操作,才能再次运行程序。

㉑实习结束时,要关闭电源,收放好量具、工具、工件,清扫切屑,擦拭机床,保持良好的工作环境。

10.1 数控机床概述

根据国家标准(GB/T 8129—1997)把数字控制定义为"用数字化信号对机床运动及其加工过程进行控制的一种方法"。数控机床就是采用了数控技术的机床,或者说是装备了数控系统的机床。数控加工就是用一种可编程的数字和符号来控制机床对工件进行切削加工。当工件或加工过程改变时,只需相应地改变程序指令,即可完成新的加工。因此,数控机床是一种灵活高效的自动化生产方式,尤其适用于单件和中、小批量生产形状复杂、精度要求高的零件。

10.1.1 数控机床的组成与工作原理

数控机床一般由控制介质、机床本体、数控系统、伺服系统和辅助装置等组成,如图10-1所示。

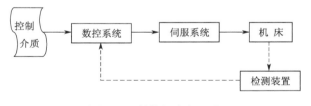

图 10-1　数控机床的组成

1. 控制介质

控制介质又称信息载体,用于记录数控机床上加工一个零件所必需的各种信息,如零件加工的位置数据、工艺参数等,以控制机床的运动,实现零件的机械加工。常用的控制介质有磁盘、U盘等,并通过相应的输入装置将信息输入到数控系统中。数控机床也可以采用操作面板上的按钮和键盘将加工信息直接输入,或通过串行口将计算机上编写的加工程序输入到数控系统。

2. 机床本体

机床本体是指数控机床的机械结构实体。它与传统的普通机床相比较,同样由主传动机构、进给传动机构、工作台、托板、床身等部分组成,但数控机床的整体布局、外观造型、传动机构、刀具系统及操作界面等都发生了很大的变化,主要有以下几点。

①主传动系统一般分为齿轮有级变速和电气无级调速两种类型。较高档的数控机床都要求配置调速电机实现主轴的无级变速,以满足各种加工工艺要求。主传动系统采用高性能主传动及主轴部件,具有传递功率大、刚度高、抗震性好及热变形小等优点。

②进给传动采用高效传动件,具有传动链短、结构简单、传动精度高等特点,如采用滚珠丝杠副、直线滚动导轨副等。

③床身机架具有更高的动、静刚度。

④为了操作安全,一般采用全封闭罩壳等。

3. 数控系统

数控系统是数控机床的核心。数控系统主要由操作系统、主控制系统、可编程控制器、输入输出接口等部分组成。其中操作系统由显示器和键盘组成;主控制系统类似计算机主板,主要由 CPU、存储器、运算器、控制器等部分组成。数控系统可控制位置、速度、角度等机械量以及温度、压力等物理量,其控制方式可分为数据运算处理控制和时序逻辑控制两大类。其中控制器内的插补运算模块就是根据所读入的零件程序,通过译码、编码等信息处理后,进行相应的刀具轨迹插补运算,并通过与各坐标伺服系统的编程控制器 PLC 来完成的。它根据机床加工过程中的各个动作要求进行协调,按各检测信号进行逻辑判别,从而控制机床各个部件有条不紊地按序工作。

根据用户要求和加工需要,数控机床可以配备不同厂家生产的数控系统。目前,我国数控机床上多选用日本 FANUC 公司和德国 SIEMENS 公司的系列数控系统。此外,美国 ACRA-MATIC 数控系统、西班牙 FAGOR 数控系统在我国也有使用。国内生产的数控系统主要有华中科技大学开发的华中数控系统、航天数控集团公司开发的航天数控系统、广州数控设备有限公司生产的 GSK 数控系统、北京凯恩帝数控技术有限责任公司生产的 KND 数控系统等。

4. 伺服系统

伺服系统是连接数控系统和机床本体之间的电传动环节。它接受来自数控系统发出的脉冲信号,并转换为机床移动部件的运动,加工出符合图纸要求的零件。伺服系统主要由驱动装置、执行机构和位置检测反馈装置等部分组成。目前大多采用交、直流伺服电机作为系统的执行机构,各执行机构由驱动装置驱动。伺服电机一般适用于全功能型数控机床,而步进电机多用在经济型或简易数控机床上。每个脉冲信号所对应的位移量称为脉冲当量,它是数控机床的一个基本参数。数控系统发出的脉冲指令信号与位置检测反馈信号比较后作为位移指令经驱动装置功率放大后,驱动电机运转,进而通过丝杠拖动刀架或工作台运动。

5. 检测反馈装置

检测反馈装置包括速度和位置的检测,它将信息反馈给数控装置,构成闭环或者半闭环控制系统。没有检测反馈装置的系统称为开环控制系统。

常用的测量部件有脉冲编码器,光栅等。

6. 辅助装置

辅助装置主要包括工件自动交换机构、刀具自动交换机构、工件夹紧放松机构、回转工作台、液压控制系统、润滑冷却装置、排屑照明装置、过载与限位保护功能以及对刀仪等。机床的功能与类型不同,其包含的辅助装置的内容也有所不同。

利用数控机床加工零件,就是首先根据所设计的零件图,经过加工工艺分析,将加工过程中所需的各种操作如机床启停、主轴变速、刀具选择、切削用量、走刀路线、切削液供给以及刀具与工件相对位移量等都编入程序中,然后通过键盘或其他输入设备将信息传送到数控系统,再由数控系统中的计算机对接受的程序指令进行处理和计算,最后向伺服系统和其他各辅助控制线路发出指令,使其按程序规定的动作顺序、刀具运动轨迹和切削工艺参数进行自动加工。

当数控机床通过程序输入、调试和首件试切合格而进入正常批量加工时,操作者一般只要进行工件毛坯上下料装卸,再按一下程序自动加工按钮,机床就能自动完成整个加工过程。

10.1.2　数控机床的分类

目前,数控机床的品种规格很多,结构、功能各不相同,通常可按以下三种方式分类。

1. 按用途分类

随着数控技术的迅速发展,绝大部分普通机床都已发展出相应的数控机床,并且还出现了一些特殊类型的数控机床,其加工用途、功能特点各不相同。据不完全统计,目前数控机床的品种规格已达五百余种,并且还在不断增加。

1)切削类数控机床

切削类数控机床发展最早,目前种类繁多。按其功能和加工范围可分为数控车床、数控铣床、加工中心(MC)、数控磨床、数控镗床等。加工中心就是在普通数控机床的基础上加装自动换刀机构(ATC)和一个刀库,如(镗铣类)加工中心、车削中心等。工件经过一次装夹后,通过自动更换各种刀具,在同一台机床上对工件连续进行铣、镗、钻、铰、攻丝等多种工序加工。此外,加工中心又以主轴在加工时的空间位置不同分为立式加工中心和卧式加工中心。

2)成形类数控机床

金属成形类数控机床是指采用挤、压、冲、拉等成形工艺的数控机床。这类机床有数控折弯机、数控弯管机、数控组合机床、数控压力机等。

3)数控特种加工机床

数控特种加工机床有数控电火花成形机床、数控电火花线切割机床、数控雕刻机、数控激光切割机等。

4)其他类型的数控机床

其他类型的数控机床主要有数控三坐标测量机、数控装配机、工业机器人、数控绘图仪和数控对刀仪等。

2. 按数控系统的功能水平分类

按照机床数控系统的功能水平,数控机床可分为低档型(经济型)、中档型和高档型三种。这种分类方式在我国使用很多,目前并无明确的定义和确切的分类界限,主要可以从几个方面区分,见表10-1。需要说明的是,这种划分标准是相对的,不同时期会有所不同。

表 10-1　数控系统不同档次的技术指标表

功能	低　档	中　档	高　档
分辨率	$0.01 \sim 0.005$ mm	$0.005 \sim 0.001$ mm	$0.001 \sim 0.0001$ mm
进给速度	$8 \sim 15$ m/min	$15 \sim 24$ m/min	$15 \sim 100$ m/min
伺服类型	开环,步进电机	半闭环,直、交流伺服电机	闭环,直、交流伺服电机
联动轴数	$2 \sim 3$ 轴	$2 \sim 4$ 轴	5 轴或 5 轴以上
通信功能	无或 RS-232C	RS-232C 或 DNC	RS-232C、DNC、MAP
显示功能	单色 CRT 字符显示	CRT、LCD、图形、人机对话	LCD、三维图形、自诊断
内装 PLC	无	有	内置强功能 PLC
主 CPU	8 位 CPU	16 位 CPU、32 位 CPU	32 位 CPU、64 位 CPU
结构	单片机或单板机	单微处理器或多微处理器	分布式多微处理器

3. 按伺服控制方式分类

根据数控机床伺服系统控制方式的不同,可以将数控机床分为开环伺服控制系统、半闭环伺服控制系统和闭环伺服控制系统三种类型。

1) 开环伺服控制系统

开环伺服控制系统是指不带有位置检测反馈装置的控制系统,它对机床移动部件的实际位移量不检测,也不进行误差补偿和校正。通常开环伺服控制系统采用步进电机作为驱动元件,由于没有位置反馈回路和速度控制回路,简化了线路,因而设备投资少,调试维修方便,但进给速度和精度较低。开环控制被广泛应用于中低档数控机床及一般机床的数控化改造。图 10-2 为开环伺服控制系统原理图。

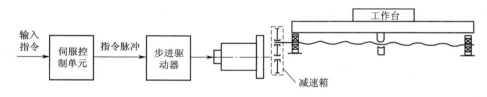

图 10-2　开环伺服控制系统原理图

步进电机是将脉冲信号转换成角位移(或线位移)的电磁机械装置。移动部件的速度和位移量分别由输入脉冲的频率和脉冲数决定的,控制精度主要取决于步进电机的步距角和机床传动机构的精度及刚度。步进电机具有如下优点。

①输入脉冲数与其位移量有严格的对应关系,步距误差不会长期累积,每转一圈累积误差为零。稳定运行时的转速与脉冲频率有严格的对应关系。在负载能力范围内,这两种对应关系不因电流、电压、负载大小、环境条件的波动而变化。

②控制性能好,在一定频率下,能按控制脉冲的要求快速启动、停止和反转。因此步进电机已广泛用于数模转换、速度控制和位置控制系统,是开环控制系统理想的执行元件。

步进电机按输出扭矩的大小,可分为快速步进电机与功率步进电机;按励磁相数可分为三相、四相、五相甚至八相步进电机;按其工作原理可分为反应式、永磁式、直线式和混合式,其中

190

反应式和混合式步进电机比较常用。对给定的电机体积,混合式步进电机产生的转矩比反应式的大,加上混合式步进电机的步距角常做得很小,因此在工作空间受到限制而需要小步距角和大转矩的情况下,常选用混合式步进电机。反应式步进电机和混合式步进电机的根本区别在于其转子是否具有永久磁性。反应式步进电机转子上没有永久磁钢,所以转子的机械惯量比混合式步进电机的转子惯量低,因此可以更快地加、减速。混合式步进电机转子有永久磁钢,所以在绕组未通电时,转子永久磁钢产生的磁通能产生自定位转矩。虽然这比绕组通电时产生的转矩小得多,但它确实是一种很有用的特性,即在断电时,仍能保持转子的原来位置。反应式步进电机在断电时靠干摩擦负载转矩或靠专门的磁定位或机械定位装置来实现定位。

2)半闭环伺服控制系统

半闭环伺服控制系统是用安装在数控机床进给丝杠轴端或电动机轴端的角位移测量元件(如旋转变压器、脉冲编码器)检测伺服电机或丝杠的角位移,间接计算出机床工作台等执行部件的实际位置值,然后与指令位置值进行比较,进行差值控制。因为这类伺服系统未将丝杠螺母副等传动装置包含在闭环反馈中,所以称为半闭环伺服控制系统(图10-3)。由于大部分机械传动装置处于反馈回路之外,调试方便,可获得稳定的控制特性。此外,由于目前的数控系统均有螺距误差补偿和间隙自动补偿功能,可通过采用软件定值补偿方法来提高其精度,而且价格也比闭环系统便宜,因而得到广泛应用。

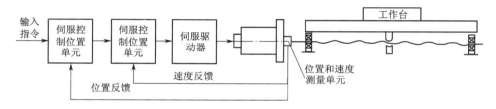

图 10-3 半闭环伺服控制系统原理图

3)闭环伺服控制系统

闭环伺服控制系统就是用直接安装在数控机床工作台上的位置反馈测量装置检测这些执行部件的实际位置,并将实际测量的位移值反馈到数控系统中,与数控系统原指令的位移量自动比较,再将差值通过数控系统向伺服系统发出新的指令,驱动部件向减小误差的方向移动,直到位置误差消除为止。这类伺服控制系统因把工作台纳入到位置控制环而称为闭环伺服控制系统(图10-4)。该控制方式通过检测反馈,可消除从电动机到机床移动部件整个机械传动

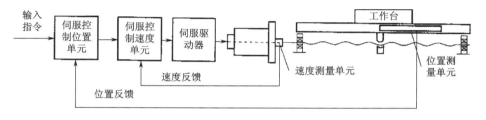

图 10-4 闭环伺服控制系统原理图

链上的传动误差,因而控制精度很高。但由于该系统将丝杠螺母副及工作台导轨这些大惯量环节放在闭环之内,各部件的摩擦特性、刚性以及间隙等都是非线性量,直接影响伺服系统的调节参数。因此,闭环系统的设计和调整较困难,如果各种参数匹配不当,将会引起系统震荡,造成系统不稳定。由于它的系统复杂、成本高,故主要用于精度要求很高的数控机床。

10.1.3　数控机床的特点

数控机床与普通机床相比较,主要有以下特点。

1. 自动化程度高,劳动条件好

数控机床对工件进行加工,首先是按照图纸要求编程,输入和调试程序,然后安装工件开始加工,整个加工过程都由数控机床自动完成,不需要进行繁重的重复性手工操作,因此劳动强度可大为减轻。此外,数控机床一般都具有较好的安全防护、自动排屑、自动冷却和自动润滑装置,操作者的劳动条件可得到很大的改善。

2. 对加工对象的适应性强、灵活性好

由于数控机床采用数控加工程序控制,当加工零件改变时,只需改变加工程序,而不必对机床作任何大的调整。因此,能够适应当前市场竞争中对产品不断更新换代的要求,为新产品的研制和开发提供了极大的便利。

3. 质量稳定、精度高

数控机床是按照预先编制的程序自动加工,不需要人工干预,这就消除了操作者人为产生的失误或误差;数控机床本身刚度高、精度好,有利于保持稳定的加工质量;数控系统的软件可以对丝杠传动间隙进行补偿,也使数控加工保持较高的精度。

4. 生产效率高

数控机床的进给运动和多数主运动都采用无级调速,且调速范围大,可选择合理的切削速度和进给速度;可采用自动换刀、自动交换工作台,减少了换刀的时间;在一台机床上实现多道工序的连续加工,减少了工件装夹、对刀等辅助时间。因此,数控加工生产效率较高。

5. 经济效益显著

尽管使用数控机床加工时分摊在每个零件上的设备费用较高,但由于生产效率高、加工精度好、质量稳定、废品率低、工艺装备费用低等,使生产成本降低,从而获得良好的经济效益。

6. 便于生产管理现代化

利用数控机床加工,能准确地计算出零件的加工工时,并能有效地简化检验、工装夹具和半成品的管理工作,有利于生产管理现代化。

7. 易于构建计算机通信网络

数控机床本身是与计算机技术紧密结合的,因而易与计算机辅助设计和制造系统连接,形成 CAD、CAM、CNC 相结合的一体化系统。由于 CNC 的计算机一直控制着机床,因此所有必要的机床数据都可以立即得到,容易实现对机床的全面监视。网络技术、故障诊断在数控机床上的应用,使得有些数控机床具有远程故障诊断监控的能力。

8. 使用、维护技术要求高

数控机床价格高,一次性投资大,机床操作和维护要求高,因此要求机床操作者和维修人员都应具有较高的专业素质。

10.2 数控机床编程基础

10.2.1 数控编程的概念及编程方法

1. 数控编程的概念

在数控编程前,首先对零件图纸规定的技术要求、几何形状、加工内容、加工精度等进行分析,在分析的基础上确定加工方案、加工路线、对刀点、刀具和切削用量等,然后进行必要的坐标计算。在完成工艺分析并获得坐标的基础上,将确定的工艺过程、工艺参数、刀具位移量与方向以及其他辅助动作,按走刀路线和所用数控系统规定的指令代码及程序格式编制出程序单,经验证后通过 MDI、RS-232C 接口、USB 接口等多种方式输入到数控系统,以控制数控机床自动加工。这种从分析零件图纸开始,到获得数控机床所需的数控加工程序的全过程叫作数控编程。

数控编程的主要内容包括零件图纸分析、工艺处理、数学计算、程序编制、程序校验和试切削等。

2. 数控编程的方法

数控编程的方法主要分为手工编程和自动编程两大类。

1)手工编程

手工编程是指由人工完成数控编程的全部工作,包括零件图纸分析、工艺处理、数学计算、程序编制等。

对于几何形状或加工内容比较简单的零件,数值计算也比较简单,程序段不多,采用手工编程较容易完成。因此,在点位加工或由直线与圆弧组成的二维轮廓加工中,手工编程仍广泛使用。但对于形状复杂的零件,特别是具有非圆曲线、列表曲线或列表曲面的零件,用手工编程困难较大,出错的可能性增大,效率低,有时甚至无法编出程序。因此,必须采用自动编程方法编制数控加工程序。

2)自动编程

自动编程是指由计算机来完成数控编程的大部分或全部工作。自动编程方法减轻了编程人员的劳动强度,缩短了编程时间,提高了编程质量,同时解决了手工编程无法解决的复杂零件的编程难题,也有利于与 CAD 集成。工件表面形状越复杂,工艺过程越烦琐,自动编程的优势就越明显。

自动编程方法很多,发展也很迅速。图形交互式编程基于 CAD/CAM 软件或 CAM 软件,人机交互完成加工图形定义、工艺参数设定,后经软件自动处理生成刀具轨迹和数控加工程序,是目前最常用的自动编程方法。

10.2.2 数控机床的坐标系

在数控机床上,为了精确地描述机床的运动,刀具或工作台等移动部件的运动轨迹是以坐标值的形式给出的。因此,必须在数控机床上建立坐标系,以确定坐标轴的方向和坐标原点的位置。

1. 标准坐标系的规定

ISO 标准规定,数控机床的坐标系采用右手定则的笛卡儿坐标系,如图 10-5 所示。其中 X、Y、Z 为移动坐标轴,A、B、C 分别为绕 X、Y、Z 轴的回转坐标轴。

2. 坐标轴的命名和方向

为方便数控加工程序的编制以及使程序具有通用性,目前国际上数控机床的坐标轴和运动方向均已标准化。标准 JB/T 3051—1999《数控机床坐标和运动方向的命名》规定,为了使编程人员能在不知道刀具移近工件或工件移近刀具的情况下确定机床的加工操作,它可永远假定刀具相对于静止的工件坐标系统而运动。

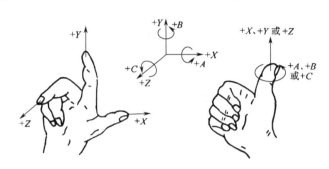

图 10-5　右手直角笛卡儿坐标系

如图 10-5 所示,大拇指指向为 X 轴的正方向,食指指向为 Y 轴的正方向,中指指向为 Z 轴的正方向,三个坐标轴互相垂直。当数控机床直线运动多于三个坐标轴时,则用 U、V、W 轴分别表示平行于 X、Y、Z 轴的第二组直线坐标轴。旋转运动的坐标轴用右手螺旋定则确定,用 A、B、C 分别表示绕 X、Y、Z 轴的旋转运动,转动的正方向为四指的方向。

3. 数控机床坐标轴的规定

1)Z 轴的确定

在确定数控机床坐标轴时,一般先确定 Z 轴,后确定其他轴。通常将传递切削力的主轴轴线方向定为 Z 坐标轴。当机床有几个主轴时,则选一个垂直于工件装夹面的主轴为 Z 轴;如果机床没有主轴,则 Z 轴垂直于工件装夹面。同时规定刀具远离工件的方向作为 Z 轴的正方向。

2)X 轴的确定

X 轴平行于工件装夹面且与 Z 轴垂直,通常呈水平方向。

3)Y 轴的确定

Y 轴垂直于 X 轴和 Z 轴。Y 轴正方向是根据 X 轴和 Z 轴的正方向按右手笛卡儿直角坐标系来确定。

4. 机床坐标系与工件坐标系

1)机床坐标系

机床坐标系是机床上固有的坐标系,用于确定被加工零件在机床中的坐标、机床运动部件的位置(如换刀点、参考点)以及运动范围等。机床坐标原点称为机床原点或机床零点,它是机床上的一个固定点,也是工件坐标系、机床参考点的基准点,由机床生产厂家确定。

2）工件坐标系

工件坐标系是编程人员在编制零件加工程序时使用的坐标系,可根据零件图纸自行确定。它用于确定工件几何图形上点、直线、圆弧等各几何要素的位置。工件坐标系的原点称为工件原点或工件零点,可用程序指令来设置或改变。根据编程需要,在一个零件的加工程序中,可一次或多次设定或改变工件原点。

5. 机床参考点

机床参考点是机床上的一个固定点,以完成某些功能。机床参考点与机床零点的位置关系是固定的,存放在数控系统中。机床参考点可以与机床零点重合,也可以不重合。

10.2.3 数控系统的基本功能代码

为了满足设计、制造、维修和普及的需要,在输入代码、坐标系、加工指令及程序格式等方面,国际上形成了两种通用的标准,即国际标准化组织(ISO)标准和美国电子工程协会(EIA)标准。目前国际上广泛应用的是 ISO 标准,我国原机械工业部制定的 JB 3208—83 标准与国际上使用的 ISO 1056—1975E 标准等效。

零件程序所用的代码主要有准备功能(G 功能)、辅助功能(M 功能)、进给功能(F 功能)、主轴功能(S 功能)和刀具功能(T 功能)。一般数控系统中常用的 G 功能和 M 功能都与国际 ISO 标准中的功能一致。对某些特殊功能,如 ISO 标准中未指定的,按其数控机床控制功能的要求,数控生产厂家按需要进行自定义,并在其数控编程手册中加以具体说明。

下面介绍 ISO 标准中常用的功能指令。

1. 准备功能(G 功能)

准备功能也称 G 功能或 G 代码,它是使机床或数控系统建立起某种加工方式的指令。G 功能由地址符 G 及其后的两位数字组成,一般从 G00～G99 共 100 种。表 10-2 列出常用的 G 功能指令。

表 10-2 常用 G 功能指令

功能	含 义	备注	功能	含 义	备 注
G00	快速移动点定位	运动指令模态有效	G54	第一可设定零点偏置	模态有效
G01	直线插补		G55	第二可设定零点偏置	
G02	顺时针圆弧插补		G56	第三可设定零点偏置	
G03	逆时针圆弧插补		G57	第四可设定零点偏置	
G17	X/Y 平面	模态有效	G90	绝对尺寸	模态有效
G18	X/Z 平面		G91	增量尺寸	
G19	Y/Z 平面		G94	进给率 f,单位为 mm/min	模态有效
G40	刀尖半径补偿取消	模态有效	G95	主轴进给率 f,单位为 mm/r	
G41	刀具在轮廓左侧移动				
G42	刀具在轮廓右侧移动				

G 功能指令分为模态和非模态两种类型。模态指令按其功能不同分为若干组,同类功能的模态指令为一组。模态指令具有续效性,在后续程序段中,其续效性一直保持到出现同组其他 G 功能指令时为止。非模态指令是一次性代码,仅在所出现的程序段中有效。当一个程序段中指定了两个以上属于同组的 G 代码时,则只有最后一个被指定的 G 代码有效。

2. 辅助功能(M 功能)

辅助功能也称 M 功能或 M 代码,由地址符 M 及其后面的两位数字组成。它是控制机床或系统的开关功能的一种命令,用以指定如主轴正反转、工件或刀具的夹紧与松开、系统切削液的开与关、程序结束等。表 10-3 列出常用的 M 功能指令。

表 10-3　常用辅助功能 M 指令

M 代码	功　　能	M 代码	功　　能
M00	程序停止	M05	主轴停止
M02	程序结束	M08	冷却液开
M03	主轴正转	M09	冷却液关
M04	主轴反转	M30	程序结束返回程序头

3. 进给功能(F 功能)

进给功能也称为 F 功能或 F 代码,它由地址符 F 及其后面的数字组成,用来指定刀具相对于工件运动的速度或螺纹导程。当指进给速度时,其单位一般为 mm/min。该代码为模态代码,一般有代码指定法和直接指定法两种表示方法。

1)代码指定法

F 后跟两位数字,这些数字不直接表示进给速度的大小,而是机床进给速度数列的序号。

2)直接指定法

F 后跟的数字就是进给速度大小,例如 F100 表示进给速度是 100 mm/min。这种指定方法比较直观,因此现在大多数机床均采用这一指定方法。按数控机床的进给功能,它也有两种速度表示法。

(1)切削进给速度(每分钟进给量)

对于直线轴,如 F100 表示进给速度是 100 mm/min;对于回转轴,如 F10 表示进给速度为 $10°/min$。

(2)同步进给速度(每转进给量)

同步进给速度即主轴每转进给量规定的进给速度,如 0.2 mm/r。只有主轴上装有位置编码器的机床,才能实现同步进给速度。

4. 主轴功能(S 功能)

主轴功能也称主轴转速功能,即 S 功能。它用于指定主轴的转速,由地址符 S 及其后的数字组成,单位是 r/min。如 S600 表示主轴转速为 600 r/min。该指令也是模态代码。

5. 刀具功能(T 功能)

刀具功能也称 T 功能。在自动换刀的数控机床中,该指令用来选择所需的刀具,同时也用来表示选择刀具偏置和补偿。T 功能是由地址符 T 及其后的 2 ~ 4 位数字组成。如 T16 表示换刀时选择 16 号刀具。当用作刀具补偿时,T16 是指按 16 号刀具事先所设定的数据进行补偿。若用四位数码指令(如 T0204 时),则前两位数字表示刀号,后两位数字表示刀补号,00 表示撤销刀补。由于不同数控系统有不同的规定,具体应用时应按所用数控机床编程说明书中的规定进行。

10.2.4 常用编程指令说明及举例

1. 绝对尺寸与增量尺寸指令——G90,G91

尺寸指令分为绝对尺寸指令与增量尺寸指令两种。绝对尺寸指令用 G90 表示,是指参照当前指定的坐标系原点,在工件坐标系中编制刀具运行点的程序;增量尺寸指令用 G91 表示,是指机床运动位置的坐标值是相对于前一位置给出的。

一般情况下,使用绝对尺寸或增量尺寸应在程序开头就选择好,而且它们在同一程序段中只能用一种,不能混用。

还有一些数控系统,不需 G 指令规定尺寸类型,而是直接用地址符来区分绝对尺寸与增量尺寸。例如 X、Y、Z 方向的绝对尺寸地址符分别为 X、Y、Z,而增量尺寸地址符分别为 U、V、W。两种尺寸类型可以在同一程序段中使用,由于尺寸类型比较清楚而不易混淆。但要注意这种方式只适用于部分数控系统。

2. 坐标平面选择指令——G17,G18,G19

坐标平面选择指令一般是为了确定执行圆弧插补指令和刀具补偿指令的平面,G17 选择的加工平面为 XY 平面,G18 选择的加工平面为 ZX 平面,G19 选择的加工平面为 YZ 平面。

对于数控车床,系统一般默认为在 ZX 平面内加工;对于数控铣床,系统一般默认为在 XY 平面内加工。但是一般数控系统都要求在程序开头用坐标平面选择指令,先确定好加工平面,如果需要在其他平面内加工,应使用坐标平面选择指令改变加工平面。

3. 快速点定位指令——G00

该指令使刀具以点位精确控制的方式从刀具所在点快速移动到下一个目标位置,例如相对于工件快速运动、退刀或接近换刀点,它只实现快速移动,最后在指定位置停止。因此,这个功能不适用于工件加工,一般在刀具的非加工状态的快速移动时使用。

G00 的具体速度不能用程序指令指定,在程序中,指令 F 对 G00 程序段无效。它是在机床数控系统中用系统参数预先设定的。大多数机床中的这个值是由生产厂家参考机床结构、性能特点预先设定好的,一旦设定,轻易不要改变。

快速点定位一般采用单向趋近方式。例如,当移动一个平面距离时,先在一个坐标平面内按比例沿 45°的斜线依照设定速度移动,再移动剩下一个坐标方向上的直线距离;当移动一个空间距离时,先同时移动三个坐标,即先走一条空间直线,再走一条平面斜线,最后沿剩下的一个坐标方向移动至终点。这种方法有利于提高定位精度。

快速点定位指令的格式为:

      G00 X _ Y _ Z _;

其中 X、Y、Z 为目标位置的坐标值。

4. 直线插补指令——G01

直线插补指令使刀具相对于工件以直线插补运算联动方式,按指定进给速度从当前起点移动到编程目的点。它可以完成沿 X、Y、Z 方向的单轴直线运动,或是在各坐标平面内具有任意斜率的直线运动,或是机床三轴联动,沿指定空间直线运动。

直线插补指令的格式为:

  G01 X _ Y _ Z _ F _;

其中 X、Y、Z 为指定直线的终点坐标值,F 为进给率,单位是 mm/min。例如在图 10-6 中,刀具从 A 点沿直线移动到 B 点。

当采用绝对方式编程时,程序段为:

  G01 G90 X40.0 Y30.0 F200;

当采用增量方式编程时,程序段为:

  G01 G91 X30.0 Y15.0 F200;

5. 圆弧插补指令——G02,G03

圆弧插补指令使机床在指定的坐标平面内进行圆弧插补运动,其中 G02 是顺时针方向圆弧插补指令,G03 是逆时针方向圆弧插补指令。圆弧顺逆方向的判别方法是:沿着与圆弧所在平面垂直的坐标轴从正方向朝负方向看,顺时针方向为 G02,逆时针方向为 G03,如图 10-7 所示。

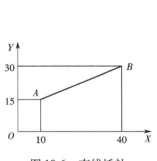

图 10-6 直线插补

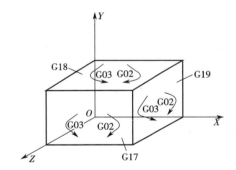

图 10-7 圆弧顺逆方向的判别

在圆弧插补程序段中,必须包含圆弧的终点坐标值和圆心相对于圆弧起点的坐标值或圆弧的半径,还应指定圆弧插补所在的坐标平面。

圆弧插补指令的格式如下。

在 XY 平面内:

  G17 G02/G03 X _ Y _ I _ J _ F _;

或 G17 G02/G03 X _ Y _ R _ F _;

在 XZ 平面内:

  G18 G02/G03 X _ Z _ I _ K _ F _;

或 G18 G02/G03 X _ Z _ R _ F _;

在 YZ 平面内:

  G19 G02/G03 Y _ Z _ J _ K _ F _;

或   G19 G02/G03 Y _ Z _ R _ F _;

其中:X、Y、Z 为圆弧终点坐标值;I、J、K 为决定圆心位置的插补参数,多数系统规定 I、J、K 分别为从圆弧起点位置到圆心的增量尺寸;R 为圆弧半径。

相同的起点和终点位置,相同的半径,相同的插补方向,圆弧可能出现圆心角小于 180° 和大于 180° 两种情况(图 10-8)。因此规定:当圆弧所夹的圆心角小于 180° 时,R 为正值;当圆弧所夹的圆心角大于 180° 时,R 为负值。

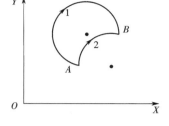

图 10-8　相同半径的两个圆弧

如果圆心角等于 360°,即进行全圆铣削时,不允许用这种方式编程,只能采用圆心、终点坐标编程方式。

6. 暂停指令——G04

G04 是暂停指令。在切削、钻孔、车孔、加工螺纹以及加工直角时,有时要求刀具暂时停留一段时间,由 G04 指令指定。

G04 指令编程格式为:

      G04 X _或 G04 P _;

其中:X、P 为刀具暂停时间。X 后面的数的单位是秒(s),P 后面的数的单位是毫秒(ms),P 后面的数不能输入小数点。例如:要求暂停时间为 1.2 s,则编程指令为:

      G04 X1.2

或   G04 P1200

7. 刀具半径补偿指令——G40,G41,G42

刀具都具有一定的半径,在进行加工时,要根据刀具半径,从工件要加工的轮廓向外偏移一个刀具半径的距离,才是实际的刀具中心轨迹。使用刀具半径补偿功能时,只需按照加工轮廓进行编程,不需要考虑刀具半径。当实际加工时,一旦调用刀具半径补偿功能,数控系统会根据所调用的刀具半径值,自动计算出实际的刀具中心轨迹。

刀具半径补偿指令的格式为:

      G01 G41/G42 X _ Y _ D _;

      G01 G40 X _ Y _;

其中:G41 为左偏刀具半径补偿,即沿刀具前进的方向,刀具在轮廓左侧移动;G42 为右偏刀具半径补偿,即沿刀具前进的方向,刀具在轮廓右侧移动;G40 为取消刀具半径补偿;D 为刀具偏置代号地址字,后面一般用两位数字表示代号;D 代码中存放刀具补偿参数作为偏置值,用于系统计算刀具中心的运动轨迹。

在编程时,对同一把刀使用两次刀具半径补偿功能,每次选用不同的刀具半径补偿值,可以实现对零件的粗加工和精加工。

10.2.5　计算机辅助编程

根据问题复杂程度的不同,数控加工程序可通过手工编程或计算机辅助编程来获得。手工编程只能解决点位加工或几何形状不太复杂的零件编程问题;计算机辅助编程,编程人员一般只需借助数控编程系统提供的各种功能对加工对象、工艺参数及加工过程进行简要的描述，即可由编程系统自动完成数控加工程序编制的其余内容。

计算机辅助设计（Computer Aided Design，简称 CAD）和计算机辅助制造（Computer Aided Manufacturing，简称 CAM）是以计算机为辅助手段，生成和运用各种数字信息与图形信息，以进行产品的设计和制造的技术。CAD/CAM 系统和计算机辅助工艺规程设计（Computer Aided Process Planning，简称 CAPP）的集成，是近年来数控自动编程发展的一个重要方向。在计算机集成制造系统中，CAD 系统向 CAM 系统提供零件信息，CAPP 系统向 CAM 系统提供加工工艺信息和工艺参数，CAM 系统根据这两方面的信息自动生成 NC 加工代码。

CAD/CAM 的基本内容很广泛，包括 2D 绘图、3D 造型、特征设计、运动机构造型、真实感显示、有限元分析、几何特性计算、数控测量、工艺过程设计、数控加工编程、加工尺寸精度控制、过程仿真与干涉检查、装配设计、钣金件展开与排样以及工程数据管理等。

CAD 是计算机辅助设计，而 CAM 是计算机在产品制造方面有关应用的总称。CAM 有广义和狭义之分：广义 CAM 一般是指制造人员利用计算机辅助，从毛坯到产品制造过程中的直接和间接的工作，包括工艺准备、生产作业计划、物料作业计划的运行控制、生产控制和质量控制等；狭义 CAM 通常指制造人员利用计算机完成数控程序的编制，包括刀具路径的规划、刀位文件的生成、刀具轨迹仿真及代码的生成等。

利用 CAD/CAM 软件进行数控加工涉及的关键技术主要包括以下内容。

1. 复杂形状零件的几何建模

对基于形面特征点测量数据的复杂零件的数控编程，其首要环节是建立被加工零件的几何模型。目前普遍采用三种几何建模模型，即线架模型、曲面模型和实体模型。这三种几何建模方法都是基于计算机图形学的，它们对物体的几何形状进行描述，产生所需的零件图形。但基于计算机图形学的几何建模系统所提供的零件信息并不能满足工艺的需要，零件作为加工对象，除几何形状和尺寸外，还必须提供其材料、加工精度、表面质量和形位误差等信息。特征建模系统解决了这一问题，它能提供零件的几何信息及工艺信息。其内容归纳起来有：零件的几何形状信息，作为加工对象的孔、沟槽及面的形面特征，有关形面特征的位置、尺寸及公差，对于形面特征的加工规定，形面特征之间的关联，以及各加工面的表面结构；零件结构的确定是从产品功能出发的，而工艺设计则是从加工观点出发的，特征建模系统必须提供几何形状加工特征信息，并且在设计基准、加工基准及测量基准不一致时进行转换。

2. 加工方案与工艺参数的合理选择

数控加工的效率与质量有赖于加工方案与工艺参数的合理选择，其中刀具和刀轴控制方式、走刀路线和进给速度的自动优化选择与自适应控制是近年来研究的重点，其目标是在满足加工要求、维持机床正常运行和保持一定的刀具寿命的前提下，具有尽可能高的加工效率。从加工的角度看，数控加工技术主要就是围绕加工方法与工艺参数的合理确定及有关的理论与技术。对于形状复杂的零件的加工，加工方案与工艺参数的合理选择是一个较复杂的问题。

3. 刀具轨迹生成

刀具轨迹生成是复杂零件数控加工中最重要的内容，同时也是最为广泛深入的研究内容。高质量的数控加工程序内容极为丰富，包括复杂轮廓、复杂区域、复杂曲面等的二、三、四、五坐标的粗精加工理论、方法与实现技术,即轨迹规划、刀位计算、步长计算与行距控制、干涉碰撞的检测与处理等。系统通过零件几何模型,根据所选用的加工机床、刀具、走刀方式及加工余量等工艺参数,进行刀位计算并生成加工运动轨迹。刀具轨迹生成的首要目标是使所生成的刀具轨迹能满足无干涉、无碰撞、轨迹光滑和代码质量高等要求。同时,刀具轨迹生成还应能满足通用性好、稳定性好、编程效率高和代码量小等条件。

4. 数控加工仿真

尽管目前在工艺规划和刀具轨迹生成等计算方面已取得很大进展,但由于零件形状的复杂多变及加工环境的复杂性,要确保所生成的加工程序不存在过切与欠切、机床各个部件之间不存在干涉碰撞等仍然十分困难,而对于高速加工,这些问题常常是致命的。因此,实际加工前应采取一定的措施,对加工程序进行检验并修正。数控加工仿真通过软件模拟加工环境、刀具路径与材料切除过程来检验并优化加工程序,具有柔性好、成本低、效率高且安全可靠等特点,是提高编程效率与质量的重要措施。

5. 后置处理

后置处理是数控加工编程技术的一个重要内容。在数控编程中,将刀位轨迹计算过程称为前置处理。为使前置处理通用化,按照相对运动原理,将刀位轨迹计算统一在工件坐标系中进行,而不考虑具体机床结构及指令格式,从而简化系统软件。后置处理的任务是根据具体机床运动结构和控制指令格式,将前置计算的刀位数据变换成机床各轴的运动数据,并按其控制指令格式进行转换,成为数控机床的加工程序。后置处理的技术内容包括机床运动学建模与求解、机床结构误差补偿、机床运动非线性误差校核修正、机床运动的平稳性校核修正、机床进给速度校核修正及代码转换等。有效的后置处理对于保证加工质量、效率,保证机床可靠运行具有重要作用。

目前,CAD/CAM 技术已成为产品和工程设计及新一代生产技术发展的核心技术。应用CAD/CAM 技术最早的部门是航空航天、汽车、造船等大型制造业。随着计算机硬件和软件的发展,CAD/CAM 系统的价格不断下降,而性能不断提高,使得 CAD/CAM 技术逐步由大型企业和军工企业向中、小型和民用企业扩展和延伸,为制造业的快速发展提供了技术保证。

10.3 数控车床编程与操作

10.3.1 数控车床概述

数控车床是目前使用较广泛的一种数控机床。与普通车床相比,数控车床是将编制好的加工程序输入到数控系统中,由数控系统通过车床 X、Z 坐标轴的伺服电机去控制车床进给运动部件的动作顺序、移动量和进给速度,再配以主轴的转速和转向,便能加工出各种形状不同的轴类或盘类回转体零件。

1. 数控车床的组成及特点

数控车床一般是由车床本体、数控系统、伺服系统和辅助装置组成。总的来说,除部分专门的全功能数控车床外,数控车床的本体基本保持了普通车床的布局结构,即由床身、主轴传

图 10-9 数控车床外形图

动系统、进给传动系统、自动回转刀架、尾座、冷却系统及润滑系统等部分组成,多数采用全封闭或半封闭防护(图 10-9)。

数控车床的进给系统与普通车床有本质的区别。数控车床没有普通车床传统的进给箱和交换齿轮架,而是直接采用伺服电机经滚珠丝杠驱动溜板和刀架,实现 X 轴(横向)和 Z 轴(纵向)的进给运动;而普通卧式车床主轴的运动经挂轮箱、进给箱、溜板箱再传到刀架实现横向和纵向进给运动。因此,数控车床进给传动系统的结构较普通卧式车床大为精简。

2. 数控车床的用途

数控车床的用途与普通车床一样,主要用来加工轴类或盘类的回转体零件。数控车床通过程序控制,可以自动完成圆柱面、圆锥面、圆弧面、端面和圆柱螺纹、锥螺纹、多头螺纹等切削加工,并能进行切槽、切断、钻孔、扩孔和铰孔等工作。它特别适合精度高、形状复杂、多品种、中小批量零件的加工。

10.3.2 数控车床编程操作

1. 数控车床加工工艺

工艺分析与设计是数控车削加工的前期工艺准备工作。工艺制订得合理与否,对程序编制、机床的加工效率和零件的加工精度都有重要影响。因此,应遵循一般的工艺原则并结合数控车床的特点,认真而详细地制订好零件的数控车削加工工艺。

数控车削加工工艺主要包括以下内容:

①选择适合在数控车床上加工的零件,确定工序内容;

②分析待加工零件的图纸,明确加工内容及技术要求;

③确定零件的加工方案,制订数控加工工艺路线,如划分工序、安排加工顺序、处理与非加工工序的衔接等;

④完成加工工序的设计,如选取零件的定位基准、装夹方案的确定、工步划分、刀具选择和确定切削用量等;

⑤进行数控加工程序的调整,如选取对刀点和换刀点,确定刀具补偿及加工路线等。

在数控加工中,车刀是切削加工中最重要的工具。数控车床刀具的刀柄和刀片具有几何参数通用化、规范化、系列化、耐用度高、强度高、刚度大、换刀快捷、定位精确等特点。刀片的材料有高速钢、硬质合金、陶瓷、立方氮化硼、聚晶金刚石。数控车床最普遍使用的刀具材料是硬质合金和高速钢。硬质合金刀片材料又分为钨钴类(牌号为"YG")、钨钴钛类(牌号为"YT"),"万能型"的合金刀片牌号为"YW"。从刀具结构来看,数控车床主要采用硬质合金机夹可转位刀片结构。

常用的硬质合金机夹刀片形状的类型如图 10-10 所示。

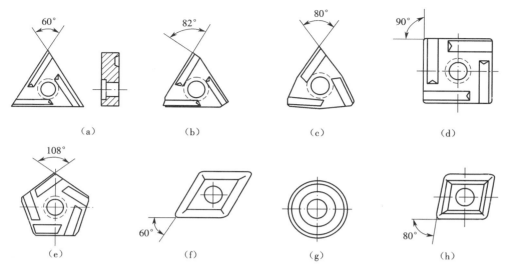

图 10-10　常用的硬质合金机夹刀片形状的类型

（a）T 形；（b）F 形；（c）W 形；（d）S 形；（e）P 形；（f）D 形；（g）R 形；（h）C 形

刀具的刀杆与刀架的规格相对应,常用的刀杆横断面尺寸为 20×20 和 25×25 两种。刀具安装时,应使刀杆贴紧刀架的侧面,以使刀具的长度方向与 X 轴垂直。同时,要使刀尖的位置高度与主轴的回转中心高度平齐,可通过切削端面至回转中心的方法来检查刀具的安装高度是否合适,也可以通过尾座的顶尖校验刀具的安装高度。如果刀尖高度低于或高于主轴回转中心,可以通过增加或减少垫刀片的方法进行调整。刀具安装必须压紧。更换刀片时,必须弄清楚刀片的安装结构和紧固原理,并且适当用力拧紧螺钉。

2. 数控车床编程特点

1）绝对值编程与增量值编程

在一个程序段中,既可以采用绝对值编程,也可以采用增量值编程,还可以采用混合编程。

2）直径编程与半径编程

编制轴类零件加工程序时,因其截面为圆形,所以尺寸指定有直径和半径两种方法。采用直径编程时,称为直径编程法;采用半径编程时,称为半径编程法。数控车床出厂时均设定为直径编程,所以在编程时与 X 轴有关的各项尺寸一定要用直径值编程。如果需用半径编程,则要改变系统中的相关参数,使系统处于半径编程状态。

3）公制尺寸与英制尺寸输入

数控系统一般提供公制和英制两种单位制式,国内销售的机床,出厂前各项参数均以公制设定,如果加工英制零件,需要用 G 代码设定。

4）循环功能

车床加工工件毛坯多是圆棒料或铸件、锻件,加工余量较大,同一表面可能需要进行多次进刀加工。为简化程序,数控系统中备有车外圆、车圆弧、车螺纹等不同形式的循环功能,实现多次循环切削。

5)刀具补偿功能

在数控车床的控制系统中,都有刀具补偿功能。刀具自动补偿包括刀具位置补偿和刀具半径补偿两种功能。在加工过程中,编程人员可以直接按照工件的实际尺寸编制程序。对于刀具位置和几何形状的变化,以及刀尖由于磨损产生的圆弧,只需要将这些信息输入到系统的存储器中,刀具便能实现自动补偿。

3. 数控车床的坐标系

数控车床的坐标系分为机床坐标系和工件坐标系(编程坐标系)两种。无论哪种坐标系,都规定与机床主轴轴线平行的方向为 Z 轴方向。刀具远离工件的方向为 Z 轴的正方向,即从卡盘中心至尾座顶尖中心的方向为正方向。X 轴位于水平面内,且垂直于主轴轴线方向,刀具远离主轴轴线的方向为 X 轴的正方向。如图 10-11 所示。

1)机床坐标系

(1)机床原点

机床原点为机床上的一个固定点。数控车床的机械原点一般定义为主轴旋转中心线与卡盘后端面的交点,如图 10-12 所示。

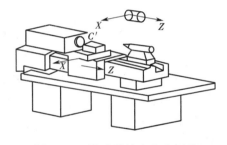

图 10-11　卧式数控车床坐标系

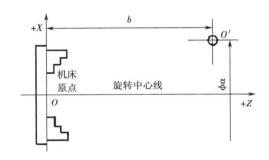

图 10-12　卧式数控车床机床原点

(2)机床坐标系

以机床原点为坐标系原点,建立一个 Z 轴与 X 轴的直角坐标系,则此坐标系就称为机床坐标系。机床坐标系是机床固有的坐标系,它在出厂前已经调整好,一般不允许随意变动。机床坐标系是制造和调整机床的基础,也是设置工件坐标系的基础。

机床通电后,不论刀架位于什么位置,此时显示器上显示的 Z 与 X 的坐标值均为零。当完成返回参考点操作时,则立即显示刀架中心在机床坐标系中的坐标值,相当于在数控系统内部建立了一个以机床原点为坐标原点的机床坐标系。

2)工件坐标系

(1)工件原点(编程原点)

给出工件图样以后,首先应找出图样上的设计基准点,其他各项尺寸均是以此点为基准进行标注的。该基准点称为工件原点或编程的程序原点,即编程原点。

(2)工件坐标系

工件坐标系的原点是人为任意设定的,它是在工件装夹完毕后,通过对刀确定的。工件原点设定的原则是既要使各尺寸标注较为直观,又要便于编程。合理选择工件原点(编程原点)

的位置,对于编制程序非常重要。通常车床工件原点选择在如图 10-13 所示位置,Z 轴应选择在工件的旋转中心即主轴轴线上,而 X 轴一般选择在工件的左端面或右端面上。

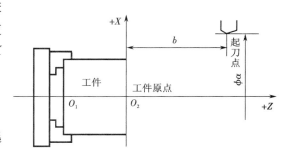

图 10-13　卧式数控车床工件坐标系

3)对刀点(起刀点)与换刀点

(1)对刀点

在数控加工中,刀具相对于工件运动的起点,即刀具切削加工起始点称为"对刀点",也称"起刀点"。

对刀点往往既是零件加工的起点,又作为零件加工结束的终点。这样有助于减少对刀辅助时间,可批量加工,无须重新对刀,但要考虑重复定位精度的影响,适时检测、调整。

(2)换刀点

换刀点是指在工件加工过程中,自动换刀装置转位换刀时所在的位置,对于数控车床,该点可以是任意一点,由编程员设定。换刀点的设定原则是以刀架转位换刀时不碰撞工件和机床其他部件为准,同时使换刀路线最短。

4. 数控车床编程举例(以天大精益数控系统为例)

数控机床操作与普通机床操作的不同之处是编辑数控加工程序。编写加工程序必须熟悉编程中使用的各种代码、加工指令和程序格式。一个完整的加工程序,由程序号、程序内容和程序结束指令三部分组成。程序号位于程序的开始位置,由规定的字母"O"和四位数字组成,数字的前置零可以省略。程序内容由若干个程序段组成,一个程序段占一行,每一程序段结束时输入结束符";",程序结束指令位于程序的最后一行。

加工程序中的每一条语句称为一个程序段,每个程序段由若干个程序字组成。程序字由字母和数字两部分组成,字母被称为程序字的地址,数字由若干位十进制数组成。下面为图 10-14 零件的数控车削精加工程序及说明(无需切断)。

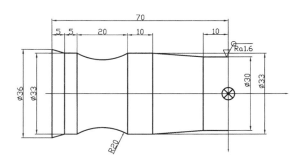

图 10-14　精加工零件图

205

O0001;	程序名
N05 G50 X100.0 Z100.0;	设定刀具起点
N10 M40;	主轴一级转速
N15 M03;	正转启动
N20 T0102;	1 号刀具用 2 号刀补
N25 G00 X30.0 Z2.0;	刀具快速移动
N30 G01 Z - 10.0 F0.1;	车削 $\phi30 \times 10$ 外圆,进给量每转 0.1 mm
N35 X33.0 Z - 30.0;	车削 $\phi30 \times 10$ 外圆的相邻锥面
N40 W - 10.0;	车削 $\phi33 \times 10$ 外圆
N45 G02 W - 20.0 R20.0 F0.1;	车削 $R20$ 圆弧
N50 G01 W - 5.0;	车削 $\phi33 \times 5$ 外圆
N55 X36.0 W - 5.0;	车削 $\phi33 \times 5$ 外圆的相邻锥面
N60 X40.0;	X 轴退刀
N65 G00 X100.0 Z100.0 T0100;	刀具快速移回起点,并取消刀补
N70 M05;	主轴停止旋转
N75 M30;	程序结束且返回程序开头

10.4 数控铣床编程与操作

10.4.1 数控铣床概述

数控铣床是由普通铣床发展而来的一种数字控制机床,其加工能力很强,能够铣削加工各种平面轮廓和立体轮廓零件,如各种形状复杂的凸轮、样板、模具、叶片、螺旋桨等。此外,配上相应的刀具还可以进行钻孔、扩孔、铰孔、锪孔、镗孔和攻螺纹等。数控铣床应用广泛,不同的数控铣床和数控系统,其功能和操作方法略有差异,但基本的编程与操作方法相同。本节以应用较为广泛的 SINUMERIK802S/C 系统为例,介绍数控铣床的编程与操作。

1. 数控铣床的组成与分类

数控铣床一般由铣床主体、控制系统、驱动装置和辅助装置等组成,如图 10-15 所示。

1)铣床主体

铣床主体是数控铣床的机械部件,包括床身、主轴箱、铣头、工作台进给机构等。

2)控制系统

控制系统是数控铣床的核心,它的主要作用是对输入的零件加工程序进行数字运算和逻辑运算,然后向伺服系统发出控制信号。

数控铣床采用 CNC(Computer Numerical Control)控制系统。它的主要特点是输入、存储、数据加工、插补运算以及机床的各种控制功能都是通过计算机软件来完成,能增加很多逻辑电路难以实现的功能。另外,计算机还可以与其他装置之间通过接口设备连接。

一个完整的 CNC 控制系统应由以下几部分组成。

（1）工件程序

零件加工程序是由一连串的工件加工指令组成，它控制刀具的移动和许多辅助功能的开关，例如主轴的旋转、冷却液的开与关等。

（2）程序输入装置

数控加工程序通过输入装置输入到数控系统。目前采用的输入方法主要有 MDI 手动键盘输入、RS-232C 接口、USB 接口、分布式数字控制接口、网络接口等。

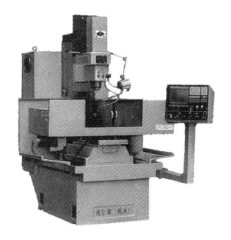

图 10-15　立式数控铣床外观图

（3）机床控制器

机床控制器是计算机数值控制的心脏。它执行的功能有：读取指令并解码；经过插补运算（线性、圆弧和螺旋），生成各种轴移动指令；将轴移动指令输入到轴驱动机构的信号放大电路；接收各轴位置及速度的回馈信号；执行辅助控制功能等。

3）驱动装置

驱动装置是数控铣床执行机构的驱动部件，包括主轴电动机、进给伺服电机、信号放大电路、滚珠丝杠等。

4）辅助装置

辅助装置是指数控铣床的一些配套部件，包括液压和气动装置、冷却和润滑系统、排屑装置等。

数控铣床按照其控制坐标轴的联动数可分为以下三类：

①二轴（2.5 轴）联动数控铣床，该机床可对三轴中的任意两轴联动；

②三轴联动数控铣床，该机床可实现三轴同时联动；

③多轴联动数控铣床，如四轴联动、五轴联动数控铣床。

按其主轴的布局形式可分为以下四类。

①立式数控铣床。立式数控铣床的主轴轴线垂直于机床加工工作台平面，即垂直于水平面，是数控铣床中数量最多的一种，应用范围也最为广泛。立式数控铣床在三个基本坐标轴之外再加上一个旋转坐标轴，就构成四轴联动数控铣床。此外，还有五轴联动，其结构更复杂，功能也更强大。

②卧式数控铣床。卧式数控铣床主轴轴线与机床加工工作台平面平行，即平行于水平面。卧式数控铣床通过增加数控转盘来实现四轴或五轴联动加工。该结构对需要在一次装夹中改变工位进行加工的零件和箱体类零件的加工优势特别明显。

③复合式数控铣床。复合式数控铣床是指一台机床上有立式和卧式两个主轴，或者主轴可作 90°旋转的数控铣床。复合式数控铣床同时具备立式数控铣床和卧式数控铣床的功能，对加工对象的适应性更强，因而使用范围也更广泛。

④龙门数控铣床。龙门数控铣床的主轴固定在龙门架上，主轴可在龙门架的横向与垂直轨道上移动，而龙门架则沿床身作纵向移动。龙门数控铣床一般是大型数控铣床，主要用于大

型机械零件及大型模具的加工。

2. 数控铣床的用途

数控铣床与数控车床一样,适用于加工精度高、品种多、批量小、形状复杂的零件,而且数控铣床可以加工许多普通铣床难以加工甚至根本无法加工的零件。数控铣床用途广泛,主要用于铣削以下四类零件。

1)平面类零件

平面类零件的各加工面均是平面或可展开为平面。一般用三坐标数控铣床任意两坐标轴联动就可以加工出来,相对较简单。数控铣床加工的零件绝大多数属于平面类零件。

2)空间曲面类零件

加工面为空间曲面的零件称为曲面类零件,如模具、叶片、螺旋桨等。曲面类零件不能展开为平面,一般采用三坐标数控铣床加工,加工时铣刀与加工面始终为点接触,刀具选用球头铣刀。当曲面较复杂、通道较狭窄,会伤及毗邻表面及需刀具摆动时,常采用四坐标或五坐标铣床。

3)变斜角类零件

变斜角类零件是指加工面与水平面的夹角呈连续变化的零件,其加工面不能展开为平面。此类零件形状复杂,多为飞机上的零件,一般采用多轴联动数控铣床(如四轴联动、五轴联动)来加工。

4)孔加工和攻螺纹

数控铣床还可以进行孔加工,如钻孔、扩孔、镗孔、铰孔、锪孔等孔加工和攻螺纹等。

10.4.2 数控铣床编程与操作

1. 数控铣床加工工艺

数控铣床加工工艺主要包括以下内容:

①选择适合在数控铣床上加工的零件,确定工序内容;

②分析被加工零件的图纸,明确加工内容及技术要求;

③确定零件的加工方案,制订数控加工工艺路线,如划分工序、安排加工顺序、处理与非数控加工工序的衔接等;

④设计加工工序,如选取零件的定位基准、确定装夹方案、划分工步、选择刀具以及确定切削用量等;

⑤调整数控加工程序,如选取对刀点和换刀点、确定刀具补偿以及确定加工路线等。

2. 编制程序的工艺基础

编制程序前首先要考虑加工工艺编制的问题,编程中要把加工顺序、走刀路线、切削用量、刀具的选择、切削液开或关等都要事先确定好,编入程序中。编程员不仅要掌握程序的编制和输入方法,熟悉数控铣床的功能,而且还要掌握零件加工工艺知识,否则就无法胜任编程工作。

1)划分加工工序

在数控铣床上加工零件,工序比较集中,在一次装夹中,尽可能完成全部工序。为了保持数控铣床的精度,降低生产成本,延长使用寿命,通常把零件的粗加工安排在普通机床上进行。

2）选择工件装夹方法

在数控铣床上装夹工件，应尽量采用组合夹具，以减少辅助时间，必要时可设计专用夹具。零件定位时，应使定位基准与设计基准一致，定位方式应具有较高的精度，没有过定位干涉现象；工件夹紧时，应注意夹紧力的作用点和方向，一般夹紧力要靠近主要支撑点或在支撑点所组成的三角形内，力求靠近切削部分，保证装夹可靠。

3）确定加工路线

合理地选择加工路线，尽量缩短加工路线，尽量减少换刀次数及空行程，提高切削效率；铣削零件轮廓时，尽量采用顺铣方式，以保证所加工零件的精度和表面结构参数符合要求；进刀、退刀应选在不太重要的位置，并且使刀具沿零件切线方向进刀和退刀，以免产生刀痕。

4）选择合适的刀具并确定合理的切削用量

根据工件的材料和加工工序选择合适的刀具，在确定切削用量时，还要考虑刀具材料和机床刚度等因素。

3. 数控铣床的坐标系

数控铣床的坐标系分为机床坐标系和工件坐标系。

1）机床坐标系

（1）机床坐标系

以机床原点为坐标系原点建立起来的 X、Y、Z 轴直角坐标系，称为机床坐标系。机床坐标系是机床本身固有的坐标系，它是制造和调整机床的基础，也是设置工件坐标系的基础，一般不允许随意变动。

数控铣床坐标系符合 ISO 规定，仍按右手笛卡儿坐标系规则建立。三个坐标轴互相垂直，机床主轴轴线方向为 Z 轴，刀具远离工件的方向为 Z 轴正方向。X 轴位于与工件安装面相平行的水平面内，对于立式铣床，人站在工作台前，面对机床主轴，右侧方向为 X 轴正方向；对于卧式铣床，人面对机床主轴，左侧方向为 X 轴正方向。Y 轴垂直于 X、Z 坐标轴，其方向根据右手直角笛卡儿坐标系来确定，如图 10-16 所示。

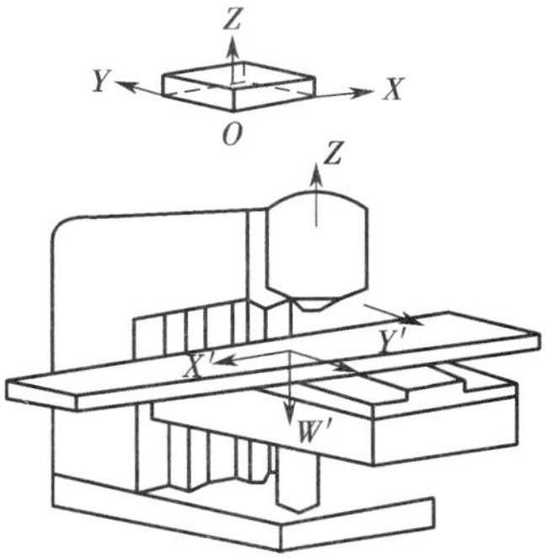

图 10-16　立式数控铣床

（2）机床原点

机床坐标系的原点，简称机床原点（机床零点）。它是一个固定的点，由生产厂家在设计机床时确定。

（3）参考点

参考点是机床上另一个固定点，该点是刀具退离到一个固定不变的极限点，其位置由机械挡块或行程开关确定。机床型号不同，其参考点的位置也不同，通常立式铣床指定 X、Y、Z 轴的正向极限最远端为参考点。

机床启动后，首先要执行手动返回参考点的操作，这样数控系统才能通过参考点间接确认出机床零点的位置，从而在数控系统内部建立一个以机床零点为坐标原点的机床坐标系。这样在执行加工程序时，才能有正确的工件坐标系。

由于机床在加工过程中刀具与工件是一对相对运动物体,所以在设置机床运动方向时一律假定工件为固定不动而把刀具相对于工件的运动方向定义为机床的运动方向,通常意义上的机床坐标系也是基于刀具而言的。

2)工件坐标系

工件坐标系是编程时使用的坐标系,其三个轴的方向与机床运动坐标系一致。工件坐标系的原点简称工件原点,也是编程原点,其位置由编程人员在编制程序时根据零件的特点选定。程序中的坐标值均以工件坐标系为依据,将编程原点作为计算坐标值时的起点,编制的程序与工件在机床上的安装位置无关。为了便于对刀,工件原点一般选择在工件表面的某一点,具体位置的选择应便于坐标值的计算,并使编程简单。

4. 数控铣床编程举例(以 FANUC 为例)

加工如图 10-17 所示零件凸台的外轮廓,采用刀具半径补偿指令进行编程,使用 T01 号刀具。

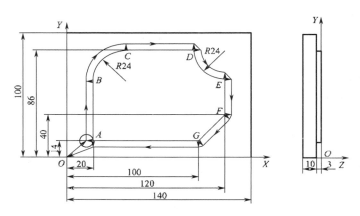

图 10-17　数控铣床加工零件图

采用刀具半径补偿的加工程序及说明如下。

O00001	程序名
N02 G90 G54 G00 Z50;	设定工件坐标系及编程方式并抬刀至安全高度
N04 M03 S1000;	主轴正转至 1000 r/min
N06 X0 Y0;	刀具快进至(0,0,50)
N08 Z2.0;	刀具快进至(0,0,2)
N12 G01 Z－3 F50;	刀具切削进给深度－3 mm 处
N14 G41 X20.0 Y14.0 H1 F100;	建立刀具半径左补偿从 O 至 A 点
N16 X20.0 Y62.0	直线插补 A 到 B 点
N18 G02 X44.0 Y86.0 R24.0;	圆弧插补 B 到 C 点
N20 G01 X96.0 Y86.0;	直线插补 C 到 D 点
N22 G03 X120.0 Y62.0 R24.0;	圆弧插补 D 到 E 点
N24 G01 X120.0 Y40.0;	直线插补 E 到 F 点
N26 X100.0 Y14.0;	直线插补 F 到 G 点

210

N28 X20. 0 Y14. 0;	直线插补 G 到 A 点
N30 G40 X0 Y0;	取消刀具半径补偿 A 到 O 点
N32 G00 Z50. 0;	刀具快速抬高到安全高度
N34 M05;	主轴停转
N36 M30;	程序结束

10.5　加工中心概述

加工中心(Machining Center)是在数控铣床的基础上发展而来的一种高度自动化的加工设备,它是一种带有刀库和自动换刀装置(ATC)的数控机床。工件经一次装夹后,数控系统能控制机床按不同工序自动选择和更换刀具,自动改变机床主轴转速、进给量和刀具相对工件的运动轨迹及其他辅助功能,依次完成工件几个面上多工序的加工。这样,减少了工件装夹、测量和机床调整时间,提高了生产效率和机床的利用率。它是自动化加工中不可缺少的设备,也是柔性制造系统(FMS)中的核心组成部分。为了改善加工中心的功能,出现了自动更换刀库、自动更换主轴头和自动更换主轴箱的加工中心等。自动更换刀库的加工中心,刀库容量大,便于进行多工序复杂箱体类零件的加工。自动更换主轴头的加工中心,可以进行卧铣、立铣、磨削和转位铣削等加工。这种加工中心除刀库外,尚有主轴头库,由工业机器人或机械手进行更换。自动更换主轴箱的加工中心一般有粗加工主轴箱和精加工主轴箱,以便提高加工精度和加工范围。加工中心与普通数控机床的区别,主要在于它能在一台机床上完成由多台机床才能完成的工作。目前,加工中心的刀库容量越来越大,换刀时间越来越短,加工精度越来越高,功能不断增强,除了在数控铣床基础上发展起来的加工中心外,还出现了在数控车床基础上发展起来的车削加工中心。

10.5.1　加工中心的分类

加工中心品种繁多,形态各异,分类方法有多种。常用的分类方法是按机床结构分类,一般可分为立式加工中心、卧式加工中心、龙门式加工中心和五面体加工中心。

1. 立式加工中心

立式加工中心是指主轴垂直设置的加工中心,一般具有三个坐标轴,可实现三轴联动(图10-18)。有些加工中心甚至可进行五轴、六轴的控制,可加工更复杂的零件。立式加工中心可在工作台上安装一个水平轴的数控回转台,用以加工螺旋线类零件。

立式加工中心装夹工件方便,易于观察,便于操作,程序调试容易。此外,立式加工中心结构简单,占地面积小,价格相对较低,故得到了广泛应用。但立式加工中心由于受立柱高度及换刀装置的限制,不能加工太高的工件。

2. 卧式加工中心

卧式加工中心是指主轴水平设置的加工中心,一般有 3~5 个坐标轴。常见的是三个直线运动坐标轴加上一个回转运动坐标轴,使工件在一次装夹后完成除安装面和顶面以外的其余四个面的加工。它较立式加工中心更适合加工箱体类零件,特别适合孔与定位基面或孔与孔

图 10-18　立式加工中心

之间有相对位置精度要求的箱体类零件加工,容易保证加工精度。

卧式加工中心与立式加工中心相比,一般具有刀库容量大、整体结构复杂、体积和占地面积大、价格较高等特点。卧式加工中心是加工中心中应用范围最广的一种。

3. 龙门式加工中心

龙门式加工中心的形状与龙门铣床相似,主轴多为垂直设置。除自动换刀装置外,还带有可更换的主轴头附件,数控装置的功能较齐全,能一机多用,尤其适合加工大型或形状复杂的工件。

4. 五面体加工中心

五面体加工中心是兼有立式加工中心和卧式加工中心功能的加工中心,即立、卧两用的复合加工中心。五面体加工中心能在工件一次安装后,完成除安装面以外的所有侧面和顶面等其他五个面的加工,极大地提高了加工精度和生产效率,经济效益显著。

10.5.2　加工中心的组成部分及其作用

各种类型的加工中心的外形结构各异,但从总体上来看主要由以下几大部分构成。

1. 基础部件

基础部件是加工中心的基础结构,由床身、立柱和工作台组成。它主要承担加工中心的静载荷以及在加工时产生的切削负载,具有足够的刚度。

2. 主轴部件

主轴部件是加工中心的重要部件之一,其刚度和回转精度直接影响工件的加工质量。它主要由主轴箱、主轴电机、主轴和主轴轴承等组成。加工中心的主轴电机主要采用直流或交流主轴电机,实现主运动的无级变速。主轴的启停和变速等动作均由数控系统控制,并且通过装在主轴上的刀具进行切削。

3. 自动换刀装置

自动换刀部件是一套独立、完整的部件,按加工需求,由数控系统发出指令自动地更换装在主轴上的刀具。

4. 数控系统

加工中心的数控系统是由 CNC 装置、可编程控制器(PLC)、伺服驱动装置以及操作面板等组成。它是执行顺序控制动作和完成加工过程的控制中心。

5. 辅助装置

辅助装置包括润滑冷却装置、自动排屑装置、液压系统、气动系统、电气系统和检测、反馈系统等。它们对加工中心的工作效率、加工精度和安全可靠性起着保障作用。

10.5.3 加工中心的特点

加工中心具有以下特点。

①具有刀库和自动换刀装置(ATC),由数控系统控制机床自动更换刀具,连续地对工件各加工表面进行自动铣(车)、钻、扩、铰、镗、攻螺纹等多种工序的加工,适用于加工凸轮、箱体、支架、盖板、模具等各种复杂型面的零件。

②加工中心一般带有自动分度回转工作台或可自动转角度的主轴箱,从而使工件在一次装夹后,自动完成多个平面或多个角度位置的多工序加工。

③如果加工中心带有自动交换工作台,则工件在工作位置的工作台上进行加工的同时,另一工件在装卸位置的工作台上进行装卸而不影响正常的加工工件,从而可大大缩短辅助时间,提高加工效率。

④加工中心有的具有自适应控制功能,在加工过程中能随着加工条件的变化而自动调整最佳切削参数,自动改变机床主轴转速、进给量和刀具相对工件的运动轨迹及其他辅助功能,从而可得到更好的加工质量。

加工中心的上述特点,在实际生产中可以大大减少工件装夹、测量和机床调整时间,使机床的切削时间利用率显著提高,尤其是对于加工形状比较复杂、精度要求高、品种较多、改型频繁的工件,具有良好的经济性。

10.6 工业机器人

工业机器人作为一种集多种先进技术于一体的自动化装备,成为柔性制造系统、自动化工厂、智能工厂等现代化制造系统的重要组成部分。工业机器人的应用改变了传统制造模式,为制造业的智能化发展提供了技术保障,大幅度提高了生产效率,满足了现代制造业的生产需要和发展需求。

10.6.1 工业机器人的分类及应用

工业机器人一般可按机械结构、坐标形式、控制方式、驱动方式、应用领域等进行划分。

1)按机器人机械结构划分

①串联机器人。它是一种开式运动链机器人,是由一系列连杆通过转动关节或移动关节串联形成的。串联机器人工作空间大,运动分析比较容易,但其机构各轴必须要独立控制,并且需要搭配编码器和传感器来提高机构运动时的精准度,如图 10 - 19(a)所示。

②并联机器人。其并联机构形成了一个封闭的运动链。并联机器人不易产生动态误差,无误差积累,精度较高。另外其结构紧凑稳定,输出轴大部分承受轴向力,机器刚性高,承载能力强,如图 10-19(b)所示。

2)按机器人结构坐标系特征划分

①直角坐标系(代号 PPP)机器人。该机器人末端执行器空间位置的改变是通过沿着三个互相垂直的直角坐标 x、y、z 的移动来实现的,如图 10-20(a)所示。

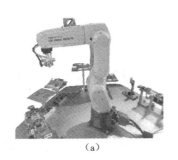

（a）　　　　　　　　　　　（b）

图 10-19　按机械结构划分的工业机器人

（a）串联机器人；（b）并联机器人

②圆柱坐标系（代号 RPP）机器人。该机器人末端执行器空间位置的改变是由两个移动坐标和一个旋转坐标实现的，如图 10-20（b）所示。

（a）　　　　　　　　　　　（b）

图 10-20　按坐标系划分的工业机器人

（a）直角坐标系机器人；（b）圆柱坐标系机器人

③球面坐标系（代号 RRP）机器人，又称极坐标式机器人。机器人手臂的运动由一个直线运动和两个转动运动组成。

④关节坐标系（代号 RRR）机器人，又称回转坐标式机器人。分为垂直关节坐标和平面（水平）关节坐标。垂直关节坐标系机器人模拟人的手臂功能，由垂直于地面的腰部旋转轴、带动小臂旋转的肘部旋转轴以及小臂前端的手腕等组成。手腕通常有 2 ~ 3 个自由度，其动作空间近似一个球体。如图 10 – 21（a）所示，水平关节机器人的结构具有串联配置的两个能够在水平面内旋转的手臂，自由度可依据用途选择 2 ~ 4 个，动作空间为一圆柱体。如图 10 – 21（b）所示。图 10 – 22 为不同类型工业机器人坐标示意图。

3）按控制方式划分

①点位控制机器人。点位控制（Point To Point，PTP）只控制机器人末端执行器目标点的位置和姿态，而对从空间的一点到另一点的轨迹不进行严格控制。这种控制方式适用于上下料、点焊、搬运等作业。

②连续轨迹控制机器人。连续轨迹控制（Continuous Path，CP）不仅要控制目标点的位置和姿态，而且还要对运动轨迹进行连续控制。采用这种控制方式的机器人常用于焊接、喷漆和检测等作业。

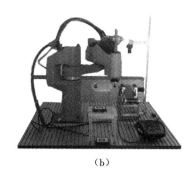

（a）   （b）

图 10-21   关节坐标系机器人

（a）垂直关节坐标机器人；（b）水平关节坐标机器人

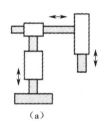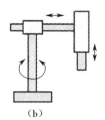

（a）   （b）   （c）   （d）

图 10-22   不同类型的工业机器人坐标系

（a）直角坐标系机器人；（b）圆柱坐标系机器人；（c）球面坐标系机器人；（d）关节坐标系机器人

4）按驱动方式划分

①电气驱动机器人。电气驱动是目前使用最多的一种驱动方式,特点是电源取用方便,响应快,驱动力大,信号检测、传递、处理方便,并可以采用多种灵活的控制方式。驱动元件可以是步进电机、直流伺服电机或交流伺服电机。目前交流伺服电机是主流。

②液压驱动机器人。液压驱动传动平稳,能在很大范围内实现无级调速,抓取力很大,防爆性能好。但对密封性要求高,液压系统存在泄漏、噪声和低速不稳定等问题,对环境温度比较敏感。油液泄漏不仅影响工作的稳定性与定位精度,还会造成环境污染。由于需要配备压力源及复杂管路系统,成本较高,通常用于大型重载且运动速度较低的特殊场合。

③气压驱动机器人。气压驱动结构简单,动作迅速,维修方便,价格较低,废气可直接排入大气,不会造成污染。由于空气的可压缩性使其具有较好的缓冲作用,同时也使其速度稳定性变差,不易精确定位,抓取力较小。一般用气动手抓、旋转气缸和气动吸盘作为末端执行器,可用于中、小负荷的工件抓取和装配工作。

5）按应用划分

按照机器人所执行的任务,工业机器人分为搬运、码垛、焊接、喷涂、装配、检测机器人等。

①搬运机器人被广泛应用于制造行业机床上下料、冲压自动化生产线、自动化装配流水线,用于邮局、图书馆、码头、机场、物流企业的分拣和搬运,以及食品、医药、烟草、化工等对于搬运作业有清洁、安全等特殊要求的行业。

②码垛机器人早期主要应用于仓储业,实现出入库的自动搬运。目前作为搬运机器人的一类被广泛应用于化工、饮料、食品、家电等生产企业,对瓶装、罐装、袋装、纸箱等各种形状的包装品都可适用。

③焊接机器人包括点焊机器人、弧焊机器人、激光焊接机器人等,在汽车制造业应用广泛,如图 10-23 所示。焊接机器人在焊接难度、焊接速度、焊接质量等方面有着人工焊接无法匹敌的优势。此外,用焊接机器人构建的柔性自动化生产方式,便于车型的更新换代。

图 10-23　汽车生产线上的焊接机器人

④喷涂机器人被广泛应用于汽车、列车、家电、家具等行业,具有喷涂作业范围大、喷涂质量高、节省涂料等优点,如图 10-24 所示。

图 10-24　汽车生产线上的喷漆机器人

⑤装配机器人。在工业生产中,产品装配是一件工程量极大的工作,需要大量的劳动力。因为人工装配出错率高,效率低,而逐渐被工业机器人代替。装配机器人根据装配流程执行操作程序,应用于具体的装配工作,具有高效、精确、不间断工作等优点。

⑥检测机器人能够代替工作人员在特殊环境中开展工作。比如在高危区域(如核电厂、变电站)自动巡检,在电网超高压输电线路巡检等;此外,人类无法到达的地方,如病人患病部位的探测、地下或水下管路的探测以及地震救灾现场的生命探测等。

为了应对更加复杂的工作环境,现代工业机器人常常具备复合功能。例如可在不同坐标系下和控制方式下进行切换,驱动方式也趋向混合驱动。所以工业机器人更多采用区分度较为明显的结构式划分,或者按照应用来划分。

10.6.2 工业机器人的组成

工业机器人主要由机械、传感和控制三大部分组成。这三大部分又分为以下六个子系统。

1）机械结构系统

工业机器人的机械结构由机身、手臂、末端执行器三大部件组成。每一大部件都有一个或几个自由度，构成一个多自由度的机械系统。

2）驱动系统

要使机器人运行，就需要给每个关节即每个运动自由度安装动力装置，这就是驱动系统。驱动系统可以是电动、气动或液压。可以直接驱动，也可通过同步齿形带、链条、轮系、谐波齿轮等传动机构间接驱动。

3）感知系统

工业机器人内部配置多种传感器，感知与自身工作状态相关的变量，如位移、速度和受力等，感知系统由内部传感器模块和外部传感器模块组成。传感器的使用提高了机器人的机动性、适应性和智能化水平，是当今机器人反馈控制中不可或缺的元件。工业机器人外部传感器的作用是为了检测作业对象及环境或机器人与它们的关系，在机器人上安装了触觉、视觉、力觉、超声波和听觉传感器等，可以大大改善机器人的工作状况，使其能够完成复杂的工作。视觉感知是工业机器人感知系统的重要一环，视觉伺服系统将视觉信息作为反馈信号，控制调整机器人的位置和姿态。机器视觉系统在质量检测、工件识别、食品分拣及包装的各个领域都得到广泛应用。

4）机器人－环境交互系统

机器人－环境交互系统是现代工业机器人与外部环境中的设备互相联系和协调的系统。工业机器人与外部设备集成为一个功能单元，如加工单元、焊接单元、装配单元等。当然，也可以将多个机器人、多个机床或设备以及多个零件存储设备集成到一个功能单元中，以执行复杂的任务。

5）人－机交互系统

人－机交互系统是操作人员对机器人控制并与机器人联系的装置，如计算机的标准终端、示教器、指令控制台、信息显示板、危险信号报警器等。

6）控制系统

控制系统的功能是根据机器人的作业指令程序以及传感器反馈信号支配机器人的执行机构去完成规定的运动和任务。如果机器人不具备信息反馈功能，则为开环控制系统；如果机器人具备信息反馈功能，则为闭环控制系统。根据控制原理可分为程序控制系统、适应性控制系统和人工智能控制系统。

10.6.3 工业机器人的优点

工业机器人研制的初衷是替代人类做一些人们不想做的简单、重复性劳动或危险行业的工作。随着机器人技术的快速发展，机器人的工作范围已经扩展到人们干不好、甚至干不了的工作。相比之下，工业机器人在易用性、精准度、稳定性、生产效率、经济效益、安全性及管理方面都有显著优势。

1）易用性好、对环境适应性强

目前，工业机器人广泛应用于制造业，并延伸到食品、医疗、物流等各个领域，能够长时间进行高负载工作。尤其能够胜任极端环境下的工作，如对人体有较大伤害的核辐射、高温、高压、粉尘等恶劣环境以及对洁净度要求很高的晶体制造工作环境。甚至人类对太空以及深水领域的探索工作，工业机器人也都能圆满完成任务。

2）精准度高、稳定性好

随着计算机技术、传感器技术和控制技术的不断进步，工业机器人的操作精准度、稳定性明显优于人类。如工业生产中焊接机器人系统通过对空间焊缝的自动实时跟踪，实现了焊接参数的在线调整和焊缝质量的实时控制，满足了复杂产品对焊接质量和效率的高标准要求。

3）生产安全、效率高

工业机器人的生产效率取决于其产品性能和控制程序，生产节拍固定，不会忽高忽低。机器人不会疲劳，适合连续工作，且安全隐患很小。生产质量稳定，产品一致性好。

4）易于管理，经济效益显著

企业根据自己所能够达到的产能去接收订单和组织生产，不用盲目预估产量造成产能过剩和库存积压。而管理机器人，也会比管理员工简单得多。近年来，人力成本上涨无疑是制约企业竞争力的重要因素，机器人代替工人能够节省越来越高昂的人工成本。机器人可以 24 小时连续作业，一名技术人员可以同时看管多台机器人。因此，应用工业机器人成为降低成本、提高企业竞争力的有效途径。

10.6.4　工业机器人的发展趋势

1）性价比不断提升

工业机器人性能不断提高，单机价格不断下降；应用领域不断扩大，并深入日常生活。

2）机械结构向模块化、可重构化发展

关节模块中的伺服电机、减速机、检测系统三位一体化，由关节模块和连杆模块可重组构造机器人整机。

3）开展人机协作

随着机器人从与人保持距离作业，发展到在无须安全护栏的情况下与人类协同工作。利用先进的传感设备、软件和末端工具，机器人可以迅速发现作业范围内的任何变动并作出安全应对。拖动示教、人工教学技术的成熟，使得编程更加简单易用，降低了对操作人员的专业要求，缩短了高级技能人才的培养周期。

4）智能化、信息化、网络化，使得机器人自主化水平不断提高

传感器的作用日益重要。机器人除采用传统的位置、速度、加速度等传感器外，装配、焊接机器人还应用了视觉、力觉等传感器，而遥控机器人则采用视觉、声觉、力觉、触觉等多传感器融合技术来进行环境监测及决策控制。结合工业互联网技术、智能控制算法和机器视觉等技术在产品系统中的成熟应用，工业机器人能够快速获取加工信息，实现环境识别和定位，排除作业目标尺寸、形状多样性的干扰，实现多机器人协作生产，以满足智能制造的多样性、精细化

需求,使机器人变得越来越智能化。随着传感与识别、人工智能、多机器人协同、控制、通信等技术进步,机器人从被单向控制向自己存储、自己应用数据方向发展,逐渐实现信息化。机器人也从独立个体向互联网、协同合作方向发展。作业模式向自主学习、自主作业方向发展。智能化机器人可根据工况或环境需求,自动设定和优化轨迹路径,自动避开奇异点,进行干涉与碰撞的预判和避障。

10.7 柔性制造

柔性制造是对不同加工对象实现程序化柔性制造加工的相关技术总和。目前按照规模及应用可划分为:柔性制造单元、柔性装配单元、柔性制造线、柔性制造系统等。本节仅对制造业中最常见、最具代表性的柔性制造单元和柔性制造系统及其工艺基础 – 成组技术进行简要介绍。

10.7.1 柔性制造单元

柔性制造单元(Flexible Manufacturing Cell,FMC)是由一台或数台数控机床或加工中心构成的加工单元。这些数控机床通常配备刀库并能自动换刀,有些机床还自带监测装置,如:自动测量头、刀具破损检测等。它的物料转运设备可以是搬运机器人或托盘运输系统。柔性制造单元自成体系,有小型柔性制造系统之称。图 10-25 是一套由数控车床、加工中心、可移动工业机器人、工件翻转台和回转料仓组成的柔性制造单元。

图 10-25　柔性制造单元

柔性制造单元的物料从毛坯进入加工单元直至半成品或成品离开单元的过程往往是预先设定的。单元的自决策能力、设备的负荷平衡能力、自动化程度、柔性、生产率、复杂程度都远在柔性制造系统之下。柔性制造单元占地面积小、成本低,适合加工形状复杂,加工工序简单,加工工时较长,批量小的零件。

10.7.2 柔性制造系统

柔性制造系统(Flexible Manufacturing System,FMS)是由数控加工设备、物料储运系统和计算机控制系统等组成的自动化制造系统。它能根据制造任务和生产环境的变化迅速进行调整,以适应多品种、中小批量产品生产。加工时,原材料或半成品在传输系统上装卸,零件在一台设备上加工完毕后转到下一台设备,每台设备按照操作指令自动装卸所需刀具进行加工,无须人工参与。柔性制造系统的工艺基础是成组技术,它按照成组的加工对象确定工艺过程,在加工自动化的基础上实现物流和信息流的自动化。柔性制造系统能够实现一定范围内多种工件的中小批量高效生产,以便及时更新产品以适应市场需求。系统兼有加工制造和部分生产管理功能,具有运行灵活、设备利用率高、生产能力相对稳定、产品应变能力强、产品质量高等优点,因而能综合提高多品种、中小批量订单需求的生产效益。

10.7.3　成组技术

成组技术(Group Technology,GT)起源于 20 世纪 50 年代,是由前苏联米特洛万诺夫率先提出,后来推广到美国和欧洲,受到普遍重视。德国阿亨大学的 H. 奥匹兹教授曾对成组技术进行深入研究,制定出一整套工作程序和零件分类编码系统,使之趋于完善并更便于推广应用。

成组技术的基本原则是根据零件的结构形状特点、工艺过程和加工方法的相似性,打破多品种界限,对所有产品零件进行系统的分组,将类似的零件合并、汇集成一组,再针对成组零件的特点组织相应的机床形成不同的加工单元对其进行加工。经过这样的重新组合可以使成组零件在同一机床上使用同一个夹具和同一组刀具,对工艺稍加调整就能加工,从而增加批量生产的规模,提高生产效率。

成组技术在发展初期仅作为一项科学的加工工艺,主要应用于机械加工行业多品种零件的中、小批量生产。截至 2010 年,各国成组技术分类系统已有近百种,成组技术也已发展到可以利用计算机自动进行零件分类、分组,并应用到产品设计标准化、通用化、系列化及工艺规程的编制过程。

成组技术与数据处理系统相结合,可从各种类型的零件中迅速准确地按相似性整理出零件分类。设计部门根据零件形状特征把图纸集中分类,通过标准化方法减少零件种类,缩短设计时间;加工部门根据零件的形状、尺寸、加工工艺的相似性进行分类,组成加工组;各加工组还可采用专用机床和工夹具,进一步提高机床的专业化、自动化水平。随着成组技术的发展,按其具体实施范围的不同,出现了成组设计、成组管理、成组铸造、成组冲压等分支;按照相似性归类成组的信息不同,出现了零件成组、工艺成组、机床成组等方法。成组技术在为制造企业创造较高经济效益的同时,其应用也已超出了机械制造工艺的范围,发展成为一门综合性的科学技术。如今,成组技术已被认为是 FMS 及 CIMS 等先进制造系统的技术基础。

10.8　计算机集成制造系统

计算机集成制造(Computer Integrated Manufacturing,CIM)的概念是 1973 年首先由美国学者 Joseph Harrington 提出的。他认为企业生产活动是一个不可分割的整体,其各个环节彼此紧密关联,就其本质而言,整个生产活动是一个数据采集、传递和加工处理的过程,最终形成的产品可以视为信息的物质表现。计算机集成制造是组织、管理企业生产的新哲理,它借助计算机软硬件,综合利用现代管理技术、制造技术、信息技术、自动化技术、系统工程技术等,将企业生产经营过程中人、技术和管理三要素及有关的信息流、物料流和价值流有机地集成并优化运作,以提高企业对市场的应变能力和综合竞争能力。

计算机集成制造系统(Computer Integrated Manufacturing System,CIMS)是基于 CIM 思想而组成的系统。它集市场分析、产品设计、加工制造、经营管理、售后服务于一体,在网络、数据库支持下,借助于计算机的控制与信息处理功能,由计算机辅助设计为核心的工程信息处理系统和由计算机辅助制造为中心的加工、装配、检测、储运、监控自动化工艺系统和经营管理信息系统所组成的综合体。

10.8.1 CIMS 的组成及其功能

计算机集成制造系统包含了产品设计、制造和企业经营管理三种主要功能,由四个应用分系统和两个支撑分系统组成,如图 10-26 所示。

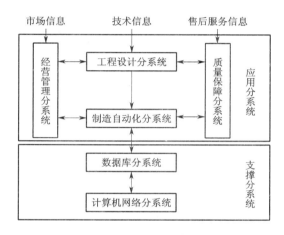

图 10-26 CIMS 的基本组成

1)经营管理分系统

经营管理系统的主要功能是根据市场需求和预测,通过信息处理提供决策,制订年、月、周、日生产计划。其核心是制订资源计划(Manufacturing Resources Planning,MRP II)或企业资源计划(Enterprise Resources Planning,ERP)。要处理的信息包括订单管理、经营计划管理、物料管理、生产管理、财务管理、人力资源管理、质量管理以及辅助事务管理等,根据决策支持模块作出决策。它是 CIMS 的神经中枢,指挥与控制其他各个部分有条不紊地开展工作。

2)工程设计分系统

工程设计系统主要功能是进行工程设计、分析和制造,主要功能模块有计算机辅助设计、计算机辅助工程、计算机辅助工艺过程设计、计算机辅助制造、成组技术等。基于产品模型的 CAD/CAE/CAPP/CAM 信息集成提供了标准化格式的产品数据,为管理分系统和制造自动化分系统提供物料清单和工艺规程等信息。

3)制造自动化分系统

制造自动化系统由加工工作站、物料输送及存储工作站、检测工作站、夹具工作站、装配工作站、清洗工作站以及多级分布式控制计算机等设备及相应支持软件组成,稳定可靠地完成加工制造任务。物料流与信息流在这里交汇,加工制造信息实时反馈到相应部门,以便进行及时

221

调度和控制。

4）质量保障分系统

质量保障分系统包括质量检测与数据采集，包含生产过程质量管理、质量评价、质量决策、控制与跟踪等功能，保障产品设计、制造、检测和后勤服务的整个过程质量。

5）数据库分系统

数据库分系统是支撑系统之一，它是 CIMS 信息集成的关键。组成 CIMS 的各个功能分系统的信息都要在一个统一结构的数据库里进行存储和调用，以实现整个系统数据的集成与共享。CIMS 的数据库系统通常采用集中与分布相结合的体系结构，以保证数据安全性、一致性和易维护性。

6）计算机网络分系统

计算机网络分系统是 CIMS 的又一重要支撑，是 CIMS 各个分系统重要的信息集成工具。系统采用国际标准和工业标准规定的网络协议，实现系统互联，以达到信息资源共享的目的。

事实上，一个企业在构建计算机集成制造系统时，不一定必须同时包含以上 6 个分系统。由于每个企业基础不同，所处的环境也不同，因此根据企业的具体需求和条件在 CIMS 思想指导下进行局部实施或分步实施。

10.8.2　CIMS 面向控制的系统结构

CIMS 作为一个复杂系统，通常采用递阶控制体系结构。所谓递阶控制就是将复杂的控制系统按级别分成若干层次，各层次进行独立控制，实现各自的功能。层与层之间可以信息交互，上层对下层下达指令，下层向上层反馈执行结果。这种模式减少了全局控制和系统开发的难度，成为当今复杂系统的主流控制模式。

根据制造企业多级管理的结构，美国国家标准技术研究所将 CIMS 分为五层递阶控制结构，如图 10-27 所示，即工厂层、车间层、单元层、工作站层和设备层。设备层是最下层，如一台机床或一套输送装置等。工作站是由几台设备组成，几个工作站组成一个单元。前面介绍的柔性制造系统和生产线就在这一层级，几个单元组成一个车间，几个车间组成一个工厂。在这种递阶控制结构中，工厂层控制车间层、车间层控制单元层、单元层控制工作站层、工作站层控制设备层。层次越高，控制功能越强，计算机处理的任务越多，信息处理周期也越长；层次越低，信息越具体，处理信息的实时性要求越高，信息流速度越快。

1）工厂层

工厂层是企业的最高决策层，负责市场预测、制订长期生产计划、确定生产资源需求、制订资源计划、产品开发以及工艺过程规划。同时还具有成本核算、库存统计、订单处理等经营管理工作。

2）车间层

车间层根据工厂层的生产计划配置资源，协调车间作业和辅助性工作。包括在 CAD/CAPP/CAM 软件支持下从设计部门获取产品零件图和物料清单，编制数控加工程序，进行车间内各单元作业的管理和资源分配。

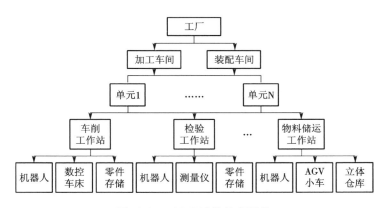

图 10-27　CIMS 递阶控制结构

3）单元层

单元层主要负责加工零件的作业调度,包括零件在各工作站作业顺序、作业指令的发放、管理和协调、设备和操作人员的任务分配等。还需根据实际运行状态进行及时调整,保证预定工作顺利完成。

4）工作站层

工作站层的任务是负责执行生产过程中各环节的具体任务。柔性制造系统中工作站可分为加工工作站、检测工作站、物料储运工作站和计算机控制系统等,主要完成与加工过程相关的各项工作。

5）设备层

设备层包括各种加工、测量、转运等设备,是执行上层命令的最基本单元。

10.8.3　计算机集成制造系统的发展

计算机集成制造系统的发展大致经历以下三个阶段。

1）以信息集成为特征的阶段

随着电子信息技术的发展,相应的各种单元技术(如数控技术、CAD/CAPP/CAM/CAE、工业机器人和柔性制造技术)得到了广泛应用,这些自动化单元技术的集成,给企业带来了明显的技术进步和经济效益提升。

2）以过程集成为特征的阶段

20 世纪 80 年代,并行工程开始受到制造业的广泛关注。以信息集成为特征的 CIMS 只可支持开发过程信息流向单一、产品固定的生产模式,而并行产品设计过程是并发的,信息流向是多方向的,只有支持过程集成的 CIMS 才能满足并行产品开发的需要,因此在 CIMS 中引入了"并行工程"的新思想和新技术。并行工程采用并行方法,在产品设计阶段,就集中产品生命周期中各阶段相关工程技术人员,同步考虑全生命周期中的所有因素。

3）以企业集成为特征的阶段

20 世纪 90 年代初,CIMS 进入"企业集成"为特征的发展阶段。随着市场竞争日趋激烈,个性化的产品需求量增大,而大批量生产的产品越来越少,这必将使那些适宜大批量生产的刚性生产线改变为适应新需求的柔性生产线,并进一步将企业组织及装备重组,以快速应对市场需求。尤其是敏捷制造(Agile Manufacturing,AM)模式的快速推广,促成了更多企业建立在网络基础上的集成。通过信息高速公路建立工厂子网、异地组建动态联合公司、实现异地制造,最终形成全球企业网。所有这些思想和模式的实现,都使 CIMS 应用发展到一个更高水平。

10.9 精益生产

精益生产(Lean Production,LP),英文原意是"瘦型"生产方式。其基本含义就是通过持续改进措施,在整个企业范围内以降低所有生产活动中的各种资源消耗并使之最小化的生产哲学。它要求在设计、生产、供应链管理及与客户关系等方面,发现并消除所有非增值行为。之所以称为"精益",是因为它与大量生产方式相比,一切投入都大为减少,所需的库存可以节省,废品也大大减少,产品品种不仅多而且变化快。

10.9.1 精益生产概念的提出

20 世纪 50 年代初,第二次世界大战刚刚结束,日本正在迅速恢复被战争破坏的经济。当时西方国家还沉湎于大量生产方式所带来的绩效和优势时,丰田汽车公司副总裁大野耐一在美国福特公司汽车厂考察时却发现这种生产方式存在大量浪费等弊端。他从美国的超市运转模式中得到启发,形成了看板(Kanban)系统的构想,萌发了"准时制生产(Just In Time,JIT)"的思想。1953 年丰田公司首先通过一个车间看板系统试验,经过 10 年努力,发展成为准时制生产。

1985 年美国麻省理工学院的一个科研小组,对日本丰田汽车公司创造的丰田生产方式进行了详尽的研究,于 1990 年提出了以改革生产管理为中心的精益生产体系,在全世界广泛传播,形成了精益生产方式研究的热潮。精益生产其实就是丰田生产方式,它总结出日本推广应用丰田生产方式的精髓,将各类相关的生产归纳为精益生产方式。

10.9.2 精益生产的系统架构

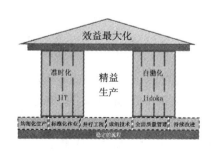

图 10-28　精益生产体系

如果把精益生产体系看作一栋大厦,该大厦有六块基石、两大支柱支撑精益生产体系这个屋顶,如图 10-28 所示。

精益生产追求的终极目标是效益最大化,将此分解为三个子目标就是高质量、低成本、缩短交货期。

1)两大支柱

①准时制,其核心就是及时。在一个物流系统中,原材料准时无误地提供给加工单元,零部件准时无误地提供给装配线。这就是说所提供的零件必须是不多不少,不是次品而是合格品,不是别的而正是所需要的,而且提供的时间不早也不晚。对于制造系统来说,这肯定是一种苛刻的要求,但这正是准时制生产追求的目标。正因为如此,使得整个生

产线上、整个车间和企业,很少看到库存的半成品和成品,从而大大减少流动资金的占用,减少库存场地和管理等费用。

②自动化。自动化(Jidoka)是指在出现问题时让生产线自动停止。它包含两层含义:一是生产设备自动化;二是更加突出人的作用,重视企业员工,保证一线工人在生产中享有充分的自主权。操作人员在精心完成工序内每项工作的同时,还要进行产品检验,及时发现工序中或产品的任何缺陷并及时解决,防止错误继续传递。当生产出现故障时,生产线上的每一个工人都有权立即停止生产,并与小组人员一起查找原因,迅速作出决策,排除故障。

2)六块基石

①均衡化生产。它包括两方面:一是总量均衡,将生产量的波动控制到最低程度,且保证稳定的产品质量;二是品种均衡,以一定的节拍循环生产多个品种,及时满足客户需求。

②标准化作业。与操作人员共同确定高效工作法,利用标准化工作组合确定生产流程,遵守生产节拍,保证企业产能适应需求。

③并行工程。并行工程(Concurrent Engineering,CE)是对产品及其相关过程(包括制造过程和支持过程)进行并行、集成设计的一种系统化的工作模式。它要求产品开发人员从设计开始就考虑产品全生命周期中从概念形成到产品报废处理的所有要素,通过提高设计质量来缩短设计周期,通过优化生产过程来提高生产效率,通过降低产品整个生命周期的消耗,以降低生产成本。

④全面质量管理。全面质量管理(Total Quality Management,TQM)是以质量管理为中心,以全员参与为基础,目的在于让顾客满意和相关方受益,而使组织达到长期成功的一种管理途径。包括全过程的管理、全企业的管理和全体人员的管理。每个基层工作单位都成立质量控制小组,自主进行计划—执行—检查—处理循环活动,以提升人员素质和企业素质。

⑤持续改进

精益生产的目标使改进永无止境,一般步骤包括确定改进目标、寻找可能的解决方法、测定实施结果、正式采用等。要求企业营造一个全员参与、主动实施改进的氛围和环境,以确保改进过程的有效实施。

除此之外,成组技术在上节已经介绍,不再赘述。

3)保障措施和工具

构建精益生产体系除了基石和支柱外,还需要以下六种保障措施和工具。

①价值流程图。价值流程图(Value Stream Mapping,VSM)是一种用来描述物流和信息流的形象化工具,目的是为了辨识和减少生产过程中的浪费。VSM 通常包括对"当前状态"和"未来状态"两个状态的描摹,以作为精益生产战略的基础。分析如下:①设计流程,即从概念设计、工程设计、工程实施到产品试制的解决问题过程;②信息流程,即从接收订单、制订生产计划、确定生产进度到送货信息管理过程;③实物流程,即从原材料采购、仓储到制成最终产品送达客户的过程。VSM 通常用于帮助企业精简生产流程,说明减少浪费的总量,它还是一种沟通工具,也被用作战略工具。

②5S 管理。5S 是指整理(Seiri)、整顿(Seiton)、清扫(Seiso)、清洁(Seiketsu)、素养(Shitsuke)。因其日语的罗马拼音均为 S 开头而得名。它是对各种生产要素进行现场管理的一种

方法和文化。其基本含义为:整理,就是要区分要与不要的物品,不必要的东西尽快处理掉,现场只保留必需的物品;整顿,就是将工作现场做到井井有条、一目了然,防止必要品过剩与不足,方便存取;清扫,就是清除现场内不要的物品、脏污和垃圾,创造宜人的工作环境;清洁,就是将整理、整顿、清扫进行到底,使之制度化,经常保持环境处在整洁状态;素养,就是按照规则做事,养成良好习惯。很多企业在推行"5S"管理时,重视成员安全教育,又增加了安全(Safety),使之成为"6S"管理,旨在树立安全第一的观念,防患于未然。

③目视化管理。目视化管理(Visual Management,VM)是指通过视觉采集信息后,利用大脑对其进行简单判断(并非逻辑思考)而直接产生"对"或"错"的结论的管理方法。也就是说,目视化管理是利用眼睛看得懂而非大脑想得懂的管理方法,利用视觉感知信息来组织现场生产活动,使物品标识清晰,达到提高效率的目的。其特点为:无论谁都能判断好坏;能迅速判断,精度高;判断结果不因人而异。

④拉动式生产管理。制造系统中的物流方向是从零件到组装再到总装。精益生产方式反其道而行之,主张从反方向来看物流,即从装配到组装再到零件。当后一道工序需要时,才到前一道工序去拿取正好所需要的那些坯件或零部件,同时下达下一段时间的需求量。对于整个系统的总装线来说,由市场需求来适时、适量、适度地控制,并给每个工序的前一道工序下达生产指标,利用看板来协调各工序、各环节的生产进度。看板由计划部门送到生产部门,再传送到每道工序,一直传送到采购部门。看板作为生产现场令牌,成为拉动式生产的重要指挥手段。实施看板后,管理程序简化了,库存大大减少,浪费现象也得到控制。

准时制生产中使用最多的看板有传送看板和生产看板两种。传送看板标明后一道工序向前一道工序拿取工件的种类和数量,而生产看板则标明前一道工序应生产的工件的种类和数量。除了上述两种看板外,还有一些其他看板。

⑤合理化建议制度。合理化建议制度又称奖励建议制度。企业内员工发现现行办事手续、工作方法、工具、设备等有改善的地方而提出建设性的意见或构想,企业择优采纳加以实施,并给予提案者适当的奖励。全员参与企业管理,从事技术革新,提高了劳动生产率。

⑥全面生产管理。全面生产管理(Total Productive Management,TPM)源于全面生产维护,是一种以设备为中心展开的提升效率的管理技术。即通过自主性管理,从领导者到一线职工全员参加,确立以设备一生为对象的全系统预防维修,追求零故障,以提高设备综合效率。

丰田公司在开展精益生产时总结了生产过程中7种形式的浪费:过量生产的浪费;库存的浪费;等待造成的浪费;搬运造成的浪费;不合格产品的浪费;过分加工的浪费;操作上(不当动作)的浪费。后来又增加了忽视员工创造力造成的浪费。精益生产的核心就是消除这些浪费,降低成本,增加企业获利空间。

10.9.3　精益生产的实施

实施精益生产一般采取如下步骤。

①全面提升现场管理水平。通过实施6S管理,创造整洁有序的工作环境,提高效率,达到全体员工遵守规定的习惯和不断寻求改善的职业素养。

②实施同步化生产。尽量使工序间在制品数量维持最低水平,即前工序的加工一结束,产

品应该立即转到下一工序。

③实施均衡化生产。减少原材料、在制品与成品等各种存货。

④实施准时化采购与准时化物流。对整个供应链及物流体系进行精益化布局,从而使企业的每一环节都能发挥出最大的效益。

⑤进行看板管理。各工序所有需要的零部件都只从前工序获取,在整个生产过程中物流要有明确的、固定的移动路线。

⑥持续改进。全流程无止境不断改进,追求完美。

精益生产方式与大量生产方式的最终目标是不同的。大量生产方式确定的目标是可以接受一定数量的残次品,可接受的最高库存量以及较少的产品品种;精益生产方式的目标为杜绝一切浪费,不断降低成本,追求零废品率、零库存以及产品多样性。

复习思考题

1. 数控机床由哪些部分组成?

2. 简述数控机床的加工特点。

3. 数控机床的伺服控制方式有哪几种? 试说明什么是开环控制系统。

4. 什么是机床坐标系? 它是如何确定的?

5. 数控铣与加工中心的主要区别有哪些?

6. 工业机器人由哪几部分组成? 各有什么作用?

7. 工业机器人如何分类?

8. 简要说明工业机器人的发展趋势。

9. 柔性制造系统由哪几部分组成? 各部分的作用是什么?

10. 简述柔性制造系统的特点和适用范围。

11. 如何理解 CIMS 集成的内涵?

12. 精益生产的基本思想是什么?

13. 简述实施精益生产的主要保障措施。

第11章　特种加工

特种加工又称非传统加工。非传统加工是相对于切削加工而言,即不采用切削加工的方法。特种加工是对切削加工技术的创新,泛指用电能、声能、光能、热能等物理及化学能量直接施加于被加工工件的部位,达到材料去除、变形、改变性能或增加材料等目的的加工技术。

11.0　特种加工实习安全知识

特种加工技术方法很多,本文就电火花线切割和激光加工实习安全知识简述如下。

11.0.1　电火花线切割机床操作危险因素

①机械伤害。未按规定穿戴防割手套和防护眼镜,装夹工件时,钼丝割(划)伤手指;工作液飞溅伤人眼睛;工件未压紧滑落伤人;断电刹车装置损坏,卷丝筒冲出伤人。

②触电伤人。手或身体其他部位接触电极丝或带电物体时,易产生触电伤人事故。

11.0.2　电火花线切割实习安全操作守则

①工作前,按规定穿戴好防护用品,扎好袖口,不准戴围巾,长发同学应戴好工作帽。必须戴好防护眼镜,在装夹工件过程中允许戴手套作业。

②操作人员必须经过安全技术培训,熟悉和掌握本机的性能、结构和技术规范,认真阅读操作手册,否则不得擅自独立操作。

③检查本设备的机械传动部分和电器部分及防护装置是否齐全有效。

④检查工件和夹具是否装夹牢固。

⑤开动设备后要站在安全位置,以避开设备运动部位和工作液飞溅。

⑥加工中严禁身体越过安全防护装置。禁止触摸夹具、工件、丝架、电极丝。手潮湿时禁止触摸任何开关按钮,以免发生触电伤害。

⑦同组同学要注意工作场所的环境,互相关照,互相提醒,防止发生人员或设备的安全事故。

⑧机床在运丝和加工过程中,不能打开运丝总成及工作台等安全防护装置,严禁打开电器柜门,以免发生意外。

⑨运丝电机装有断电、刹车等装置,工作中如遇停(断)电时,丝筒可以迅速刹车,以防止卷丝筒冲出。

⑩机床防护罩与机床启动无互锁关系,在加工时应注意使用防护罩。

⑪机床应保持清洁,飞溅出来的工作液应及时擦拭。

⑫工作液循环系统如发现堵塞应及时疏通,特别要防止工作液渗入机床内造成短路,烧毁电器元件。

⑬加工中应清除断丝,更换新丝。不可以让断丝长时间运转。

⑭工作中如发现故障,应迅速停机,请维修人员检查修理,不可带"病"工作。

⑮加工结束后,应切断控制柜电源和机床电源,将工作区域清理干净,夹具和附件等应擦拭干净放回工具箱,并保持完整无损。剩余材料放回指定位置。

11.0.3 激光加工机床操作危险因素

①激光照射到眼睛,容易引起眼角膜或视网膜伤害;激光照射到皮肤易引起皮肤损伤。

②激光切割作业时,飞溅的火花引燃作业场所周围易燃物,易造成火灾或爆炸伤害。

③人体接触漏电的电器柜以及切割机的电线、插头、开关等,易造成触电伤害。

④身体接触到物料或工件的锐角,易造成划伤。

11.0.4 激光加工实习安全操作守则

①作业人员需经过岗位培训,熟知岗位危险源及其防范措施,严格按照激光器启动程序启动激光器。

②作业人员应严格执行本岗位操作规程和要求,并应正确穿戴防护用品,在戴防护镜的区域内,一定要有良好的室内光照,以保证操作者顺利操作。

③设备可靠接地,做好设备定期检查与保养维护。

④禁止用湿手或在潮湿的环境中使用电器或开启开关,维修操作时禁止佩戴金属物品。

⑤注意物料和工件的锐角。

⑥作业场所严禁堆放易燃易爆物品。

⑦作业现场必须配备灭火器械。

11.1 特种加工技术的特点及分类

第二次世界大战后,特别是进入 20 世纪 50 年代以来,随着生产发展和科学实验的需要,许多工业部门,尤其是国防工业部门,要求尖端科技产品向高精度、耐高温、耐高压、大功率、微型化等方向发展。它们所使用的材料越来越难加工,零件形状越来越复杂,加工精度、表面结构要求也越来越高。因此,仅仅依靠传统的切削加工方法很难甚至无法实现。鉴于此,人们开始探索采用除机械能进行加工以外的电能、化学能、声能、光能、磁能等进行加工。从某种意义上说,这些加工方法不使用普通刀具来切削工件材料,而是直接利用能量进行加工。为区别现有的金属切削加工方法,这种加工方法统称为"特种加工方法"。这种特种加工方法与传统的机械加工相比具有以下特点:

①不是主要依靠机械能,而是利用其他形式的能量去除金属材料;

②可以有工具,但工具材料的硬度可低于工件材料的硬度,也可以无工具;

③加工过程中工具与工件之间不存在显著的机械切削力。

正因为特种加工工艺具有上述特点,所以就总体而言,特种加工可以加工任何硬度、强度、韧性、脆性的金属或非金属材料,且专长于加工复杂、微细表面和低刚度零件。同时,有些方法还可用以进行超精加工、镜面光整加工和纳米级加工。

特种加工一般按照能量来源和作用形式以及加工原理分类,见表 11-1。

表 11-1　常用特种加工方法分类表

特种加工方法		能量来源及形式	作用原理
电火花加工	电火花成形加工	电能、热能	熔化、汽化
	电火花线切割加工	电能、热能	熔化、汽化
激光加工	激光切割、打孔	光能、热能	熔化、汽化
	激光焊接	光能、热能	熔化
	激光热处理	光能、热能	熔化、相变
快速原形	立体光刻	光能、化学能	材料添加法
	选择性激光烧结		
	叠层法	光能、机械能	
	熔融沉积法	电能、热能、机械能	
超声加工	切割、打孔、雕刻	声能、机械能	磨料高频撞击
电化学加工	电解加工	电化学能	金属离子阳极溶解
	电解磨削	电化学能、机械能	阳极溶解、磨削
	电铸、涂镀	电化学能	金属离子阴极沉积
电子束加工	切割、打孔、焊接	电能、热能	熔化、汽化
离子束加工	蚀刻、镀覆、注入	电能、动能	原子撞击

在生产实践中,为了正确有效地应用特种加工方法,必须考虑以下几方面的因素:

①物理参数;

②工件材料的力学性能和加工形状;

③生产能力;

④经济性。

表 11-2 针对上述问题对几种常用的特种加工方法进行比较,为选用合适的材料加工方法提供了依据。

表 11-2　几种常用特种加工方法的综合比较

加工方法	金属切除速率(mm^3/min)	公差(μm)	表面粗糙度 R_a(μm)	适用材料
电火花加工	800	15	0.2～12.5	钢、超级合金、钛、耐火材料
激光加工	0.1	25	0.4～1.25	钢、陶瓷、超级合金
超声加工	300	7.5	0.2～0.5	耐火材料、陶瓷、玻璃

加工方法	金属切除速率（mm³/min）	公差（μm）	表面粗糙度 R_a（μm）	适用材料
电化学加工	1500	50	0.1 ~ 2.5	钢、超级合金
电子束加工	1.6	25	0.4 ~ 2.5	耐火材料、陶瓷

限于篇幅,本书只讲述电火花加工、激光加工和快速原形技术的基本原理、设备、主要特点及适用范围。

11.2 电火花加工

电火花加工又称放电加工（Electronic Discharge Machining,简称 EDM）。该方法就是在加工过程中,使工具和工件之间不断产生脉冲性的火花放电,靠放电时局部、瞬时产生的高温把金属蚀除下来,因放电过程中可见到火花,故称为电火花加工。

11.2.1 电火花加工的基本原理

电火花加工的原理是基于工具与工件（正、负电极）之间脉冲性火花放电时产生的电腐蚀现象来去除多余的金属,以达到对零件的尺寸、形状及表面质量预定的加工要求。

电火花加工过程是通过图 11-1 所示的电火花加工设备及其各组成部分来实现的。工件 1 和工具 4 分别与脉冲电源 2 相连接。自动进给调节装置 3 使工件与工具之间经常保持一很小的放电间隙,当脉冲电压加到两极之间,便在当时条件下相对某一间隙最小处或绝缘强度最低处击穿介质,在该局部产生火花放电,瞬时高温使工具和工件表面都蚀除掉一小部分金属,各自形成一个小凹坑,如图 11-2 所示。其中图 11-2（a）表示单个脉冲放电后的电蚀坑,图 11-2（b）表示多次脉冲放电后的电极表面。脉冲放电结束后,经过一段时间间隔,使工作液恢复绝缘后,第二个脉冲电压又加到两极上,再一次产生火花放电。这样随着相当高的频率,连续不断地重复放电,工具电极不断地向工件进给,就可将工具的形状复制在工件上,从而加工出所需的零件。

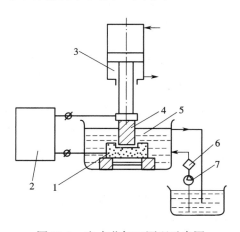

图 11-1　电火花加工原理示意图
1—工件;2—脉冲电源;3—自动进给调节装置
4—工具;5—液体介质;6—水泵;7—阀门

由此可见,要通过这种电蚀现象达到材料尺寸加工的目的,必须具备下列基本条件。

①必须使工件电极和工具电极之间经常保持一定的间隙,这一间隙依据加工条件确定,一般为 0.01 ~ 0.2 mm。当放电点达到 $10^4 ~ 10^7 A/mm^2$ 的电流密度时,将产生 5 000 ~ 10 000 ℃以上的瞬时高温。如果间隙过大,极间电压不能击穿极间介质,因而不会产生火花放电;如果间隙过小,很容易形成短路接触,同样也不能产生火花放电。因此,在电火花加工过程中,必须

具有工具电极的自动进给和调节装置,使其与工件保持适当的放电间隙。

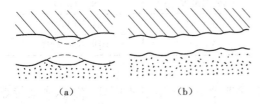

图 11-2　电火花加工表面局部放大图

(a)单个脉冲的凹坑;(b)多次脉冲放电后的表面

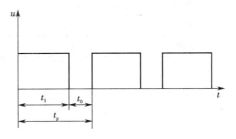

图 11-3　脉冲电源的空载电压波形

②火花放电必须是脉冲性放电,放电延续时间一般为 $10^{-3} \sim 10^{-7}$ s。放电延续一段时间后,需停歇一段时间,这样才能使放电所产生的热量来不及传导扩散到其他部分,使每一个放电点局限在很小的范围内,以免像持续电弧放电那样,使表面烧伤而无法加工。为此,电火花加工必须采用脉冲电源。图 11-3 为脉冲电源的空载电压波形,图中 t_1 为脉冲宽度,t_0 为脉冲间隔,t_p 为脉冲周期。

③火花放电必须在有一定绝缘性能的液体介质中进行,例如煤油、皂化液或去离子水等。液体介质又称工作液,其主要作用是:在达到要求的击穿电压之前,应保持非导电性,即具有较高的绝缘强度;在放电完成后,液体介质能够把电火花加工过程中产生的金属屑、炭黑等电蚀产物带走,并且对电极和工件表面有较好的冷却作用。

11.2.2　电火花加工的优点

电火花加工具有以下优点。

①适合于加工各种难切削的导电材料,而不受工件材料的物理、力学性能的限制;突破了传统切削加工对刀具的限制,可以实现用软的工具加工硬、韧的工件,甚至可以加工像聚晶金刚石、立方氮化硼一类的超硬材料。目前,电极材料多用紫铜或石墨,因此工具电极也容易加工。

②由于加工过程中工具电极与工件不直接接触,没有切削力,所以工件无切削变形,因而可以加工细长、薄、脆性零件;由于可以简单地将工具电极的形状复制到工件上,因此特别适用于复杂表面工件的加工,如复杂型腔模具加工等。

由于电火花加工具有许多传统切削加工所无法比拟的优点,因此其应用领域日益扩大。目前已广泛应用于机械(特别是模具制造)、宇航、航空、电子、电机电器、精密机械、仪器仪表、汽车拖拉机、轻工等行业,以解决难加工材料及复杂形状零件的加工问题。其加工范围已达到小至几微米的小轴、孔、缝,大到几米的超大型模具和零件。

尽管如此,电火花加工仍有很大的局限性,具体表现在以下几方面:

①主要适用于加工金属等导电材料;

②加工速度较慢,生产效率不高;

③由于存在电极消耗,影响成形精度。

11.2.3　电火花加工工艺方法分类

按照工具电极和工件相对运动的方式及用途的不同,大致可分为电火花成形加工,电火花线切割,电火花内孔、外圆和成形磨削,电火花同步共轭回转加工,电火花高速小孔加工,电火花表面强化与刻字等六大类。其中以电火花成形加工和电火花线切割应用最为广泛。表11-3所列为总的分类情况及各类加工方法的主要特点和用途。

表 11-3　电火花加工工艺方法分类

类别	工艺方法	特　点	用　途	备　注
1	电火花成形加工	1. 工具和工件间只有一个相对的伺服进给运动 2. 工具为成形电极,与被加工表面有相同的截面和相反的形状	1. 加工各类型腔模及各种复杂的型腔零件 2. 加工各种冲模、挤压模、粉末冶金模、各种异型孔及微孔等	占电火花机床总数的30%
2	电火花线切割加工	1. 工具电极为顺电极丝轴线方向移动着的线状电极 2. 工件在两个水平方向同时有相对伺服进给运动	1. 切割各种冲模和具有直螺纹面的零件 2. 下料、截割和窄缝加工	占电火花机床总数的60%
3	电火花内孔、外圆和成形磨削	1. 工具与工件有相对的旋转运动 2. 工具与工件间有径向和轴向的进给运动	1. 加工高精度、表面结构参数值小的小孔,如拉丝模、挤压模、微孔轴承内环、钻套等 2. 加工外圆、小模数滚刀等	占电火花机床总数的3%
4	电火花同步共轭回转加工	1. 成形工具与工件均作旋转运动 2. 工具相对于工件作纵向、横向进给运动	加工各种复杂型面的零件,如高精度的异型齿轮,精密螺纹规,高精度、高对称度、表面结构参数值小的内外回转体表面等	占电火花机床总数不足1%
5	电火花高速小孔加工	1. 采用细管电极,管内冲入高压水基工作液 2. 细管电极旋转 3. 穿孔速度较高(60 mm/min)	1. 加工线切割穿丝孔 2. 深径比很大的小孔,如喷嘴等	占电火花机床总数的2%
6	电火花表面强化与刻字	1. 工具在工件表面上振动 2. 工具相对工件移动	1. 模具刃口,刀、量具刃口表面强化和镀覆 2. 电火花刻字、打印记	占电火花机床总数的2% ～3%

11.2.4　电火花成形加工机床

电火花成形加工在特种加工中是比较成熟的工艺,在民用、国防生产部门和科学研究中已经获得广泛应用。它相应的机床设备比较定型,并有很多专业工厂从事生产制造。

电火花成形加工机床主要由主机(包括自动调节系统的执行机构)、脉冲电源、自动进给调节系统、工作液循环过滤系统几部分组成。

主机包括主轴头、床身、立柱、工作台及工作液槽几部分,机床的整体布局一般采用图11-

4(a)所示结构,图11-4(b)为机床外形图。

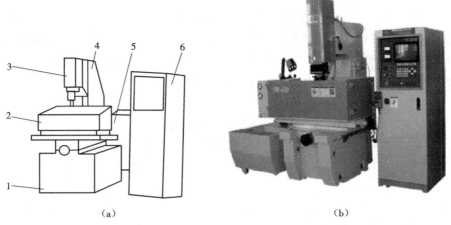

(a)   (b)

图 11-4　电火花成形加工机床
(a)组成部分;(b)外形
1—床身;2—工作液槽;3—主轴头;4—立柱;5—工作液箱;6—电源箱

主轴头是电火花成形机床中最关键的部件,是自动调节系统中的执行机构,对加工工艺指标的影响极大。对主轴头的要求是:结构简单,传动链短,传动间隙小,热变形小,具有足够的精度和刚度,以适应自动调节系统的惯性小、灵敏度好、能承受一定负载的要求。主轴头主要由进给系统、上下移动导向和水平面内防扭机构、电极装夹及其调节环节组成。

床身和立柱是机床的主要结构件,具有足够的刚度。床身工作台面与立柱导轨面间应有一定的垂直度,还应有较好的精度保持性,这就要求导轨具有良好的耐磨性和充分消除材料内应力等。

工作台可以作纵横向移动,一般都带有坐标装置。常用的是靠刻度手轮来调整位置。如果要求机床有更高的精度,可采用光学坐标读数装置、光栅尺、磁尺数显等装置。

工具电极的装夹及其调节装置的形式很多,其作用是调节工具电极和工作台的垂直度以及调节工具电极在水平面内微量的扭转角。常用的有十字铰链式和球面铰链式工具电极。

工作液循环过滤系统包括工作液箱、电动机、泵、过滤装置、工作液槽、管道、阀门以及测量仪表等。放电间隙中的电蚀产物除了靠自然扩散、定期抬刀以及使工具电极附加振动等排除外,常采用强迫循环的办法加以排除,此外也带走一部分热量。

11.2.5　电火花线切割机床

电火花线切割加工(Wire Cut EDM,简称WEDM)是在电火花加工基础上发展起来的一种新的工艺形式,是用线状电极(铜丝或钼丝)靠火花放电对工件进行切割,故称电火花线切割,有时简称线切割。

根据电极丝的运行速度,电火花线切割机床通常分为两大类:一类是高速走丝(或称快走丝)电火花线切割机床,这类机床的电极丝作高速往复运动,一般走丝速度为 8 ~ 10 m/s,这是

234

我国生产和使用的主要机种;另一类是低速走丝(或称慢走丝)电火花线切割机床,这类机床的电极丝作低速单向运动,一般走丝速度低于 0.2 m/s,这是国外生产和使用的主要机种。

图 11-5 为高速走丝电火花线切割工艺及装置的示意图,利用细钼丝 4 作为工具电极进行切割,储丝筒 7 使钼丝作正反向交替移动,加工能源由脉冲电源 3 供给。在电极丝和工件之间浇注工作液介质,工作台在水平面两个坐标方向按预定的控制程序,根据火花间隙状态作伺服进给移动,从而把工件切割成形。

电火花线切割机床能加工各种高硬度、高强度、高韧性和高熔点的导电材料,如淬火钢、硬质合金等。加工时钼丝与工件不接触,有 0.01 mm 左右的间隙,不存

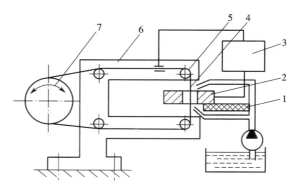

图 11-5　高速走丝电火花线切割原理
1—绝缘底板;2—工件;3—脉冲电源;4—钼丝;
5—导向轮;6—支架;7—储丝筒

在切削力,有利于提高几何形状复杂的孔、槽及冲压模具的加工精度。电火花线切割机床可用于单件小批量生产中加工各种冷冲模、铸塑模、凸轮、样板、外形复杂的精密零件及窄缝,尺寸精度可达 0.02 ~ 0.01 mm,表面结构参数值 $R_a \leq 2.5$ μm,切割速度最快可达 200 mm^2/min。

电火花线切割设备主要由机床本体、脉冲电源、数控装置、工作液循环系统等几部分组成。图 11-6(a)为高速走丝线切割加工设备示意图,图 11-6(b)为机床外形图。

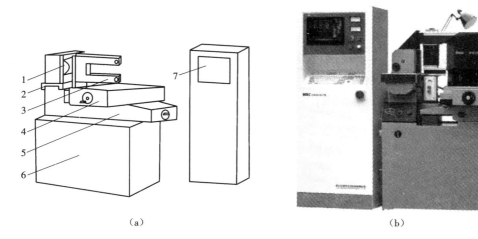

（a）　　　　　　　　　　　　　　　（b）

图 11-6　高速走丝线切割加工机床
（a）组成部分;（b)外形
1—卷丝筒;2—走丝溜板;3—丝架;4—上托板;5—下托板;6—床身;7—电源控制柜

机床本体由床身、工作台、运丝机构、丝架和冷却系统等几部分组成。

床身一般为铸件,它是工作台、绕丝机构及丝架的支撑和固定的基础。通常采用箱式结构,应有足够的强度和刚度。

电火花线切割机床最终都是通过坐标工作台与钼丝的相对运动来完成对零件的加工的。为保证机床精度,对导轨的精度、刚度和耐磨性有较高的要求。一般采用"十"字滑板、滚动导轨和丝杠传动副将电机的旋转运动转化成工作台的直线运动,通过两个坐标方向各自的进给移动,合成需要的各种平面曲线轨迹图形。

运丝机构的作用是将绕在储丝筒上的钼丝通过丝架作反复变换方向的送丝运动并保持一定的张力,使钼丝在整体长度上均匀参与电火花加工,以保证精度的稳定性,同时可延长钼丝的使用寿命。储丝筒的转动由一台交流电机驱动。

丝架的作用是支撑钼丝,并依靠导轮保持电极丝与工作台垂直或倾斜一定的几何角度(锥度切割时)。

冷却系统由工作液、工作液箱、泵和循环导管组成。工作液起绝缘、排屑、冷却的作用。每次脉冲放电后,工件与钼丝之间必须迅速恢复绝缘状态,否则脉冲放电就会转变成稳定持续的电弧放电,影响加工质量。工作液可把加工过程中产生的金属颗粒迅速从电极之间冲走,使加工顺利进行。工作液还可以冷却受热的电极和工件,防止工件变形。

脉冲电源是电火花线切割的工作能源,它由振荡器及功放板组成。振荡器的振荡频率、脉宽和间隔比均可调节,根据加工零件的厚度及材料选择不同的电流、脉宽和间隔比。加工时钼丝接电源的负极,工件接电源的正极。

数控装置是数控机床的核心,它接受输入系统送来的脉冲信号,经过数控装置的系统软件或逻辑电路进行编译、运算和逻辑处理后,输出各种信号和指令,以控制机床的各个部分进行有序运动。

11.3 激光加工

激光是 20 世纪 60 年代初出现的一种光源。激光(Light amplification by stimulated emission of radiation,简称 Laser)的意思是利用受激辐射得到的加强光。激光加工是把激光的方向性好和输出功率高的特性应用到材料加工领域,利用材料在激光聚集照射下瞬时急剧熔化和汽化,并产生很强的冲击波,使被熔化的物质爆炸式地喷溅来实现材料去除的加工技术,它是涉及光、机、电、计算机和材料等多个学科的综合性高新技术。

11.3.1 激光加工设备

激光加工的基本设备主要由激光器、光学系统、电源及机械系统等四大部分组成。

①激光器是激光加工的核心设备,它把电能转变为光能,产生所需的激光束。根据产生的材料种类的不同,激光大致分为固体激光、气体激光、液体激光和半导体激光。实用的固体激光材料有红宝石、钕玻璃、钨酸钙($CaWO_4$)、YAG(钇铝石榴石 $Y_3Al_5O_{12}$)。气体激光主要用 CO_2,也有部分是用 Ar 或 He-Ne。

②根据加工工艺要求,激光器电源为激光器提供了所需要的能量,包括电压控制、储能电容组、时间控制及触发器等。

③光能系统将光束聚焦并观察和调整焦点位置,包括显微镜瞄准,激光束聚焦及加工位置

在投影仪上显示等。

④机械系统主要包括床身和能在三坐标位置内移动的工作台及机电控制系统等。

11.3.2 激光加工工艺及应用

激光加工包括激光焊接、激光切割、激光打孔、激光淬火、激光热处理、激光打标、玻璃内雕、激光微调、激光光刻、激光制膜、激光薄膜加工、激光封装、激光修复电路、激光布线技术、激光清洗等工艺方法。由于激光是能在非真空条件下应用的高能束，可以加工各种硬脆和难熔的工件。因此，广泛应用于电子、珠宝、眼镜、五金、汽车、通信产品、塑料按键、集成电路 IC、医疗器械、模具、钟表、标牌、包装、工艺品、皮革、木材、纺织品、装饰等行业。

1. 激光打孔

激光打孔是利用激光束轰击工件使其蒸发汽化，达到切割的目的。基本加工过程是：激光束聚焦成很小的光点(其最小直径可小于 0.1 mm)，使焦点处的功率密度超过 10^6 W/cm²。这时光束输入的热量远远超过被材料反射、传导或扩散部分，材料很快加热至汽化温度，蒸发形成孔洞。利用激光加工微小型孔，目前已应用于火箭发动机和柴油机的燃料喷嘴加工、化学纤维的喷丝头、仪表及钟表中宝石轴承孔、金刚石拉丝模等加工方面。

如钟表行业中宝石轴承孔加工，其孔直径为 0.12 ~ 0.18 mm，孔深为 0.6 ~ 1.2 mm，采用自动输送工件，每分钟可连续加工几十个工件；又如采用硬质合金制成的喷丝板，一般在直径 100 mm 的喷丝板上打出 12 000 多个直径为 0.06 mm 的小孔。

激光打孔后，被蚀除的材料要重新凝固，除大部分飞溅出来变成小颗粒外，还有一部分粘附在孔壁上，甚至有的还要粘附到聚焦物镜及工件表面。为此，大多数激光加工机多采用了吹气或吸气措施，以帮助排除蚀除物。

采用超声调制的激光打孔，是把超声振动的作用和激光加工复合起来，可以增加打孔的深度，改善激光打孔的质量。

2. 激光切割

激光切割的原理和激光打孔原理基本相同，都是基于聚焦后的激光具有极高的功率密度而使工件材料瞬时汽化蚀除。不同的是，工件与激光束要相对移动。随着光束与材料相对线性移动，使孔洞连续形成宽度很窄的切缝。切缝热影响很小，基本没有工件变形。切割过程中还添加与被切材料相适合的辅助气体。钢切割时需用氧作为辅助气体与熔融金属产生放热化学反应，生成氧化材料，同时帮助吹走割缝内的熔渣。切割聚丙烯类塑料时使用压缩空气，切割有色金属时使用惰性气体。进入喷嘴的辅助气体还能冷却聚焦透镜，防止烟尘进入透镜座内污染镜片并导致镜片过热。

激光切割应用于金属和非金属材料的加工中，可大大减少加工时间，降低加工成本，提高工件质量。脉冲激光适用于金属材料，连续激光适用于切割非金属材料。现代的激光成了人们所幻想追求的"削铁如泥"的"宝剑"。但激光在工业领域中的应用也存在局限性和缺点，比如不能用激光切割食物和胶合板，食物被切开的同时也被灼烧了，而切割胶合板在经济上还很不划算。图 11-7 为金属激光切割机。

图 11-7　金属激光切割机

图 11-8　激光焊接机

3. 激光焊接

激光焊接是利用大功率相干单色光子流聚焦而成的激光束作为能源轰击焊件,加热焊接处至熔化状态,然后冷却结晶进行焊接的方法,图 11-8 为激光焊接机。

激光由激光器产生。激光是一种单色光,经聚焦后形成功率密度为 $10^6 \sim 10^{12}$ W/cm^2 的高能光束,比普通焊接热源高出几个数量级,是一种十分理想的熔焊热源。激光器是将电能转换为光能的元器件,而在焊接时,又需要将光能转换为热能。

1) 激光焊的分类

用于焊接的激光器分为固体激光器和气体激光器。固体激光器常用的激光材料是红宝石、钕玻璃或掺钕钇铝石榴石。气体激光器常用的激光材料是二氧化碳。微电子工业主要应用固体激光器。

根据激光器输出能量方式的不同,激光焊分为连续激光焊和脉冲激光焊两种。前者在焊接过程中形成一条连续焊缝,后者则形成单个圆形焊点,在电子工业中应用广泛。

根据聚焦后光斑上的功率密度的不同,激光焊又分为熔化焊和小孔焊。前者的功率密度较小($< 10^5$ W/cm^2),加热温度不超过材料的沸点,靠热传导将工件熔化;后者的功率密度很大($\geqslant 10^6$ W/cm^2),在极短时间内,可使金属汽化,此时的熔深很大,形成孔形焊缝,甚至贯穿整个板厚。

按其工作方式激光焊可分为激光模具烧焊(手动焊接)、自动激光焊接、激光点焊、光纤传输激光焊接等。

2) 激光焊的特点

激光焊接与其他传统焊接技术相比具有下列优点。

①速度快、深度大、变形小。

②能在室温或特殊条件下进行焊接,焊接设备较其他高能焊装置简单。例如,激光通过电磁场,光束不会偏移;激光在真空、空气及某种气体环境中均能施焊,并能通过玻璃或对光束透明的材料进行焊接。

③可焊接难熔材料(如钛、石英等),并能对异性材料施焊,效果良好。

④激光聚焦后,功率密度高,用高功率器件焊接时,深宽比可达 5:1,最高可达 10:1。

⑤可进行微型焊接。激光束经聚焦后可获得很小的光斑,且能精确定位,可应用于大批量

自动化生产的微型、小型工件的组焊中。

⑥可焊接难以接近的部位,实行非接触远距离焊接,具有很大的灵活性。尤其是近几年来,在 YAG 激光加工技术中采用了光纤传输技术,使激光焊接技术获得了更为广泛的应用。

⑦激光束易实现按时间与空间分光,能进行多光束同时加工及多工位加工,为更精密的焊接提供了条件。

但是,激光焊接也存在一定的局限性。具体表现如下。

①要求焊件装配精度高,且要求光束在工件上的位置不能有显著偏移。因为激光聚焦后光斑尺寸小、焊缝窄,若工件装配精度或光束定位精度达不到要求,很容易造成焊接缺陷。

②激光器及其相关系统的成本较高,一次性投资较大。

4. 激光打标

激光打标是激光加工最大的应用领域之一。激光打标是利用高能量密度的激光对工件进行局部照射,使表层材料汽化或发生颜色变化的化学反应,从而留下永久性标记。激光打标技术作为一种现代精密加工方法,与传统的加工方法相比具有无与伦比的优势。采用激光加工可以保证工件的原有精度,同时对材料的适应性较广,对各种金属及部分非金属,可以在材料的表面制作出非常精细的标记且耐久性非常好;激光加工系统与计算机数控技术相结合可构成高效的自动化加工设备,可以打出各种文字、符号和图案。激光打标和传统的丝网印刷相比,没有污染源,是一种清洁、无污染的高环保加工技术。图 11-9 为激光打标机。

图 11-9　激光打标机

11.3.3　激光加工的特点

激光加工的特点如下。

①由于激光加工是将高平行度、高能量密度的激光聚焦到工件表面上来进行热加工,所以能进行非常微细的加工。

②由于激光加工的功率密度非常高,故对那些用以往的办法难以加工的材料都能用激光加工。

③由于能把工件离开加工机以适当的距离进行非接触加工,所以不会污染材料。另外,加工变形及热变形也很小。

④通过选择适当的加工条件,能用同一装置进行打孔和焊接。

⑤能通过透明体进行加工。

⑥与电子束加工机相比,不需要真空,也不需要对 X 射线进行防护。因此装置简单,工作性能良好。

11.4　快速原形技术

快速原形(Rapid Prototyping,简称 RP)是 20 世纪 80 年代中期发展起来的一种崭新的首版样件制造技术。1987 年,美国 3D Systems 公司最早生产出样机,之后迅速扩展到欧洲和日本,现已得到较为广泛的应用。快速原形技术被认为是最近 30 年制造技术的一项突破,它集机械工程、CAD、数控技术、激光技术及材料科学等先进技术于一体,可以快速、直接、自动、精确地将设计思想转变为具有一定功能的模型或零件本身,从而可以对产品设计进行快速评估、修改及功能测试,大大缩短了新产品的研制周期。其基本原理为"分层制造,逐层叠加",即首先设计出零件的三维 CAD 模型(图 11-10(a)),接下来利用快速原形数据预处理软件,对三维模型进行离散化处理(图 11-10(b)),并对其进行分层切片,得到一系列厚度为 0.1 ~ 0.8 mm 的二维切片(图 11-10(c)),最后将每层切片的几何信息和生成该切片的最佳扫描路径(图 11-10(d))信息直接存入数控系统的程序文件中,按照这些片层文件逐层制造并叠加成三维实体。它基于一种全新的制造概念——增材加工法,可以在没有任何刀具、模具及工装卡具的情况下,快速直接地制造任意复杂形状的实体样件或模具,实现零件的单件生产。由于其具有敏捷性、高度柔性、高度集成化等优点,因此广泛应用于机械、工业造型、家电、玩具、汽车、电子、通信、航空航天、医疗等领域。

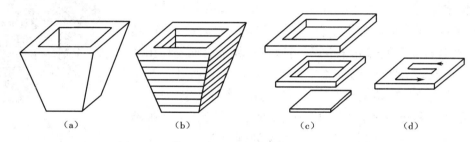

图 11-10　快速原形制造中零件模型的处理流程
(a)用 CAD 软件三维造型;(b)用 CAD 软件对零件离散化;
(c)用 CAM 软件切片;(d)用 CAM 软件生成扫描路径

　　虽然快速原形技术问世时间不长,但发展速度很快,目前已经有数十种不同的工艺方法。工艺方法不同,所用的材料不同,加工速度及精度也不相同。在众多快速原形工艺中,具有代表性的工艺有立体光刻、选择性激光烧结、叠层法和熔融沉积法。

11.4.1　快速原形的主要工艺方法

1. 立体光刻

　　立体光刻(Stereo Lithography Apparatus,简称 SLA)又称光敏树脂液相固化成形或立体印刷,它是基于液态光敏树脂的光聚合原理工作的,即光敏树脂遇到激光照射会从液态转变为固态。

　　图 11-11 为立体光刻工艺原理图。液槽中盛满液态光敏树脂,激光束在计算机控制下根据分层数据扫描液体光敏树脂表面,利用光敏树脂遇紫外线凝固的机理,一层一层地固化树脂。当一层扫描完成后,未被照射的地方仍是液态树脂,然后升降台带动平台下降一层高度,已成形的层面上又覆盖一层液态树脂,而后再进行下一层的扫描,新固化的一层牢固地粘在前一层上。如此重复,直到整个零件制造完毕,得到一个三维实体原形。

立体光刻方法是目前快速原形技术领域中研究最多、技术最为成熟的方法。该工艺成形精度高，表面质量好，原材料利用率接近100%，能制造形状特别复杂、特别精细的零件。制作出来的原形件，可快速翻制出各种模具。

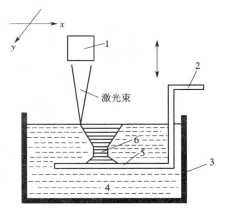

图 11-11　立体光刻工艺原理图
1—扫描镜；2—升降台；3—树脂槽；
4—光敏树脂；5—托盘；6—零件

2. 选择性激光烧结

选择性激光烧结（Selective Laser Sintering，简称SLS）又称选区激光烧结，其工作原理与立体光刻相似。区别在于其成形材料是固体粉末而不是液态光敏聚合物。

用这种工艺方法成形时，首先将储料筒内的活塞上升，将一层粉末经顶部铺粉圆辊铺洒在工作台上面或上一步形成的原形上表面并刮平。激光束在计算机控制下，根据离散化处理后的数据，对零件轮廓截面内的粉末进行烧结，其余部分不烧结，留在原处对下一层的加工起支撑作用。当一层截面烧结完后，再送入新的一层材料粉末，选择性烧结新一层截面，并与下面已成形的截面粘接起来。如此重复，直到获得所需零件的原形（图11-12）。

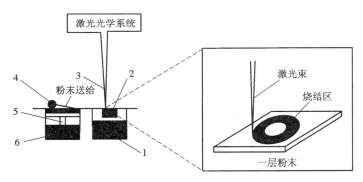

图 11-12　选择性激光烧结工作原理图
1—零件筒；2—零件原形；3—激光束；4—圆辊；5—活塞；6—储料筒

选择性激光烧结与其他快速原形方法相比，其优点是能加工出最坚硬的原形或零件。

3. 叠层法

叠层法（Laminated Object Manufacturing，简称LOM）又称薄片分层叠加成形或分层实体制造。该工艺采用薄片材料，如纸、塑料薄膜、金属薄片等作为成形材料，片材表面事先涂覆上一层热熔胶。加工时，激光器在计算机控制下按照分层模型轨迹切割片材，然后通过热压辊热压，使当前层与下面已成形的工件层粘接，从而堆积成形，如图11-13所示。

4. 熔融沉积法

熔融沉积法（Fused Deposition Modeling，简称FDM）又称熔丝堆积成形。它是利用热塑性材料的热熔性、黏结性，在计算机控制下层层堆积成形。加工时丝状材料由送丝机构送进喷

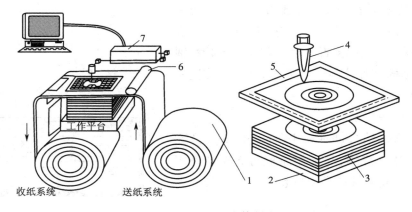

图 11-13　叠层法实体制造

(a)制造系统;(b)成形原理

1—纸带;2—工作台;3—原形叠层;4—激光束;5—金属箔、纸或薄膜;6—热压辊轮;7—激光器

头,并在喷头内加热呈熔融状态,喷头在计算机控制下沿零件截面轮廓的填充轨迹运动并同时将熔融材料挤出,材料迅速固化并与周围材料黏结,层层堆积成形。如图 11-14 所示。

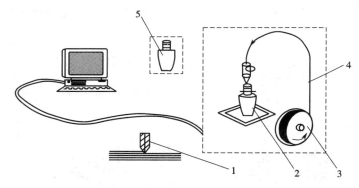

图 11-14　熔融沉积法加工原理图

1—喷头;2—原形零件;3—丝轮;4—料丝;5—三维模型

熔融沉积法加工过程不用激光,因此设备结构简单,成本较低,性价比较好。为克服因填充式扫描造成的成形时间较长的缺点,可采用多个喷头同时涂覆的方法,以提高成形速度。

11.4.2　常用快速原形工艺方法比较

尽管快速原形技术的应用时间较短,但其发展速度异常迅速。除上述工艺方法外,还有掩模固化法(SGC)、三维印刷法(TDP)、喷粒法(BPM)等。工艺不同,所采用的材料也不一样,并表现出不同的特点。表 11-4 为四种常用快速原形工艺的特点及成形材料。

表 11-4 四种常用快速原形工艺的特点及成形材料

成形工艺	成形速度	原形精度	制造成本	复杂程度	零件大小	成形材料
SLA	较快	较高	较高	中等	中小件	热固性光敏树脂
SLS	较慢	一般	较高	复杂	中小件	石蜡、塑料、金属、陶瓷等粉末
LOM	快	一般	低	简单或中等	大中件	纸、金属箔、塑料薄膜等
FDM	较慢	较差	较低	中等	中小件	石蜡、塑料、低熔点金属等

11.4.3 快速原形技术在制造领域的应用

目前,快速原形制造的应用领域越来越广泛,并且还在不断向新的领域发展。

1. 新产品样品或样机的快速研制

在新产品开发过程中,为了降低市场风险程度,先制作少量样品推向市场,然后根据市场反馈信息来决定产品是否投产,因此需要采用 RP 技术;为了尽快制作样机,完成功能测试,使产品定型投产,迅速抢占市场,也需要采用 RP 技术。目前国内很多知名公司(如海尔、海信、科龙、春兰、长虹等)都已采用 RP 技术来制造原形及各种模具,开发新产品。

2. 快速模具制造(RT)

快速制模可分为在快速原形系统上直接制模和利用原形间接制模,目前主要是快速制造铸模和注塑模。RT 作为快速原形制造的研究重点已有如下一些方法。

①当件数较少(20 ~ 50 件)时,一般采用硅胶模铸造法。

②当件数较多(100 ~ 1 000 件)时,多采用环氧树脂模,为延长模具寿命,通常在环氧树脂中添加各种添加剂。

③采用特殊材料并经过处理可制作金属模具。另外,可采用喷热金属粒于原形表面的方法制作金属型腔模。

④快速原形和熔模铸造等结合实现精密铸造。通过原形进行熔模铸造是快速制造复杂金属件的有效途径。

⑤直接制造高强度的陶瓷和金属件。

3. 医学领域

医学领域已经成为快速原形制造应用研究的热点,尤其是快速原形制造技术与生物材料科学以及反求工程紧密结合,应用于颅外科、牙科、人造骨骼、假肢、畸形修复等方面,实现了医学理论与技术的多项突破,为广大患者带来了福音。

11.4.4 快速原形制造的优势

快速原形制造技术具有其他传统制造技术所不具备的独特优势,归纳起来有如下几点。

1. 高速度高柔性

从总体上看,快速原形技术的加工速度一般较传统成形方法要快,因为它摆脱了传统的毛坯制造、刀具准备、粗加工和精加工等工艺,而是从"电子模型"直接制造零件。这种方法将三维实体离散,可以成形任意复杂的零件,取消了所有加工工具,因而具有极大的柔性。

2. 技术高度集成和设计制造一体化

快速原形技术集成了计算机技术、控制技术、材料科学、光学和机械制造等科学技术。CAD 技术实现零件曲面和实体造型,数控技术保证二维扫描的高速度和高精确性,先进的激光器件和控制技术使得材料的精确固化、烧结和切割成为可能,实现了从设计到制造整个过程的高度集成。

3. 制造的自由性

自由成形制造可以有两个含义,一是不受工具限制,二是不受零件复杂程度限制。传统的机械零件结构工艺性问题将大部分不复存在。快速原形技术所采用的材料范围也随着该技术的发展变得越来越宽,光敏树脂、ABS、纸张、石蜡、复合材料、陶瓷和金属材料均可用来进行各种不同用途零件的制造。

11.4.5 快速原形技术存在的问题及发展趋势

尽管快速原形技术发展迅速且应用日趋广泛,但毕竟问世时间较短,仍存在诸多问题。

1. 成形材料

尽管用于快速原形的材料已经有数十种,但人们还是希望有更多的材料可用于快速原形,甚至用快速原形的方法制作最终零件,因此快速原形材料是目前研究的一个重要课题。材料研究主要集中在以下方面:一有利于快速精确地加工原形;二用快速原形系统直接制造功能件的材料要接近最终用途对强度、刚度等力学性能以及耐潮性、热稳定性等要求;三有利于快速制模的后续处理。

2. 成形精度

与传统的机械加工方法相比,快速原形的方法精度还比较低。提高快速原形的精度是目前研究的另一重点。造成快速原形精度低的原因很多。首先,由于加工过程中分层厚度与加工速度之间存在矛盾,分层厚度减小,精度提高,但加工速度降低。为了保证合理的加工速度,只能降低原形的精度。其次,由于种种原因,涂层厚度不均、缺乏必要的检测手段,也会造成原形的误差。此外,加工过程中材料的变形也是影响精度的一个重要因素。

3. 成形速度

快速原形的快速性主要通过直接性体现出来。就制作本身的速度而言,还不尽如人意,需要不断提高。目前,几家美国公司正在推出多喷头原形机以提高制模速度。其目标是开发像复印机、传真机、打印机一样操作方便、安静、快速和安全的快速原形系统。

鉴于以上存在的问题,很多制造厂商和相关研究单位开展了卓有成效的研究工作,研究方向主要集中在以下方面:

①成形工艺及材料的开发与成形精度的提高;

②直接快速金属原形的制造技术;

③基于快速原形的大型汽车覆盖件模具制造技术;

④基于因特网的快速原形、快速模具远程制造技术;

⑤发展离散堆积成形理论,完善降维制造工艺;

⑥扩展快速原形制造技术的应用领域。

快速原形制造技术具有传统制造技术所不具备的独特优势。经过十几年的发展,已经显示出无限生命力,应用领域也在不断扩展。毫无疑问,该项技术以其不可比拟的优势必将成为未来占有重要地位的先进制造技术。

复习思考题

1. 说明电火花成形加工的原理。

2. 数控电火花线切割机床适合加工什么样的材料和工件?

3. 试述激光加工的特点。

4. 快速原形的工艺原理与常规加工工艺有何不同?

5. 试比较常用快速原形工艺的优缺点。

参考文献

[1] 刘胜青,陈金水. 工程训练[M]. 北京:高等教育出版社,2005.

[2] 刘武发,刘德平. 机床数控技术[M]. 北京:化学工业出版社,2007.

[3] 李家杰. 数控机床编程与操作实用教程[M]. 南京:东南大学出版社,2005.

[4] 聂蕾. 数控实用技术与实例[M]. 北京:机械工业出版社,2006.

[5] 张辽远. 现代加工技术[M]. 北京:机械工业出版社,2002.

[6] 刘晋春,赵家齐,赵万生. 特种加工[M]. 北京:机械工业出版社,2004.

[7] 杨坤怡. 制造技术[M]. 北京:国防工业出版社,2005.

[8] 宋力宏,倪为国. 金属工艺学实习教材[M]. 天津:天津大学出版社,1999.

[9] 贾亚洲. 金属切削机床概论[M]. 北京:机械工业出版社,1994.

[10] 车建明. 机械工程训练基础[M]. 2版. 天津:天津大学出版社,2017.

[11] 李志义. 现代工程导论[M]. 大连:大连理工大学出版社,2021.

[12] 应宗荣. 高分子材料成形工艺学[M]. 2版. 北京:高等教育出版社,2019.

[13] 朱海,杨慧敏,朱柏林. 先进陶瓷成型及加工技术[M]. 北京:化学工业出版社,2016.

[14] 李清. 工程材料及机械制造基础[M]. 武汉:华中科技大学出版社,2016.

[15] 李慕勤,李俊刚,吕迎,等. 材料表面工程技术[M]. 北京:化学工业出版社,2010.

[16] 郦振声,杨明安. 现代表面工程技术[M]. 北京:机械工业出版社,2007.

[17] 李培根,高亮. 智能制造概论[M]. 北京:清华大学出版社,2021.

[18] 张玉希,伍东亮. 工业机器人入门[M]. 北京:北京理工大学出版社,2017.

[19] 赵光哲,李鸿志,唐冬冬. 工业机器人技术及应用[M]. 北京:机械工业出版社,2020.

[20] 张小红,秦威. 智能制造导论[M]. 上海:上海交通大学出版社,2019.

[21] 黎震,朱江峰. 先进制造技术[M]. 北京:北京理工大学出版社,2009.

[22] 戴庆辉. 先进制造系统[M]. 北京:机械工业出版社,2019.

[23] 但斌,刘飞. 先进制造与管理[M]. 北京:高等教育出版社,2008.